Hartmut Bossel
Bernd R. Hornung
Karl-Friedrich Müller-Reißmann

Wissensdynamik mit DEDUC

Wissensverarbeitung mit DEDUC

von Hartmut Bossel, Bernd R. Hornung und
Karl-Friedrich Müller-Reißmann

Teil 1: Expertensystemshell DEDUC
Software zur Unterstützung dynamischer Wissensverarbeitung mit Benutzerhandbuch (erarb. von K.-F. Müller-Reißmann)

Teil 2: Wissensdynamik mit DEDUC
Grundlagen und Methoden dynamischer Wissensverarbeitung: Wirkungsanalyse, Folgenabschätzung und Konsequenzenbewertung

Das Software/Buchpaket besteht aus einer Expertensystemshell, die der Wissensverarbeitung dient, einem Benutzerhandbuch sowie einem Lehr- und Lernbuch, das sich mit den Themen Wissensverarbeitung, Folgenabschätzung und Konsequenzenbewertung befaßt.

„Wissensverarbeitung mit DEDUC" zeigt, daß das Thema Knowledge Engineering nicht nur Informatikern, insbesondere Fachleuten des Forschungsgebietes der Künstlichen Intelligenz vorbehalten bleiben muß. Hier wird nicht nur Dozenten und Studenten, sondern auch Praktikern aus den verschiedensten Fachrichtungen ein wirkungsvolles Instrumentarium an die Hand gegeben, mit dem Planungen und Prognosen übersichtlicher und sicherer werden.

H. Bossel
B. R. Hornung
K.-F. Müller-Reißmann

Wissensdynamik mit DEDUC

Grundlagen und Methoden dynamischer Wissensverarbeitung: Wirkungsanalyse, Folgenabschätzung und Konsequenzenbewertung

Springer Fachmedien Wiesbaden GmbH

Dieser Band ist der zweite Teil des zweibändigen Werkes „Wissensverarbeitung mit DEDUC“ von Hartmut Bossel, Bernd R. Hornung und Karl-Friedrich Müller-Reißmann

Das in diesem Buch enthaltene Programm-Material ist mit keiner Verpflichtung oder Garantie irgendeiner Art verbunden. Die Autoren und der Verlag übernehmen infolgedessen keine Verantwortung und werden keine daraus folgende oder sonstige Haftung übernehmen, die auf irgendeine Art aus der Benutzung dieses Programm-Materials oder Teilen davon entsteht.

Ursprünglich erschienen bei Friedr. Vieweg & Sohn Verlagsgesellschaft mbH, Braunschweig 1989

Umschlaggestaltung: Ludwig Markgraf, Wiesbaden

ISBN 978-3-528-04660-6 ISBN 978-3-322-96858-6 (eBook)
DOI 10.1007/978-3-322-96858-6

Inhaltsverzeichnis

Hinweise

- Zum Arbeiten mit DEDUC werden die folgenden Programmteile benötigt (sie befinden sich auf der DEDUC-Diskette):

  DEDUC.EXE
  DEDUCF.DAT
  DEDUCF.TEX

- Die in den Beispielen dieses Buches verwendeten Wissensbasen befinden sich ebenfalls auf der DEDUC-Diskette.
- Das DEDUC-Programmsystem, Befehle und Bearbeitungsmöglichkeiten sind im dazugehörigen Handbuch ausführlich erläutert:

  K.F. Müller-Reißmann: Expertensystemshell DEDUC - Software zur Unterstützung dynamischer Wissensverarbeitung: Benutzerhandbuch. Vieweg Verlag, Braunschweig/Wiesbaden 1989.

- Ein vollständiger Überblick über alle DEDUC-Befehle läßt sich durch Eingabe von **help.** erzeugen.
- A brief English language introduction to the DEDUC Knowledge Processing System is provided in Section 6 of the handbook and on the DEDUC disk under README.DOC. The corresponding sample knowledge bases DEMKNOM. DED and DEMORIM.DED are also on the DEDUC disk.

0. Vorbemerkungen und Überblick

Bei Folgenabschätzungen und Folgenbewertungen, und generell bei Beurteilungs- und Entscheidungsprozessen, muß fast immer quantitatives und qualitatives Wissen gleichzeitig verarbeitet werden.

Quantitatives Wissen (etwa Kostendaten, Stoff- und Energiebilanzen, Angaben über Schadstoff- und Materialflüsse usw.) kann mit entsprechenden Verfahren und Algorithmen verrechnet werden; die Computeranwendung hat sich in der Vergangenheit vor allem mit dieser Seite der Informationsverarbeitung befaßt. Die quantitative Analyse liefert u.a. Ergebnisse wie z.B. "Verfahren A ist billiger als B", "Verfahren C braucht weniger Energie als Verfahren D". Aussagen dieser Art gehen dann in die weitergehende qualitative Wissensverarbeitung ein.

Die korrekte Verarbeitung qualitativen Wissens hat bei näherem Hinsehen in realen Entscheidungsprozessen weit größere Bedeutung als die quantitative Informationsverarbeitung. Auch für diese Aufgabe läßt sich der Computer einsetzen, wenn auch entsprechende Verfahren heute noch längst nicht so verbreitet sind wie die der quantitativen Analyse.

Das wissensverarbeitende Programm DEDUC (von Deduktion) wurde für die Bearbeitung qualitativen Wissens in Entscheidungs- und Bewertungsvorgängen Ende 1974 von Hartmut Bossel und Francois Rechenmann konzipiert und in seiner ersten lauffähigen Fassung im Frühjahr 1975 von Francois Rechenmann entwickelt. Diese erste Version wurde in den Jahren 1976 bis 1982 von K.F. Müller-Reißmann ganz erheblich erweitert und ausgebaut und von ihm und Bernd Hornung für sehr umfangreiche Wissensverarbeitungen im Bereich energie- und umweltpolitischer Entscheidungen (mit über 1000 Regeln) angewendet. Aus dieser Anwendungserfahrung entstanden zahlreiche Verbesserungen und Benutzerhilfen, die insbesondere die Erstellung der Wissensbasis und die Konsequenzenbewertung erheblich erleichtern. Eine Besonderheit von DEDUC sind gerade die Möglichkeiten, die es für die Folgenermittlung und Folgenbewertung aus verschiedenen Blickwinkeln liefert. Die DEDUC-Entwicklungsarbeit wurde zwischen 1974 und 1982 von der Stiftung Volkswagenwerk entscheidend gefördert.

DEDUC wurde 1987 bis 1988 auch für die Verwendung auf Mikrocomputern der IBM-PC Linie angepaßt, ohne daß hierbei gegenüber den Programmversionen für größere Rechner Einschränkungen vorgenommen werden mußten: im Gegenteil, es konnten einige erhebliche Verbesserungen vorgenommen werden.

Die Entwicklung von DEDUC war stets an konkreten Anforderungen der qualitativen Wissensverarbeitung orientiert, und sie hat von dieser ständigen Verzahnung mit komplexen Anwendungsproblemen profitiert. So enthält DEDUC z.B. eine Reihe von Hilfsmitteln, mit denen außer Schlußfolgerungsprozessen auch gerade Bewertungsprozesse abgebildet und transparent gemacht werden können. Diese Verfahren haben sich in mehreren, z.T. sehr umfangreichen Untersuchungen bewährt, die von der Verhaltenssimulation politischer Akteure (im energie-, umwelt- und wirtschaftspolitischen Bereich) über Folgenabschätzungen im Umweltbereich bis zur nationalen Entwicklungsplanung für Entwicklungsländer und zur Untersuchung gesundheitspolitischer Maßnahmen reichen. Damit sind die Anwendungsmöglichkeiten von DEDUC allerdings bei weitem nicht erschöpft.

DEDUC ist nicht an bestimmte Inhalte gebunden, sondern allgemein einsetzbar. Es enthält zu Beginn des Dialogs keine Informationen über die reale Welt, sondern nur die Prozeduren, solche Informationen zu verarbeiten. Der Benutzer kann in Interaktion mit dem System seine Konzepte (oder die irgendeines zu simulierenden Akteurs) über ein beliebiges Gegenstandsgebiet eingeben, deduktiv neue Konzepte daraus ableiten, den Deduktionsprozeß rücklaufend analysieren, Konzepte vergleichen, löschen, verändern, nach verschiedenen Gesichtspunkten selektieren, Bewertungen mit unterschiedlichen Wertsystemen vornehmen usw.

Im Gegensatz zu wissensverarbeitenden Programmsprachen wie LISP und PROLOG verlangt DEDUC vom Benutzer keine speziellen Programmierkenntnisse. Er muß lediglich das zu verarbeitende Wissen in primitiv-sprachlichen Sätzen eingeben und mit einigen wenigen einfachen Befehlen seine Bearbeitung veranlassen. Die Wisseneingabe und die Bearbeitungsbefehle sind dabei bereits auf die Anforderungen qualitativer Wissensverarbeitung abgestellt.

DEDUC ist ein (im wesentlichen) nichtnumerisch arbeitendes Programm zur qualitativen Konzeptverarbeitung (Generierung und Bewertung von formalisierten sprachlichen Konzepten), wie sie in (bewußten) Entscheidungsprozessen eine Rolle spielt. DEDUC bedient sich dabei eines vereinfachten (und eingeschränkten) Prädikatenkalküls.

DEDUC eignet sich insbesondere für den Einsatz in Bereichen, in denen die korrekte Verarbeitung von (qualitativem) Wissen eine wichtige Rolle spielt: so bei Folgenabschätzungen und Folgenbewertungen, bei der Planung und Entscheidungsvorbereitung, im sozial- und umweltwissenschaftlichen Wissensbereich. Diese Bereiche zeichnen sich dadurch aus, daß eine Vielzahl von Wirkungen in oft nur qualitativ beschreibbaren Zusammenhängen miteinander verknüpft sind. Eine umfassende und korrekte Folgenermittlung und Folgenbewertung - etwa für geplante Maßnahmen oder neue Umwelteinflüsse - muß diese Vielzahl von Fakten logisch richtig verbinden, die primären Folgen vollständig erfassen und hiermit die sekundären und weiteren Folgen ableiten und in eine etwaige Bewertung miteinbeziehen, ohne wichtige Konsequenzen zu übersehen. Die menschliche Informationsverarbeitungskapazität ist hier bei größeren Aufgaben schnell überfordert; wissensverarbeitende Systeme wie DEDUC können dagegen die Folgendynamik fehlerfrei und vollständig entwickeln und eine umfassende Bewertung ermöglichen - eine 'gute' Wissensbasis vorausgesetzt.

Die rechnergestützte Wissensverarbeitung ist vor allem dann interessant, wenn sie in bisher unbekannten Situationen verläßliche Hinweise auf zu erwartende Entwicklungen und deren Folgen geben kann. Das bedeutet nun gerade nicht, daß für alle Eventualitäten alle möglichen Entwicklungen im voraus untersucht und abgespeichert werden müssen, im Gegenteil: es werden nur die allgemeingültigen Zusammenhänge in der Wissensbasis abgespeichert. Das wissensverarbeitende System (die 'Deduktionsmaschine') erzeugt dann als Reaktion auf eine gegebene spezielle Situationsbeschreibung ('Prämissen') aus den Regeln der Wissensbasis die zu erwartenden Folgen und deren Dynamik - ohne je vorher mit Wissen über diese konkrete Situation gefüttert worden zu sein.

Ist eine Wissensbasis aber erst einmal erstellt und ausgeprüft, so können mit einer Wissensbasis eine Vielzahl auch 'neuer' (deduktiver) Denkaufgaben routinemäßig, zuverlässig, schnell und präzise bearbeitet werden. Hier eröffnen sich bedeutende Möglichkeiten, um die Qualität der (bisher oft nur intuitiv-überschlägig gehandhabten) Wissensverarbeitung in vielen Bereichen der Wissenschaft, der Entscheidungsvorbereitung und der Analyse wesentlich zu verbessern. Gerade etwa bei komplexen gesellschaftlichen Entscheidungsprozessen ist zu erwarten, daß damit auch wichtige qualitative Information ('Zusammenhänge') wieder die Bedeutung erlangt, die ihr heute durch die Präferenz für quantitative Information ('Zahlen') fast abhanden gekommen ist.

Selbst wenn eine Wissensbasis nicht direkt etwa zur Folgenermittlung und Entscheidungsvorbereitung genutzt wird, so führt doch auch das spielerische Befragen der Basis unter 'Was wäre... wenn...' Bedingungen und das rückverfolgende Erläutern der Schlüsse (mit dem **how**-Befehl) zu einem besseren Verständnis des abgebildeten Systems, über Ursachen, Folgen, Haupt- und Nebenwirkungen und Bewertungsgründe. Hieraus können sich auch neue Erkenntnisse ergeben (darunter oft auch Erkenntnisse über die Grenzen der Wissensbasis und der Wissensverarbeitung).

Bei jedem konkreten Anwendungsfall wird dabei über den Inhalt der Wissensbasis hinausgehendes neues Wissen erzeugt (deduziert), das wiederum in die (weitere) Wissensverarbeitung eingehen und dabei weiteres neues Wissen erzeugen kann. Aus diesem Grund sprechen wir von 'Wissensdynamik': Altbekanntes führt in neuen Zusammenhängen zu neuem Wissen, aus dem sich wiederum weitere neue Erkenntnisse ergeben, und so fort. Natürlich handelt es sich dabei immer um abgeleitetes Wissen, das sich immer auf die Eintragungen in der Wissensbasis zurückverfolgen läßt. Diese Feststellung verringert nicht die Bedeutung des abgeleiteten Wissens: Es sei daran erinnert, daß das Denkgebäude der Mathematik in seiner enormen Vielgestaltigkeit und wissenschaftlichen wie praktischen Bedeutung auf einer Handvoll von Axiomen gründet.

Das Buch führt in sechs Kapiteln ('Begegnungen mit DEDUC') in das Arbeiten mit DEDUC, in den Aufbau von Wissensbasen für die deduktive Wissensverarbeitung und in die Anwendung der DEDUC-Wissensverarbeitung in verschiedenen Wissensgebieten ein. Es wird empfohlen, daß der Leser die entsprechenden Beispiele gleichzeitig am Rechner bearbeitet. Alle benötigten Dateien befinden sich auf der DEDUC-Diskette. Die einzelnen Kapitel bauen aufeinander auf und führen von einfachen Konklusionen mit wenigen Wissenskonzepten zu komplexen Folgenermittlungen und Folgenbewertungen mit umfangreichen Wissensbasen für Sachwissen ('Sachmodul') und Bewertungs- und Orientierungswissen ('Orientormodul').

Die erste und zweite Begegnung 'Bearbeitungsablauf' und 'Wissensbasis und Schlußfolgerung' (Autor: H. Bossel) führen anhand einfacher Beispiele in die Wissensverarbeitung mit DEDUC ein: in den Ablauf der Bearbeitungssitzung, die Eingabe von Wissenskonzepten und Wissensdateien und den Konklusionsprozeß.

In der dritten Begegnung 'Arbeiten im Sachmodul' (Autor: K.F. Müller-Reißmann) wird bereits eine etwas umfangreichere Wissensbasis mit Konzepten aus dem Bereich von Wirtschaft und Arbeit aufgebaut, analysiert und zur Ermittlung der Folgen verschiedener Strategien zur Bekämpfung der Arbeitslosigkeit eingesetzt. In diesem Kapitel werden vor allem die umfangreichen Möglichkeiten vorgestellt, mit denen DEDUC die Entwicklung und Überprüfung bearbeitungsfähiger Wissensbasen unterstützt.

Die vierte Begegnung 'Konsequenzenbewertung' (Autor: K.F. Müller-Reißmann) zeigt, wie komplexe Bewertungsaufgaben mit DEDUC bearbeitet werden können, wie sie etwa bei Entscheidungssituationen vorliegen. Am Beispiel des klassischen (hier aber erweiterten) 'Gefangenendilemmas' werden zunächst (im Sachmodul) die vermutlichen Konsequenzen verschiedener möglicher Verhaltensweisen deduziert, um dann (im Orientormodul) im Hinblick auf die Orientoren (Werte, Interessen) des Betroffenen (Gefangenen) vergleichend bewertet zu werden. In diesem Kapitel wird auch in die Verwendung von Gewißheitsfaktoren für unsicheres Wissen eingeführt, das in DEDUC sinnvoll verarbeitet werden kann.

In der fünften Begegnung 'Folgenermittlung im Umweltbereich' (Autor: H. Bossel) wird die (modulare) Entwicklung, Überprüfung und Verwendung einer relativ umfangreichen umweltwissenschaftlichen Wissensbasis gezeigt. Am Beispiel der ökologischen Zerstörung in Thailand, die z.T. auf den Maniokanbau für den Futtermittelexport in die EG-Staaten zurückzuführen ist, wird gezeigt, wie auf der Basis von (weltweit gültigem) Allgemeinwissen, bezogen auf die konkrete thailändische Situation, eine Folgenabschätzung frühzeitig möglich gewesen wäre. DEDUC deduziert eine lange Kette von Folgen in ihrer Zeitdynamik und erklärt diese Schlußfolgerungen auf Anfrage.

In der sechsten Begegnung 'Folgenabschätzung und Folgenbewertung in der Entwicklungsplanung' (Autor: B. Hornung) wird ein systematisches Verfahren zum Aufbau der für komplexe Beratungs- und Entscheidungsanwendungen notwendigen umfangreichen Wissensbasen beschrieben. Das Anwendungsbeispiel kommt hier aus der Entwicklungsplanung eines Entwicklungslandes (Mexiko). In diesem Kapitel wird der

Orientierungs- und Bewertungsaspekt von DEDUC-Analysen ausführlicher behandelt. DEDUC führt hier, wegen seiner Erfassung (und Mitbewertung) auch von Nebenwirkungen, zu umfassenden Beurteilungen, bei denen sich die 'klaren' Entscheidungen oft als kontraproduktiv erweisen.

Im Anhang des Buches findet sich eine Zusammenstellung von Veröffentlichungen zur Wissensverarbeitung mit DEDUC und zu der mit seinen Bewertungsaspekten verbundenen Orientierungstheorie.

Im Text wird gelegentlich auf das DEDUC-Handbuch verwiesen, in dem die Arbeitsweise, die Bearbeitungsmöglichkeiten und die DEDUC-Befehle erläutert sind. Dieses Buch sollte beim Arbeiten mit DEDUC verfügbar sein: K.F. Müller-Reißmann: Expertensystemshell DEDUC - Software zur Unterstützung dynamischer Wissensverarbeitung: Benutzerhandbuch. Vieweg Verlag, Braunschweig/Wiesbaden 1989.

Bei den Entwicklungsarbeiten an der letzten DEDUC-Version und der Textverarbeitung für dieses Buch und das DEDUC-Handbuch haben uns vor allem Ursula Marquardt, Lothar Rausch, Achim Manche, Karl-Heinz Simon, Joey Schaffner und A.J. Herbst maßgeblich unterstützt. Ihnen, wie auch unseren Familien gebührt Dank.

Kassel, Marburg und Hannover, im Februar 1989

Hartmut Bossel Bernd R. Hornung K.F. Müller-Reißmann

1. Erste Begegnung mit DEDUC: Bearbeitungsablauf

(Programmaufruf, modus tollens, modus ponens, Wissenseingabe: Objekte, Implikationen, Prämissen, Schlußfolgerung, Bearbeitung beenden)

...is.... . if...then. ...and..., ...or..., ...not..., prem... . concl. end.

Machen Sie sich zunächst auf jeden Fall eine Sicherheitskopie der DEDUC-Diskette. Um mit DEDUC arbeiten zu können, brauchen Sie auf Diskette oder Festplatte die folgenden Programmteile:

DEDUC.EXE, DEDUCF.DAT, DEDUCF.TEX,

Da DEDUC während der Arbeit auf die Diskette schreiben muß, darf diese nicht schreibgeschützt sein!

Wenn DEDUC auf Ihrem Rechner installiert ist, können Sie es von der DOS-Ebene aus durch den einfachen Aufruf

```
deduc
```

aufrufen. DEDUC meldet sich nun mit seinem 'Titelbild'. Drücken Sie eine beliebige Taste, um DEDUC zu starten.

Falls in ihrer DEDUC-Version bereits Anwendungsmoduln gespeichert sind, folgt jetzt eine Angabe mit den jeweils gespeicherten Wissensmoduln: die Angabe ist daher von Fall zu Fall verschieden, beispielsweise:

```
STORED MODULES ARE:
demorim        demknom
```

DEDUC fragt als nächstes nach dem Namen des zu bearbeitenden Moduls:

```
NAME OF THE MODULE ?
```

An dieser Stelle ist der Name des Moduls anzugeben, den Sie bearbeiten oder neu erstellen wollen. Geben Sie z.B. ein:

```
testa
```

DEDUC erkennt dies als einen neuen Modul und fragt an, ob es sich um einen Modul mit Sachwissen ('Sachmodul' = 'knowledge module') (im Gegensatz zu einem Modul mit Orientierungswissen ('Orientormodul' = 'orientor module') handelt:

```
NEW MODULE
KNOWLEDGE MODULE ? (Y/N)
```

Hier ist mit y (ja) oder n (nein) zu antworten. Wir wollen einen Sachmodul aufbauen, daher:

```
y
```

Jetzt fragt DEDUC, ob es im 'modus ponens' arbeiten soll. Diese Frage wird nur bei Sachmoduln gestellt - Orientormoduln werden ausschließlich im 'modus ponens' bearbeitet:

```
DEDUCTION IN MODUS PONENS ONLY ? (Y/N)
```

Im **modus ponens** werden bei der Schlußfolgerung ausschließlich die eingegebenen Implikationen (Wenn-Dann-Relationen oder Regeln) direkt verwendet. Im **modus tollens** (der durch Eingabe von 'n' eingestellt wird) werden von DEDUC aus den eingegebenen Regeln zusätzlich noch alle hieraus logisch ableitbaren Umkehrimplikationen abgeleitet und in der Wissensverarbeitung verwendet. So wird z.B. aus der Aussage "Falls ein Rohstoff in einer Region benötigt wird und dort nicht vorhanden ist, muß er eingeführt werden" mit dem modus tollens auch die weitere Aussage abgeleitet: "Falls ein Rohstoff in einer Region nicht eingeführt werden muß und dort auch nicht vorhanden ist, so wird er dort auch nicht benötigt". Zur Ermittlung der Folgewirkung eines Mittels (Maßnahme, Politik o.ä.) benötigt man nur den modus ponens. Zur logischen Analyse eines Ziels sind beide Modi erforderlich.

Das folgende einfache Beispiel soll nur im modus ponens bearbeitet werden, daher:

```
y
```

Jetzt fordert DEDUC die Anweisungen des Benutzers an:

```
TYPE YOUR COMMANDS
```

Der neu eröffnete Wissensmodul 'testa' ist bis jetzt völlig leer und muß nun von Ihnen mit Wissen gefüllt werden.

DEDUC kennt drei verschiedene Arten von **Wissenskonzepten**, mit denen sich auch sehr komplexe Wissenszusammenhänge darstellen lassen:

(1) Objekte und Objektstrukturen
(2) Prädikatenaussagen
(3) Implikationen = Wenn...dann-Regeln zur Verknüpfung von Aussagen

Um uns mit diesen Wissenskonzepten vertraut zu machen, bauen wir ein ganz einfaches Beispiel auf. Wir wollen darstellen, wie sich eine Person verhält, wenn sie hungrig ist und Nahrung vorfindet.

Als erstes definieren wir Personen und Nahrungsmittel als **Objektstrukturen** mit dem Schlüsselwort **'is'**:

```
Anton, Berta, Charlie, Dora is Person.
```

DEDUC prüft diese Eingabe auf Syntaxfehler. Etwaige Syntaxfehler werden an dieser Stelle angezeigt. Wenn die Eingabe syntaxfehlerfrei ist, wird sie in der Wissensbasis des Moduls abgespeichert, und DEDUC meldet sich wieder mit 'OK:'. Danach können Sie das nächste Konzept eingeben:

```
OK:
Brot, Wurst, Käse, Kartoffeln is Nahrung.
OK:
```

Beachten Sie hier und im folgenden, daß jeder DEDUC-Befehl mit dem Punkt '.' abgeschlossen werden muß! Objektnamen dürfen bis zu 16 Zeichen haben; es empfiehlt sich aber, mit kürzeren Namen zu arbeiten.

Als nächstes geben wir **Implikationen** (Wissensregeln) ein, die wir für die Darstellung des Vorgangs brauchen (hier ist es nur eine Regel):

```
if   hungrig(Person)
and  verfügbar(Nahrung)
then essen(Person,Nahrung).
OK:
```

Regeln können auch fortlaufend geschrieben werden; die gezeigte Schreibweise empfiehlt sich aus Gründen der besseren Lesbarkeit.

Die in dieser Regel verbundenen Einzelaussagen werden als **Prädikatenaussagen** bezeichnet. Sie bestehen aus einem Prädikat und einem oder mehreren **Objekten**. Die Prädikatennamen sind beliebig und können bis zu 16 Buchstaben aufweisen. Ihre Bedeutung muß vom Benutzer eindeutig festgelegt werden. Hier bedeuten:

`hungrig(Person)`	(eine bestimmte) Person ist hungrig
`verfügbar(Nahrung)`	Nahrung ist verfügbar
`essen(Person,Nahrung)`	(die) Person ißt die Nahrung

Implikationen müssen immer 'if' und 'then' als Schlüsselworte enthalten und mit einem Punkt enden. In der 'if'-Bedingung können Prädikatenaussagen mit den Schlüsselworten 'and', 'or' und 'not' beliebig kombiniert werden.

Die Wissensregel bedeutet also: "Falls eine Person hungrig ist, und Nahrung ist vorhanden, dann ißt die Person diese Nahrung". Dies ist eine allgemeingültige Aussage für beliebige Personen und Nahrungsmittel. Wir wenden sie jetzt auf eine bestimmte Person und ein bestimmtes Nahrungsmittel an. Hierzu müssen wir entsprechende Aussagen als **Prämissen** mit dem Schlüsselwort **'prem'** eingeben, beispielsweise:

```
prem hungrig(Berta),verfügbar(Brot).
OK:
```

Verschiedene Prämissen können durch Komma getrennt hintereinander aufgeführt werden; die Eingabe wird wieder mit einem Punkt abgeschlossen. Prämissen sind einfache Prädikatenaussagen, die 'wahr' sind oder als wahr angenommen werden.

Mit der Eingabe der Objektstruktur(en), der Implikation(en) und der Prämissen ist die Eingabe der Wissensbasis abgeschlossen. Bei diesem einfachen Beispiel ist abzusehen, daß DEDUC aufgrund des eingegebenen Wissens die Schlußfolgerung ziehen müßte, daß Berta Brot essen wird.

Der **Konklusionsprozeß** wird angestoßen durch den **'concl'**-Befehl

```
concl.
```

Das Programm fragt zunächst mit

```
CONCLUSION INTERRUPT AFTER HOW MANY MINUTES?
```

nach wieviel Minuten der Konklusionsprozeß unterbrochen werden soll. Dies hat nur bei größeren Wissensbasen Bedeutung. Hier reicht eine Minute, also:

```
1
```

Als nächstes fragt das Programm nach der Abbruchschwelle für den Gewißheitsfaktor (dies wird später erklärt); wir setzen die Schwelle auf '0' (Null):

```
CUTOFF AT WHICH CERTAINTY FACTOR ?
0
```

DEDUC erzeugt nun die sich aus Objektstrukturen, Implikationen und Prämissen ergebenden Schlußfolgerungen. Hier ist es nur eine einzige:

```
1    3) CF:100  essen(Berta,Brot)
```

Die erste Zahl ist die Nummer der Implikation, aus der die Schlußfolgerung stammt, die zweite die laufende Nummer in der Liste der 'wahren' Prädikatenaussagen (zu den 2 Prämissen kommt jetzt die Konklusion als Nr. 3). CF:100 gibt an, daß der Gewißheitsgrad dieser Aussage (CF) 100 % beträgt.

Soll mit der gleichen Wissensbasis ermittelt werden, wie sich Anton verhält, falls er hungrig ist und sich in der Nähe einer Wurst befindet, so müssen die alten Konklusionen und Prämissen gelöscht und entsprechende neue Prämissen eingegeben werden. Das Programm fragt daher:

```
DELETE THE CONCLUSIONS (1) ? (Y/N)
```

Mit der Eingabe

```
y
```

werden die alten Konklusionen gelöscht. (Die '(1)' zeigt die erste Schlußfolgerungsstufe an; näheres hierzu später).

Die nächste Frage:

```
DELETE THE PREMISES (1) ? (Y/N)
```

beantworten wir ebenfalls mit ja:

```
y
```

DEDUC meldet sich nun mit einer Statusanzeige:

```
PREMISES REMOVED
IMPL.: 1     PREM.: 2     CONCL.: 1
** CONCL.TIME   8.07 SECONDS
```

```
OK:
```

Die Angabe 'OK:' zeigt an, daß DEDUC für weitere Eingaben bereit steht. Wir geben eine neue Prämisse ein:

```
prem hungrig(Anton),verfügbar(Wurst).
OK:
```

Die neue Konklusion wird wieder mit 'concl' erzeugt.

```
concl.
CONCLUSION INTERRUPT AFTER HOW MANY MINUTES ?
1
CUTOFF AT WHICH CERTAINTY FACTOR?
0

1    3) CF:100  essen(Anton,Wurst)
```

Es folgen die gleichen Fragen wie oben:

```
DELETE THE CONCLUSIONS (1) ? (Y/N)
y

DELETE THE PREMISES (1) ? (Y/N)
y
PREMISES REMOVED
.......
.......
OK:
```

In diesem einfachen Beispiel haben wir die Wissensbasis direkt eingegeben. Normalerweise empfiehlt es sich aber, die Wissensbasis zunächst mit Hilfe eines Editier-Programms (wie EDLIN, WordStar oder Word) in eine Datei zu schreiben und diese dann in den noch leeren Wissensmodul einzulesen. Mit diesem Vorgang machen wir uns im nächsten Abschnitt vertraut. Für die weitere Arbeit müssen wir zunächst wieder aus DEDUC aussteigen durch Eingabe des **'end'**-Befehles:

```
end.
```

DEDUC fragt, ob die gerade erarbeitete Wissensbasis gespeichert werden soll. Wir antworten mit n (no, nein):

```
SAVE CURRENT MODULE ? (Y/N/BACK)
n
```

DEDUC gibt jetzt an, wieviele Moduln gespeichert sind, und wieviel freie Speicherplätze sich noch im Programm befinden. Es fragt dann, ob ein Modul gelöscht werden soll; wir antworten mit 'nein':

```
MODULES:  3 - FREE RECORDS: 18003
DELETE ANY MODULE ? (Y/N/BACK)
n
```

Auf die Frage, ob mit einem anderen Modul weitergearbeitet werden soll, antworten wir ebenfalls mit 'nein':

```
CONTINUE WITH ANOTHER MODULE ? (Y/N)
n
```

Damit wird die Bearbeitung abgeschlossen, und der Rechner meldet sich wieder auf der DOS-Ebene:

```
--- PROGRAM FINISHED
****START TIME 10:55:34
****END   TIME 10:57:39
stop - program terminated.

A:\>
```

Arbeitsvorschläge:

(1) Bezeichnen Sie (in Prämissen) andere Personen (die auf der Personen-Liste stehen) als 'hungrig' und andere Nahrungsmittel (die auf der Nahrungs-Liste stehen) als 'verfügbar'. Ziehen Sie die entsprechenden Konklusionen.

(2) Fügen Sie eine weitere Implikation hinzu, die zu der Konklusion führt "...then not essen (Person, Nahrung)". Warum müssen Sie 'or' verwenden, wenn Sie auf der linken Seite sowohl "not hungrig (Person)" als auch "not verfügbar (Nahrung)" verwenden?

(3) Formulieren Sie Objektstruktur(en), Implikation(en) und Prämisse(n) für den folgenden Entscheidungsfall: In Abhängigkeit von der Farbe des Himmels und der (Außen-)Temperatur wählt eine Person entweder 'Regenschirm' oder 'Pelzmütze' oder 'keinHut'. Implementieren Sie dieses 'Expertensystem' in DEDUC und überprüfen Sie, ob es richtig arbeitet.

(4) Geben Sie Objektstrukturen, Implikationen und Prämissen in unterschiedlicher Reihenfolge ein. Hängen die erzeugten Konklusionen von der Reihenfolge ab?

2. Zweite Begegnung mit DEDUC: Wissensbasis und Schlußfolgerung

(Wissensbasis in Datei schreiben, Datei in DEDUC übernehmen, Mehrfachverwendung von Regeln in einem Deduktionsvorgang, Prädikatenkonflikt)

rf n. prip. delp n. delp <Prädikat>.

Wenn Sie beim direkten Eingeben von Konzepten in DEDUC einen Fehler machen, können Sie diesen noch korrigieren, bevor Sie die entsprechende Zeile (mit 'enter') abgeschickt haben. Wollen Sie später eine Änderung vornehmen, während Sie direkt in DEDUC arbeiten, so müssen Sie mit den entsprechenden Löschbefehlen (s. später) das fehlerhafte Konzept löschen und dann wieder neu eingeben. Dabei bleibt allerdings der numerierte Platz des alten Konzepts leer; das neue wird an die Wissensbasis hinten angefügt. Dies kann zu unerwünschten Lücken in der Wissensbasis führen. Selbst bei kleineren Wissensbasen empfiehlt es sich daher, die Konzepte (Objektstrukturen, Implikationen, Prämissen) vorher mit einem geeigneten Textverarbeitungsprogramm in eine Datei zu schreiben, die Texte dort zu edieren und zu korrigieren, und erst die möglichst fehlerfreie Datei dann beim DEDUC-Aufruf zu übernehmen. Sollten sich bei der DEDUC-Bearbeitung dann weitere Fehler zeigen, oder Änderungen der Wissensbasis notwendig werden, so lassen sich diese wieder am einfachsten mit dem Textverarbeitungsprogramm durchführen. Danach wird die korrigierte Fassung wieder in DEDUC übernommen.

Für die Eingabe und Korrektur der Wissensbasis sind u.a. der Zeileneditor EDLIN oder Textverarbeitungsprogramme wie WordStar oder Word geeignet. (Bei letzteren ist der Modus für die Bearbeitung einer Programmdatei einzustellen).

Die Verwendung von DEDUC wird erst dann interessant, wenn umfangreiches oder komplexes Wissen korrekt verarbeitet werden soll, oder wenn aus sehr allgemeinen Regeln sehr spezielle Schlüsse gezogen werden sollen. Die Wissensbasis wird dann immer relativ umfangreich sein und zunächst in einer Datei erstellt werden müssen.

Im folgenden befassen wir uns mit einer erweiterten Wissensbasis für das im vorigen Abschnitt bearbeitete einfache Beispiel. An diesem Beispiel wird gezeigt, wie allgemeine Regeln in einem Schlußfolgerungsprozeß mehrfach verwendet werden können. Schreiben Sie diese Texte in eine Datei, die Sie z.B. HUNGRIG.DED nennen. (Die Datei befindet sich auch auf der DEDUC-Diskette.)

Das erweiterte Beispiel soll das Verhalten einer Person ermitteln, die hungrig ist, aber zunächst keine Nahrung vorfindet. Sie weiß aber, daß sie durch Arbeit Geld verdienen und mit dem Geld Nahrung einkaufen kann.

Schreiben Sie zunächst die gleichen Objektstrukturen für 'Person' und 'Nahrung' wie im vorigen Beispiel in die Datei:

```
Anton,Berta,Charlie,Dora is Person.
Brot,Wurst,Käse,Kartoffeln is Nahrung.
```

Auch die folgende Implikation bleibt weiterhin gültig:

```
if   hungrig(Person)
and  verfügbar(Nahrung)
then essen(Person,Nahrung),
     not hungrig(Person).                !1!
```

Wir haben hier, durch Komma getrennt, noch eine weitere Aussage angehängt. Wir numerieren jetzt die Implikationen mit fortlaufenden Zahlen, die wir (als Kommentar) in Ausrufungszeichen schreiben. Für den Fall, daß Nahrung nicht verfügbar ist, gilt:

```
if   hungrig(Person)
and  not verfügbar(Nahrung)
then erforderlich(Nahrung,Sattsein).     !2!
```

Das Prädikat 'erforderlich(Nahrung,Sattsein)' hat die allgemeine Form 'erforderlich(Mittel,Ziel)'. Für den Zusammenhang zwischen Mittel und Ziel läßt sich die folgende allgemeine Beziehung angeben:

```
if   erforderlich(Mittel,Ziel)
and  verfügbar(Mittel)
then verfügbar(Ziel).                    !3!
```

Falls das Mittel nicht verfügbar sein sollte, um das Ziel zu erreichen, so läßt es sich möglicherweise durch eine bestimmte 'Aktion' beschaffen:

```
if   erforderlich(Mittel,Ziel)
and  not verfügbar(Mittel)
and  möglich(Aktion,Mittel)
then erforderlich(Aktion,Mittel).        !4!
```

Wir müssen DEDUC jetzt noch mitteilen, welche Objekte in unserem Handlungszusammenhang als 'Mittel', welche als 'Ziele' und welche als 'Aktion' zu betrachten sind:

```
Nahrung,Arbeit,Geld,Kauf      is Mittel.
Sattsein,Geld,Kauf,Nahrung    is Ziel.
Arbeit,Geld,Kauf              is Aktion.
```

Man beachte, daß Objekte gleichzeitig in verschiedenen Objektstrukturen auftauchen können (z.B. 'Geld').

Weiteres Wissen kann durch Prädikatenaussagen (als Prämissen) eingegeben werden:

```
prem möglich(Arbeit,Geld),
     möglich(Geld,Kauf),
     möglich(Kauf,Brot).
```

("Es ist möglich, durch Arbeit Geld zu verdienen, mit Geld einzukaufen und durch Kauf Brot zu erwerben").

Bis jetzt wurde nur 'Allgemeinwissen' gespeichert. Durch Eingabe entsprechender Prämissen spezifizieren wir jetzt einen bestimmten Sachverhalt:

```
prem hungrig(Berta),
     not verfügbar(Nahrung),
     not verfügbar(Geld),
     not verfügbar(Kauf),
     verfügbar(Arbeit).
```

Damit schließen wir das Eingeben der Wissensbasis ab und verlassen das Textverarbeitungsprogramm.

Zur Übergabe von Wissenskonzepten nach DEDUC stehen mehrere Dateien zur Verfügung (s. später). In eine von ihnen müssen wir die gerade erstellte Wissensbasis HUNGRIG.DED kopieren, z.B. nach DEDF.1. Kopiert wird auf der DOS-Ebene mit:

```
copy hungrig.ded dedf.1
```

(Die Datei DEDF.1 wird intern als Datei 1 geführt und muß daher später von DEDUC aus mit dem Befehl **'rf 1'** (read file 1) eingelesen werden.)

Wir können jetzt mit dieser Datei in DEDUC arbeiten. Nach dem Programmaufruf 'DEDUC' geben wir den Namen des Moduls an, kennzeichnen ihn als Sachwissen-Modul und beschränken uns auf den modus ponens:

```
deduc

NAME OF THE MODULE ?
hungrig

NEW MODULE

KNOWLEDGE MODULE ? (Y/N)
y
DEDUCTION IN MODUS PONENS ONLY ? (Y/N)
y
```

Die Datei DEDF.1, in der die Wissensbasis für HUNGRIG steht, wird mit dem **'rf n'**-Befehl eingelesen

```
rf 1.
```

Hierbei kann man sich die eingelesenen Konzepte (mit etwaigen Syntax-Fehlermeldungen) durch Eingabe von 'y' zeigen lassen; bei Eingabe von 'n' werden nur etwaige Fehlermeldungen gezeigt.

```
DO YOU WANT TO SEE THE CONCEPTS READ ? (Y/N)
n

OK:
```

Sind die Konzepte syntax-fehlerfrei, so können wir mit **'concl'** die entsprechenden Schlußfolgerungen erzeugen:

```
concl.
CONCLUSION INTERRUPT AFTER HOW MANY MINUTES ?
1
CUTOFF AT WHICH CERTAINTY FACTOR ?
0


    2    9) CF:100   erforderlich(Nahrung,Sattsein)
    4   10) CF:100   erforderlich(Kauf,Brot)
    4   11) CF:100   erforderlich(Geld,Kauf)
    4   12) CF:100   erforderlich(Arbeit,Geld)
    3   13) CF:100   verfügbar(Geld)
PREDICATE CONFLICT WITH STATEMENT(S):   3
    3   14) CF:100   verfügbar(Kauf)
PREDICATE CONFLICT WITH STATEMENT(S):   4
    3   15) CF:100   verfügbar(Brot)
PREDICATE CONFLICT WITH STATEMENT(S):   2
    1   16) CF:100   essen(Berta,Brot)
    1   17) CF:100   NOT hungrig(Berta)
PREDICATE CONFLICT WITH STATEMENT(S):   1
    3   18) CF:100   verfügbar(Sattsein)
```

Aus den vier Implikationen der Wissensbasis ergeben sich hier zehn Konklusionen; d.h. einige Implikationen werden mehrfach verwendet. Die erste Zahl jeder Konklusion gibt die Nummer der Implikation an, aus der sich die Konklusion ergibt. Jeder neuen Konklusion wird eine eigene fortlaufende Nummer gegeben; dies ist die zweite Zahl. Danach wird der Gewißheitsfaktor CF ('certainty factor') der Konklusion angegeben; in diesem Fall ist durchweg CF = 100%.

Da zunächst keine Nahrung vorhanden ist, stellt DEDUC fest, daß Nahrung zum Sattsein beschafft werden muß. Da (laut Prämisse) Brot gekauft werden kann, muß Brot eingekauft werden. Da aber (zunächst) kein Geld für den Einkauf verfügbar ist, muß zunächst Geld durch Arbeit beschafft werden. Damit ist jetzt Geld verfügbar, und das Programm stellt einen Prädikatenkonflikt mit der ursprünglichen Prämisse 'NOT verfügbar(Geld)' fest. Weitere Prädikatenkonflikte ergeben sich nun daraus, daß jetzt auch (entgegen den Angaben in den Prämissen) der Einkauf möglich wird, damit Brot verfügbar wird, und Berta nicht mehr hungrig ist, nachdem sie das Brot gegessen hat.

Die Anzeige von Prädikatenkonflikten bedeutet also, daß sich aus der vorhandenen Wissensbasis widersprüchliche Aussagen ableiten lassen. Solche Konflikte müssen überprüft werden, da sie auf Unstimmigkeiten in der Wissensbasis hinweisen. Im vorliegenden Fall ergibt sich durch die zeitliche Abfolge der Handlungen eine Auflösung der angezeigten Konflikte.

Man beachte, daß DEDUC hier aus wenigen sehr allgemeinen Aussagen über Ziele, Mittel und Aktionen in einem ganz speziellen Fall die richtigen Schlüsse gezogen hat. Aus Effizienzgründen sollte man sich beim Aufbau von Wissensbasen immer darum bemühen, die Regeln mit der größten Allgemeingültigkeit aufzunehmen.

Die gleiche Wissensbasis läßt sich selbstverständlich auch verwenden, um Schlußfolgerungen für andere Ausgangsbedingungen abzuleiten. Hierzu müssen lediglich die entsprechenden Prämissen geändert und der Schlußfolgerungsprozeß neu angestoßen werden.

Da wir neue Schlußfolgerungen erzeugen wollen, sind wir an den alten nicht mehr interessiert:

```
DELETE THE CONCLUSIONS (1) ? (Y/N)
y
```

Dagegen wollen wir den Prämissensatz größtenteils beibehalten und nur einige Prämissen gezielt ändern.

```
DELETE THE PREMISES (1) ? (Y/N)
n

PREMISES STORED
......
......
OK:
```

Um diese Änderungen leicht ausführen zu können, lassen wir zunächst die Prämissen mit dem **'prip'**-Befehl auf dem Bildschirm ausgeben:

```
prip.

P  1) CF:100  hungrig(Berta)
P  2) CF:100  NOT verfügbar(Nahrung)
P  3) CF:100  NOT verfügbar(Geld)
P  4) CF:100  NOT verfügbar(Kauf)
P  5) CF:100  möglich(Arbeit,Geld)
P  6) CF:100  möglich(Geld,Kauf)
P  7) CF:100  möglich(Kauf,Brot)
P  8) CF:100  verfügbar(Arbeit)
OK:
```

Einzelne Prämissen können nun auf zwei Weisen gelöscht werden: Es wird entweder die Nummer der Prämisse, oder das Prädikat der Prämisse direkt genannt. Die folgenden **'delp'**-Befehle haben die gleiche Wirkung:

```
delp 1.          oder          delp hungrig.
```

Die erste Prämisse der obigen Liste ist damit gelöscht; wir können sie durch eine andere ersetzen, etwa:

```
prem hungrig(Anton).
```

Wir können weitere Prämissen ersetzen: etwa Nr. 3 und Nr. 7 (nach Löschen) durch

```
prem möglich(Kauf,Wurst),verfügbar(Geld).
```

Danach lassen sich die entsprechenden Schlußfolgerungen wieder mit **'concl'** ziehen.

```
concl.
 ......
 ......
   2   12) CF:100   erforderlich(Nahrung,Sattsein)
   4   13) CF:100   erforderlich(Kauf,Wurst)
   4   14) CF:100   erforderlich(Geld,Kauf)
   3   15) CF:100   verfügbar(Kauf)
PREDICATE CONFLICT WITH STATEMENT(S):   4
   3   16) CF:100   verfügbar(Wurst)
PREDICATE CONFLICT WITH STATEMENT(S):   2
   1   17) CF:100   essen(Anton,Wurst)
   1   18) CF:100   NOT hungrig(Anton)
PREDICATE CONFLICT WITH STATEMENT(S):   9
   3   19) CF:100   verfügbar(Sattsein)
 ......
 ......
OK:
```

Arbeiten Sie eine Weile mit diesem Modul, bevor Sie die Sitzung beenden mit

```
end.
```

Beantworten Sie die verschiedenen darauf folgenden (vier) Fragen alle mit 'n' (nein), um das Programm zu verlassen.

Arbeitsvorschläge:

(1) Erweitern Sie die Wissensbasis (im Textverarbeitungsprogramm) um entsprechende Objektstrukturen, Implikationen und Prämissen, die das Verhalten einer durstigen Person bei entsprechendem Getränkeangebot beschreiben.

(2) Bauen Sie die Wissensbasis für ein 'Expertensystem' auf, das Ihnen nach Eingabe der Wetterlage (als Prämissen) einen Vorschlag unterbreitet, was Sie anziehen sollen. Überprüfen Sie die Funktionsfähigkeit und Zuverlässigkeit der Wissensbasis mit DEDUC.

(3) Versuchen Sie, durch Zeitangaben ('jetzt', 'später') (als zusätzliche Objekte in den Prädikatenaussagen) die 'hungrig'-Wissensbasis so zu verändern, daß die Prädikatenkonflikte nicht mehr auftreten.

3. Dritte Begegnung mit DEDUC: Arbeiten im Sachmodul

(Konzeptdateien, Konzepte: Objektstrukturen, Implikationen, Prämissen; Konklusionsprozeß, einstufig, mehrstufig; Gewißheitsfaktoren; Zeitkette; wichtige Informations- und Änderungsbefehle)

```
sort obj.   prio all.          prio <Objekt>.       sort pred.  pria.
pri all.    pri <Prädikat>.    prir <Prädikat>.     priso <Objekt>.
prip all.   prip <Prädikat>.   pripso <Objekt>.     prip.
time.       how.               delp n,m.
```

Wir haben uns jetzt mit der Arbeitsweise und der Benutzung von DEDUC in Grundzügen vertraut gemacht. Im folgenden arbeiten wir mit einem etwas ausführlicheren Beispiel, bei dem wirtschaftspolitische Argumente verknüpft werden, um Aussagen zur Lösung des Arbeitslosenproblems zu erhalten. Uns geht es dabei vor allem um die Demonstration des DEDUC-Systems und weiterer wichtiger Bearbeitungsmöglichkeiten. Die Art dieser Wissensbasis ist typisch für DEDUC-Anwendungen bei der Folgenermittlung und Folgenabschätzung. Mit der Anwendung von DEDUC auf Bewertungsprobleme werden wir uns im nächsten Abschnitt befassen.

Ohne Anspruch auf 'Richtigkeit' werden im folgenden Beispiel gängige Konzepte aus der Diskussion um die Lösung des Arbeitslosenproblems in einer Wissensbasis zusammengestellt und zur Demonstration des DEDUC-Systems benutzt. Diese Vorgehensweise ist relativ typisch für die Anwendung wissensverarbeitender Systeme: sehr oft geht es nicht darum, die besten wissenschaftlichen Erkenntnisse einzubringen, sondern darum, die Vorstellungen einzelner Experten oder Entscheider möglichst getreu abzubilden, um ihre Beratungsleistung oder ihre Entscheidung zuverlässig zu simulieren. Es bleibt Ihnen unbenommen, durch Ergänzung und weitere Ausdifferenzierung der Konzepte die Wissensbasis dieses Beispiels entsprechend Ihren Vorstellungen zu erweitern.

3.1 Aufbau der Wissensbasis

Die Wissensbasis wird zunächst wieder mit einem Textverarbeitungsprogramm in entsprechende Dateien geschrieben und hierbei bereits auf Fehler überprüft. Es empfiehlt sich, Objektstrukturen, Implikationen und Prämissen jeweils in getrennte Dateien zu schreiben, um spätere Änderungen und Ergänzungen zu erleichtern.

In DEDUC stehen für diese Wissensdateien neun Dateien zur Verfügung; sie werden mit den folgenden 'rf'-Befehlen (read file) ins Programm eingelesen:

```
DEDF.1      rf 1.
DEDF.2      rf 2.
DEDF.3      rf 3.
 ...         ...
DEDF.9      rf 9.
```

Eine beliebige Datei läßt sich nach Eingabe von **'rf 11'** einlesen; ihr Name wird dann abgefragt. Die Datei DEDF.10 ist dem DEDUC-Protokoll vorbehalten. Falls das Protokoll während der DEDUC-Bearbeitung mit **'recon'** (record on) eingeschaltet wurde, findet sich der 'Mitschnitt' nach Ende der Sitzung auf DEDF.10.

Es empfiehlt sich oft, für Normalanwendungen die Dateien wie folgt zu verwenden:

```
DEDF.1 (bzw. rf 1.) : Objektstrukturen des Sachmoduls
DEDF.2 (     rf 2.) : Implikationen des Sachmoduls
DEDF.3 (     rf 3.) : Prämissen des Sachmoduls
DEDF.4 (     rf 4.) : Objektstrukturen des Orientormoduls
DEDF.5 (     rf 5.) : Implikationen des Orientormoduls
DEDF.6 (     rf 6.) : Prämissen des Orientormoduls
```

Beim Schreiben der Konzeptdateien ist darauf zu achten, daß Objekte und Prädikate nicht mehr als 16 Buchstaben haben können. Große und kleine Buchstaben sind erlaubt. Für einen bestimmten Begriff muß durchweg die gleiche Zeichenfolge verwendet werden, wobei ein bestimmtes Zeichen später auch abweichend groß oder klein geschrieben werden kann; DEDUC verwendet in Ausdrucken durchweg die zuerst verwendete Schreibweise. Beispiel: 'indNat'= 'IndNat' = 'indnat'. Die Schlüsselworte (IS, IF...THEN, AND, OR, NOT, PREM) können groß oder klein geschrieben werden. Es empfiehlt sich, komplexere Konzepte übersichtlich zu gliedern - zusätzliche Leerstellen oder Zeilenvorschub zwischen Worten haben auf die Syntax keinen Einfluß. Kommentare in den Dateien müssen mit "!" eingeschlossen werden.

Wir schreiben die Wissensbasis dieses DEDUC-Beispiels in drei verschiedene Dateien:

```
ARBEITOB.DED   Objektstrukturen
ARBEITIM.DED   Implikationen
ARBEITPR.DED   Prämissen
```

Zu den Konzepten werden hier Texterläuterungen (in "...") gegeben; diese sind nicht in die Datei zu schreiben.

3.1.1 Objektstrukturen

Mit Hilfe der Objektstrukturen können Klasseneinteilungen von beliebigen Objekten vorgenommen werden (Einteilungen in nicht notwendigerweise disjunkte Teilklassen und Exemplare). Sie bilden die Basis für den vertikalen Aspekt der Deduktion (Übergang vom Allgemeinen zum Besonderen) (s. DEDUC Handbuch 1.3.1; zur Syntax der Objektstrukturen s. DEDUC Handbuch 2.1.1).

```
!ARBEITOB.DED Objektstrukturen für das DEDUC-Beispiel 'ARBEIT'!

Planzeit(heute,naheZukunft),
Zukunft(naheZukunft,mittlZukunft,ferneZukunft) is Zeit.
```

"Heute und nahe Zukunft ist Planzeit; nahe, mittlere und ferne Zukunft ist Zukunft; Planzeit und Zukunft ist Zeit(abschnitt)".

```
USA,Japan,europAuslandWest is induAuslandWest.
```

"USA, Japan und europäisches westliches Ausland sind industrielles westliches Ausland"

```
europAuslandWest,BRD is EuropaWest.
```

"Europäisches westliches Ausland und Bundesrepublik Deutschland sind Westeuropa"

```
induAuslandWest,EuropaWest is InduNationWest.
```

"Industrielles westliches Ausland und Westeuropa sind westliche Industrienationen"

```
induAuslandWest,Comecon(SowjetUnion,EuropaOst) is induAusland.
```

"Industrielles westliches Ausland und Comecon-Länder (zu denen die Sowjetunion und Osteuropa gehören) sind industrielles Ausland"

```
EuropaWest,EuropaOst is Europa.
```

"Westeuropa und Osteuropa sind Regionen Europas"

```
InduNationWest,induAusland,Europa is InduNation.
```

"Westliche Industrienationen, industrielles Ausland und Europa sind Industrienationen"

```
Frankreich,England,Benelux is europAuslandWest.
```

"Frankreich, Grossbritannien und die Benelux-Länder sind europäisches westliches Ausland"

```
InduNation,DritteWelt is Land.
```

"Industrienationen und Drittwelt-Länder sind Länder"

3.1.2 Implikationen

Mit Hilfe der Implikationen oder Wenn...dann-Beziehungen werden einfache Prädikatenaussagen zu Objektklassen bzw. Objektklassentupeln (max. 8 Objekte) miteinander verknüpft. Sie bilden die Basis für den horizontalen Aspekt des Deduktionsprozesses. Zur Syntax der Implikation s. DEDUC-Handbuch 2.1.2.

```
!ARBEITIM.DED Implikationen für das DEDUC-Beispiel 'ARBEIT'!
if   VgProduktivität(Arbeit,Land,Zeit)
and  (not WirtWachstum(Land,Zeit)
     or not grössWirkung(WirtWachstum,VgProduktivität,Arbeit,Land,Zeit))
then VrBedarf(Arbeit,Land,Zeit).                                     !1!
```

"Wenn in einem Land zu einer Zeit die Arbeitsproduktivität steigt und kein Wirtschaftswachstum herrscht oder das Wirtschaftswachstum die Steigerung der Ar-

beitsproduktivität nicht überkompensiert, dann verringert sich in diesem Land zu dieser Zeit der Bedarf an Arbeit"

```
if   VrArbeitszeit(Land,Zeit)
and  grössWirkung(VrArbeitszeit,VrBedarf,Arbeit,Land,Zeit)
then VrArbeitslosigkt(Land,Zeit).                                    |2|
```

"Wenn Arbeitszeitverringerung besteht und diese die Verringerung des Arbeitsbedarfs überkompensiert, dann ergibt sich eine Verringerung der Arbeitslosigkeit..."

```
if   VrBedarf(Arbeit,InduNationWest,Zeit)
and  (not VrArbeitszeit(InduNationWest,Zeit)
or   not grössWirkung(VrArbeitszeit,VrBedarf,Arbeit,InduNationWest,Zeit))
then VgArbeitslosigkt(InduNationWest,Zeit).                          |3|
```

"Wenn eine Verringerung des Arbeitsbedarfs und keine Arbeitszeitverkürzung besteht, oder diese die Verringerung des Arbeitsbedarfs nicht überkompensiert, dann ergibt sich eine Vergrößerung der Arbeitslosigkeit..."

```
if   VrArbeitszeit(InduNationWest,Zeit)
and  not volLohnausgleich(InduNationWest,Zeit)
then VrKaufkraft(InduNationWest,Zeit).                               |4|
```

"Arbeitszeitverkürzung ohne vollen Lohnausgleich führt zur Verringerung der Kaufkraft..."

```
if   VrKaufkraft(InduNationWest,Zeit)
then VrBinnNachfrage(InduNationWest,Zeit).                           |5|
```

"Verringerung der Kaufkraft führt zur Verringerung der Binnennachfrage..."

```
if   VrArbeitszeit(Land,Zeit)
and  volLohnausgleich(Land,Zeit)
then VgKosten(Arbeit,Land,Zeit).                                     |6|
```

"Verringerung der Arbeitszeit bei vollem Lohnausgleich verteuert den Kostenfaktor Arbeit..."

```
if   VgKosten(Arbeit,Land,Zeit)
and  not VgInvestition(Rationalisierung,Arbeit,Land,Zeit)
then VrWettbewerbsfäh(Land,+Zeit).                                   |7|
```

"Wenn sich zu einem Zeitpunkt der Kostenfaktor Arbeit verteuert und keine verstärkten Investitionen zur Rationalisierung der Arbeit vorgenommen werden, dann wird 'zum nächsten Zeitpunkt' eine verringerte Wettbewerbsfähigkeit bestehen..."

Zeitkette: Das '+'Zeichen am Zeitobjekt 'Zeit' bedeutet, daß die Wirkung (rechte Seite der Implikation) gegenüber der Ursache (linke Seite) um eine Zeiteinheit der 'Zeitkette' verschoben berücksichtigt werden soll (s. TIME Befehl, DEDUC Handbuch 2.1.4; s.a. DEDUC Handbuch 2.1.2.). Hiermit können Zeitverzögerungen dargestellt und dynamische Entwicklungen simuliert werden.

```
if   VrWettbewerbsfäh(Land,Zeit)
and  ExportAbhängigkt(Land,Zeit)
then VrExport(Land,Zeit).                                      !8!
```

"Wenn sich für ein exportabhängiges Land die Wettbewerbsfähigkeit verringert, geht sein Export zurück..."

```
if   VrWettbewerbsfäh(InduNation,Zeit)
and  weltmarktoffen(InduNation,Zeit)
then VgExportdruck(InduNation,Zeit),
     VgKonkurs(InduNation,Zeit).                               !9!
```

"Verringerung der Wettbewerbsfähigkeit führt für ein weltmarktoffenes Industrieland zu vergrößertem Exportdruck und wachsenden Firmenkonkursen..."

```
if   VgKonkurs(InduNation,Zeit)
and  VrExport(InduNation,Zeit)
then starkVgArbtslosk(InduNation,Zeit).                        !10!
```

"Wachsende Firmenkonkurse und Verringerung der Exporte führen zu starker Vergrößerung der Arbeitslosigkeit..."

```
if   VrBinnNachfrage(InduNationWest,Zeit)
or   VrExport(InduNationWest,Zeit)
then VgArbeitslosigkt(InduNationWest,Zeit) 70.                 !11!
```

"Verringerte Binnennachfrage oder verringerte Exporte führen zur Vergrößerung der Arbeitslosigkeit ...(mit hoher Gewißheit: CF 70)"

Gewißheitsfaktoren: Sachkonzepte (Implikationen und Prämissen) können mit Gewißheitsfaktoren in einem Wertebereich von 0 bis 100 (Prozent) versehen werden. Gewißheitsfaktoren sind ein (subjektives) Maß für die Gültigkeit des Konzepts. Ein Konzept ohne Angabe eines Gewißheitsfaktors bekommt automatisch den Gewißheitsfaktor 100. (Zur 'Gewißheitslogik' s. DEDUC Handbuch 1.4.1).

```
if   VgInvestition(Rationalisierung,Arbeit,InduNationWest,Zeit)
then VgProduktivität(Arbeit,InduNationWest,+Zeit),
     not grössWirkung(WirtWachstum,VgProduktivität,Arbeit,
     InduNationWest,+Zeit) 80.                                 !12!
```

"Vergrößerte Investitionen zur Rationalisierung der Arbeit führen zur Vergrößerung der Arbeitsproduktivität; Wirtschaftswachstum kann dann die Wirkung der Vergrößerung der Arbeitsproduktivität nicht überkompensieren...(mit CF 80)"

```
if   VgInvestition(Rationalisierung,Arbeit,InduNation,Zeit)
then VgMonotonie(Arbeit,InduNation,Zeit),
     VrDispositChance(Arbeit,InduNation,Zeit) 80.              !13!
```

"Vergrößerte Investitionen zur Rationalisierung der Arbeit führen zu mehr Monotonie in der Arbeit und zu verringerten Dispositionschancen in der Arbeit ...(mit CF 80)"

```
if   VgKosten(Arbeit,InduNation,Zeit)
and  freiMarktwirtsch(InduNation,Zeit)
then VgInvestition(Rationalisierung,Arbeit,InduNation,Zeit).   !14!
```

"Verteuerung des Kostenfaktors Arbeit führt bei einer Industrienation mit freier Marktwirtschaft zu verstärkten Rationalisierungsinvestitionen..."

```
if   VrBedarf(Arbeit,InduNationWest,Zeit)
and  Strategie1(InduNationWest,Zeit)
then VrArbeitszeit(InduNationWest,Zeit),
     grössWirkung(VrArbeitszeit,VrBedarf,Arbeit,InduNationWest,Zeit),
     not volLohnausgleich(InduNationWest,Zeit).                   !15!
```

"Wenn sich der Bedarf an Arbeit verringert und Strategie 1 gewählt wird, dann (werden die folgenden Maßnahmen ergriffen): Verringerung der Arbeitszeit, Arbeitszeitverkürzung überkompensiert Verringerung des Arbeitsbedarfs, kein voller Lohnausgleich..."

```
if   VrBedarf(Arbeit,InduNationWest,Zeit)
and  Strategie2(InduNationWest,Zeit)
then VrArbeitszeit(InduNationWest,Zeit),
     grössWirkung(VrArbeitszeit,VrBedarf,Arbeit,InduNationWest,Zeit),
     volLohnausgleich(InduNationWest,Zeit).                       !16!
```

"Wenn sich der Bedarf an Arbeit verringert und Strategie 2 gewählt wird, dann (werden die folgenden Maßnahmen ergriffen): Arbeitszeitverkürzung, Arbeitszeitverkürzung überkompensiert die Verringerung des Arbeitsbedarfs, voller Lohnausgleich..."

Strategie: Die beiden letzten Implikationen dienen der impliziten bedingten Erzeugung von Alternativen. In Antwort auf ein bestimmtes Problem - hier die Verringerung des Arbeitsbedarfs - werden je nach Strategiewahl bestimmte Maßnahmen als Konklusionen erzeugt (die dann wie Prämissen für den weiteren Konklusionsprozeß wirken). Nur die Strategiewahl ist als Prämisse einzugeben. Von der Syntax und der Verarbeitung her unterscheiden sich diese Implikationen nicht von den übrigen. Der einzige Unterschied besteht darin, daß sich der Benutzer hier eine mögliche Verzweigungsstelle bei der Konklusionenerzeugung von vornherein markiert.

3.1.3 Prämissen

Bei den Prämissen handelt es sich um einfache, d.h. logisch nicht zusammengesetzte (affirmative oder verneinte) Prädikatenaussagen über Objekte bzw. Objekttupel. Sie bilden die Ausgangsbedingungen für den Schlußfolgerungsprozeß (s.u.). Maßnahmen und Randbedingungen einer Alternative sind als Prämissen zu definieren. (Zur Syntax der Prämissendefinition s. DEDUC Handbuch 2.1.3).

```
!ARBEITPR.DED Prämissen für das DEDUC-Beispiel 'ARBEIT'!

prem VgProduktivität(Arbeit,InduNation,heute),
     WirtWachstum(Europa,Zeit) 80,
     not grössWirkung(WirtWachstum,VgProduktivität,Arbeit,
     InduNationWest,heute),
     ExportAbhängigkt(BRD,Zeit),
     weltmarktoffen(BRD,Zeit),
     Strategie1(BRD,Zeit).
```

"Die Ausgangsbedingungen sind: vergrößerte Arbeitsproduktivität, Wirtschaftswachstum in Europa (mit CF 80), keine überkompensierende Wirkung des Wirtschaftswachstums über die Wirkung der vergrößerten Arbeitsproduktivität, Exportabhängigkeit und Weltmarktorientierung der Bundesrepublik Deutschland, Aktivierung der Strategie 1 (s.o.)."

Um die erzeugte Wissensbasis in DEDUC verwenden zu können, müssen wir sie noch (von der DOS-Ebene aus) in die entsprechenden DEDUC-Dateien kopieren:

```
copy arbeitob.ded dedf.1
copy arbeitim.ded dedf.2
copy arbeitpr.ded dedf.3
```

3.2 Einlesen und Überprüfen der Wissensbasis

Mit Objektstrukturen, Implikationen und Prämissen liegt ein - im Prinzip arbeitsfähiger - Modul vor. Der Beispielmodul ist aufgrund seines geringen Umfangs noch relativ leicht überschaubar. Es erweist sich aber als außerordentlich schwierig, einen größeren Sachmodul (von einigen hundert Implikationen) aufzubauen, der von vornherein gewährleistet, daß alle Konklusionen generiert werden, die aufgrund der verwendeten Konzepte folgen sollten. Probleme ergeben sich zum Teil aus ganz trivialen Fehlermöglichkeiten (unterschiedliche Schreibweise der Namen von Prädikaten oder Objekten in den Konzepten, unterschiedliche Stelligkeit der Prädikate). Wird z.B. in einer einzigen Implikation ein Prädikat falsch geschrieben, geht an dieser Stelle der Schlußfolgerungsprozeß nicht weiter. Eine Vielzahl von weiteren (richtigen) Konklusionen wird dann u.U. nicht erzeugt. Offensichtlich ist auch die vollständige Überprüfung der Logik des Wissensmoduls 'per Hand und Kopf' vom Aufwand und vom Ergebnis her unsinnig, da dieser Modul dann nur wieder die Konklusionen erzeugt, die der Modulersteller bereits ohnehin erwartet.

Bei der Überprüfung der Wissensbasis auf Bezeichnungsfehler und Verknüpfungen bietet DEDUC eine Reihe von Hilfen. Es sind dies vor allem die Sortierbefehle '**sort**...' und die Schreibbefehle '**pr**...'. Wir verwenden im folgenden die wichtigsten dieser Befehle, um die Wissensbasis zu überprüfen. Diese Überprüfung muß im DEDUC Programm selbst erfolgen; hierzu müssen die Dateien des Wissensmoduls eingelesen werden.

Wir rufen wieder das DEDUC Programm auf, teilen ihm mit, daß wir einen neuen Modul 'arbeit' erstellen und als Sachwissens-Modul nur im modus ponens bearbeiten wollen. DEDUC fordert daraufhin zur Eingabe von Befehlen auf:

```
deduc
....
NAME OF THE MODULE ?
arbeit
```

```
NEW MODULE
KNOWLEDGE MODULE ? (Y/N)
y
DEDUCTION IN MODUS PONENS ONLY ? (Y/N)
y
TYPE YOUR COMMANDS
```

Wir lesen jetzt die drei Dateien der Wissensbasis nacheinander ein, zunächst die Objektstrukturen (auf DEDF.1):

```
rf 1.
```

Auf die (hier verneinte) Frage

```
DO YOU WANT TO SEE THE CONCEPTS READ ? (Y/N)
n
```

könnten wir uns auch (mit 'y') die eingelesenen Konzepte zeigen lassen. Beim Einlesen wird die Syntax der Konzepte überprüft; Syntaxfehler werden in jedem Falle am Bildschirm angezeigt. Nach dem Einlesen und der Syntaxprüfung meldet sich DEDUC wieder mit

```
END OF RF. OK:
```

In gleicher Weise werden die Implikationen (auf DEDF.2) mit

```
rf 2.
```

und die Prämissen (auf DEDF.3) mit

```
rf 3.
```

eingelesen. Jetzt können wir an die Überprüfung der Wissensbasis gehen.

3.2.1 Überprüfung von Objektstrukturen.

sort obj

(SORT OBJects): Dieser Befehl erzeugt eine Liste aller im Modul verwendeten Objektnamen in alphabetischer Reihenfolge. Es werden hier auch die Objektnamen aufgeführt, die in Prädikaten auftauchen, aber in den Objektstrukturen nicht explizit genannt werden. In dieser Liste lassen sich Verschreibungen gut erkennen.

prio all.

(PRInt Objects, ALL): Mit diesem Befehl werden mit dem Hinweis 'THE TOP OBJECTS ARE:' die Namen der jeweils obersten Objektklassen aufgeführt. Für unser Beispiel:

```
prio all.
 THE TOP OBJECTS ARE:
  Zeit
  Land
```

```
Arbeit
WirtWachstum
VgProduktivität
VrArbeitszeit
VrBedarf
Rat
+Zeit
Rationalisierung
```

Soll geprüft werden, welche Objektstruktur unterhalb einer der genannten Objektklassen steht, so wird der entsprechende Name im 'prio'-Befehl genannt. So erzeugt

```
prio InduNationWest.
```

die Objektstruktur für die Objektklasse 'InduNationWest'. Bei der Darstellung der Objektstrukturen werden Unterklassen eingerückt, so daß die hierarchische Objektstruktur leicht erkennbar wird:

```
prio InduNationWest.
 InduNationWest
   induAuslandWest
     USA
     Japan
     europAuslandWest
       Frankreich
       England
       Benelux
   EuropaWest
     europAuslandWest
       Frankreich
       England
       Benelux
     BRD
```

3.2.2 Überprüfung von Prädikaten

sort pred.

(SORT PREDicates): Dieser Befehl erzeugt eine Liste aller im Wissensmodul verwendeten Prädikate in alphabetischer Reihenfolge; auch hier lassen sich wieder Verschreibungen leicht erkennen.

pria.

(PRInt Atomic predicates): Dieser Befehl führt dazu, daß alle im Modul vorhandenen atomaren Prädikatenausdrücke (Prädikate mit allen Objekten) in alphabetischer Reihenfolge der Prädikate aufgelistet werden. Man erkennt leicht, ob die Prädikatenausdrücke in Zahl und Reihenfolge der Objekte einheitlich sind (s. DEDUC-Handbuch 2.3.2). Im Beispiel führt der Befehl zu (Ausschnitt):

```
pria.
 ExportAbhängigkt
         ExportAbhängigkt(Land,Zeit)
```

```
freiMarktwirtsch
        freiMarktwirtsch(InduNation,Zeit)
grössWirkung
        grössWirkung(WirtWachstum,VgProduktivität,Arbeit,Land,Zeit)
        grössWirkung(VrArbeitszeit,VrBedarf,Arbeit,Land,Zeit)
        grössWirkung(VrArbeitszeit,VrBedarf,Arbeit,InduNationWest,Zeit)
        grössWirkung(WirtWachstum,VgProduktivität,Arbeit,InduNationWest,
        +Zeit)
starkVgArbtslosk
        starkVgArbtslosk(InduNation,Zeit)
        .....
```

3.2.3 Überprüfung von Implikationen

pri all.

(PRint Implications, ALL): Dieser Befehl führt zur Ausgabe aller Implikationen in der numerierten Reihenfolge der Eingabe bzw. des Einlesens. Die Ausgabe geschieht dabei in etwas anderer Form als die Eingabe; so erscheint nun z.B. die dritte Implikation unserer Wissensbasis als

```
pri all.
    3) CF:100  (VrBedarf(Arbeit,InduNationWest,Zeit)
               AND ( NOT VrArbeitszeit(InduNationWest,Zeit)
               OR  NOT grössWirkung(VrArbeitszeit,VrBedarf,Arbeit,
               InduNationWest,Zeit)))
              --VgArbeitslosigkt(InduNationWest,Zeit)
```

Die erste Zahl gibt dabei die laufende Nummer der Implikation an, die zweite den Gewißheitsgrad. Danach folgt die Wenn...dann-Relation mit der Klammerung, die sich aus der Konzepteingabe ergibt. Bei komplexen Konzepten mit durch OR verbundenen Prädikaten empfiehlt es sich, die Klammerung zu überprüfen, um sicherzustellen, daß die Aussage der Implikation der ursprünglichen Absicht entspricht.

Weitere 'pri...' Befehle erlauben die gezielte Ausgabe von Implikationen unter verschiedenen Gesichtspunkten. Mit diesen Befehlen kann man sich ein Bild der Vernetzungen im Wissensmodul verschaffen bzw. seine Vernetzungen überprüfen.

pri <Prädikat>.

Dieser Befehl liefert alle Implikationen, die auf der **linken** (Eingangs-) Seite das genannte Prädikat enthalten. Mit diesem Befehl läßt sich leicht feststellen, welche Implikationen ein bestimmtes Prädikat als Eingabe benötigen (Vorwärtsverkettung). Das Prädikat 'VgKonkurs' z.B. wird hier als Eingang der Implikation 10 benötigt:

```
pri VgKonkurs.
   10) CF:100  (VgKonkurs(InduNation,Zeit)
               AND VrExport(InduNation,Zeit))
              --starkVgArbtslosk(InduNation,Zeit)
```

Um festzustellen, aus welcher Implikation sich eine bestimmte Prädikatenaussage ergibt (Rückwärtsverkettung), kann man sich die Implikationen ausgeben lassen, die auf der **rechten** (Ausgangs-) Seite ein bestimmtes Prädikat enthalten:

prir <Prädikat>.

Im Beispielmodul läßt sich u.a. feststellen, wo eine Prädikatenaussage über 'VgArbeitslosigkt' erzeugt wird:

```
prir VgArbeitslosigkt.
   3) CF:100  (VrBedarf(Arbeit,InduNationWest,Zeit)
              AND ( NOT VrArbeitszeit(InduNationWest,Zeit)
              OR  NOT grössWirkung(VrArbeitszeit,VrBedarf,Arbeit,
              InduNationWest,Zeit)))
             --VgArbeitslosigkt(InduNationWest,Zeit)
  11) CF: 70  (VrBinnNachfrage(InduNationWest,Zeit)
              OR VrExport(InduNationWest,Zeit))
             --VgArbeitslosigkt(InduNationWest,Zeit)
```

Mit den Befehlen 'pri...' und 'prir...' lassen sich so leicht die Verknüpfungen zwischen den Implikationen darstellen und überprüfen.

priso <Objekt 1>,...,<Objekt n>.

(PRint Implication, Select Object): Mit diesem Befehl werden die Implikationen ausgegeben, in denen bestimmte Objekte oder Objektkombinationen erscheinen.

Die Objektkombination 'Arbeit,Land' etwa steht im Beispielmodul in vier verschiedenen Implikationen:

```
priso Arbeit,Land.
   1) CF:100  (VgProduktivität(Arbeit,Land,Zeit)
              AND ( NOT WirtWachstum(Land,Zeit)
              OR  NOT grössWirkung(WirtWachstum,VgProduktivität,
              Arbeit,Land,Zeit)))
             --VrBedarf(Arbeit,Land,Zeit)
   2) CF:100  (VrArbeitszeit(Land,Zeit)
              AND grössWirkung(VrArbeitszeit,VrBedarf,Arbeit,Land,Zeit))
             --VrArbeitslosigkt(Land,Zeit)
   6) CF:100  (VrArbeitszeit(Land,Zeit)
              AND volLohnausgleich(Land,Zeit))
             --VgKosten(Arbeit,Land,Zeit)
   7) CF:100  (VgKosten(Arbeit,Land,Zeit)
              AND  NOT VgInvestition(Rat,Arbeit,Land,Zeit))
             --VrWettbewerbsfäh(Land,+Zeit)
```

3.2.4 Überprüfung von Prämissen

Ähnliche Befehle existieren auch zur (selektiven) Auflistung der Prämissen bzw. Konklusionen. (Konklusionen eines Schlußfolgerungsprozesses werden den Prämissen fortlaufend hinzugefügt. Sie können daher in gleicher Weise wie Prämissen zu weiteren Schlußfolgerungen führen und sind den Prämissen daher funktionell äquivalent.)

prip all.

(PRInt Premises, ALL): Dieser Befehl führt zur Ausgabe aller im Modul vorhandenen Prämissen bzw. bereits generierten Konklusionen in numerierter Reihenfolge. Im Beispielmodul ergibt sich (vor der Schlußfolgerung):

```
prip all.
 P  1) CF:100  VgProduktivität(Arbeit,InduNation,heute)
 P  2) CF: 80  WirtWachstum(Europa,Zeit)
 P  3) CF:100  NOT grössWirkung(WirtWachstum,VgProduktivität,
               Arbeit,InduNationWest,heute)
 P  4) CF:100  ExportAbhängigkt(BRD,Zeit)
 P  5) CF:100  weltmarktoffen(BRD,Zeit)
 P  6) CF:100  Strategiel(BRD,Zeit)
```

Dies ist eine etwas andere Darstellung der Prämissen als in der ursprünglichen Konzeptdatei.

Prämissen oder Konklusionen, die ein bestimmtes Prädikat enthalten, lassen sich ausgeben durch

prip <Prädikat>.

So läßt sich im Beispielmodul etwa die Prämisse mit dem Prädikat 'grössWirkung' überprüfen:

```
prip grössWirkung.
 P  3) CF:100  NOT grössWirkung(WirtWachstum,VgProduktivität,
               Arbeit,InduNationWest,heute)
```

Die Prämissen oder Konklusionen lassen sich auch nach den in ihnen verwendeten Objekten ausgeben durch

pripso <Objekt 1>,...,<Objekt n>.

(PRInt Premise, Select Object). Für den Beispielmodul ergibt sich etwa

```
pripso Arbeit.
 P  1) CF:100  VgProduktivität(Arbeit,InduNation,heute)
 P  3) CF:100  NOT grössWirkung(WirtWachstum,VgProduktivität,
               Arbeit,InduNationWest,heute)
```

Sollen im Anschluß an einen Konklusionsprozeß nur die verwendeten Prämissen ausgegeben werden (im Gegensatz zu 'prip all'), so ist zu verwenden:

prip.

In DEDUC gibt es einige weitere Informationsbefehle dieser Art, die sich aus der Kurzbeschreibung der Befehle (im Handbuch) entnehmen lassen.

Bei der Überprüfung der Wissensbasis mit diesen Befehlen werden sich Schreib- und Syntaxfehler zeigen, die am besten in der Ursprungsdatei korrigiert werden, bevor diese wieder in DEDUC eingelesen wird, um für Schlußfolgerungen verwendet zu werden.

3.3 Erzeugung von Konklusionen

Nachdem die Wissensbasis mit den angegebenen Befehlen überprüft und Schreib- und Syntaxfehler korrigiert worden sind, kann nun versucht werden, damit Schlußfolgerungen zu erzeugen.

Nach Aufruf von DEDUC und Einlesen der (korrigierten) Wissensdateien wird der **Konklusionsprozeß** mit dem Befehl

```
concl.
```

gestartet (s. DEDUC-Handbuch 2.2.1). Das Prinzip der Verarbeitung besteht darin, daß versucht wird, die linken Seiten der Implikationen mittels der vorhandenen Prämissen für die jeweils 'größten' (allgemeinsten) Objektklassentupel zu bewahrheiten und damit Konklusionen zu erzeugen. Neu erzeugte Konklusionen werden ihrerseits wieder der Prämissenmenge zugeschlagen. Mit der erweiterten Prämissenmenge wird erneut versucht, weitere Konklusionen zu erzeugen. Dieser Vorgang wiederholt sich intern so oft, bis keine weiteren neuen Konklusionen mehr erzeugt werden können. ('Neu' heißt dabei eine Konklusion, wenn sie in keiner der bisher vorhandenen Konklusionen bereits 'enthalten' ist, weder vom Aussageinhalt noch von der Gewißheit her).

Auf den Startbefehl **'concl'** für den Konklusionsvorgang folgt zunächst die Frage

```
CONCLUSION INTERRUPT AFTER HOW MANY MINUTES ?
1
```

Falls der Konklusionsprozeß länger dauern sollte als die eingegebene Zahl von Minuten, so wird zunächst unterbrochen. Mit einer entsprechenden Eingabe kann der Prozeß dann weitergeführt oder abgebrochen werden. Hier wurde '1' eingegeben. Es folgt nun die Frage

```
CUTOFF AT WHICH CERTAINTY FACTOR ?
```

Es gibt an dieser Stelle die Möglichkeit, den Konklusionsprozeß unterhalb einer bestimmten Gewißheit 'abzuschneiden'. Es werden dann nur diejenigen Konklusionen erzeugt, deren Gewißheit größer als die hier eingegebene ganze positive Zahl ist (im Bereich von 0 bis 100 Prozent Gewißheit). Die Eingabe von

```
0
```

stellt also sicher, daß alle Konklusionen, auch die völlig ungewissen, weiter berücksichtigt werden.

Daraufhin erzeugt jetzt DEDUC mit der eingegebenen Wissensbasis in Reaktion auf die eingegebenen Prämissen die folgenden Konklusionen:

```
 1    7) CF:100  VrBedarf(Arbeit,InduNationWest,heute)
15    8) CF:100  VrArbeitszeit(BRD,heute)
15    9) CF:100  grössWirkung(VrArbeitszeit,VrBedarf,Arbeit,BRD,heute)
15   10) CF:100  NOT volLohnausgleich(BRD,heute)
 2   11) CF:100  VrArbeitslosigkt(BRD,heute)
 4   12) CF:100  VrKaufkraft(BRD,heute)
 5   13) CF:100  VrBinnNachfrage(BRD,heute)
11   14) CF: 70  VgArbeitslosigkt(BRD,heute)
```

Im Klartext: "*Unter den in den Prämissen angegebenen Bedingungen (insbesondere: Strategie 1 'kein voller Lohnausgleich') ergibt sich in der Bundesrepublik Deutschland:*
Verringerung des Arbeitsbedarfs,
Verringerung der Arbeitszeit,
Arbeitszeitverkürzung überkompensiert die Verringerung des Arbeitsbedarfs,
kein voller Lohnausgleich,
Verringerung der Arbeitslosigkeit,
Verringerung der Kaufkraft,
Verringerung der Binnennachfrage,
Vergrößerung der Arbeitslosigkeit (CF 70)."

Die ausgegebenen Konklusionen sind durchnumeriert (2. Spalte) entsprechend ihrer Position in der Prämissen/Konklusionenliste. (Die ursprünglichen Prämissen haben Nummern 1 bis 6). Die Zahlen in der 1. Spalte sind die Nummern der Implikationen, die zur Erzeugung der jeweiligen Prämissen benutzt wurden. Insgesamt wurden also 6 der vorhandenen 16 Implikationen benutzt, um die 8 Konklusionen zu erzeugen. Mit Hilfe dieser Zahlen kann der Konklusionsprozeß relativ leicht rücklaufend analysiert werden. (Im Zweifelsfall kann der 'how'-Befehl verwendet werden, s.u.). In der 3. Spalte ist der Gewißheitsgrad der Konklusion angegeben.

Im Anschluß an die Ausgabe der erzeugten Konklusionen steht die Frage

```
DELETE THE CONCLUSIONS (1) ? (Y/N)
```

Es wird also gefragt, ob die in dieser Konklusionsstufe (1) erzeugten Konklusionen gelöscht werden sollen. Da wir die Wissensbasis noch einmal verwenden wollen, um die Folgerungen für eine andere Strategie abzuleiten, müssen die Konklusionen wieder gelöscht werden:

```
y
```

Als nächstes folgt die Frage

```
DELETE THE PREMISES (1) ? (Y/N)
```

Da wir die meisten Prämissen beibehalten und nur die Strategie-Prämisse ändern wollen, antworten wir mit

```
n
```

und DEDUC reagiert mit

```
PREMISES STORED
......
......
OK:
```

Hiermit ist der Konklusionsprozeß zunächst abgeschlossen. Die erzeugten Konklusionen sind intern wieder gelöscht worden; die Prämissen sind noch vorhanden.

In der Wissensbasis hatten wir uns in den beiden letzten Implikationen die Möglichkeit offengehalten, entweder mit der Strategie 1 (kein voller Lohnausgleich) oder mit der Strategie 2 (voller Lohnausgleich) der Arbeitslosenproblematik zu begegnen, in beiden Fällen bei verringerter Arbeitszeit und einer Arbeitszeitverkürzung, die die Verringerung des Arbeitsbedarfs überkompensiert.

Um die Konklusionen für Strategie 2 zu erzeugen, müssen wir die Prämisse für Strategie 1 löschen und durch die für Strategie 2 ersetzen. Wir drucken zur Überprüfung die vorhandenen Prämissen aus:

```
prip.
 P  1) CF:100  VgProduktivität(Arbeit,InduNation,heute)
 P  2) CF: 80  WirtWachstum(Europa,Zeit)
 P  3) CF:100  NOT grössWirkung(WirtWachstum,VgProduktivität,
               Arbeit,InduNationWest,heute)
 P  4) CF:100  ExportAbhängigkt(BRD,Zeit)
 P  5) CF:100  weltmarktoffen(BRD,Zeit)
 P  6) CF:100  Strategie1(BRD,Zeit)
```

Wir löschen die Strategieprämisse (Nr. 6) mit

```
delp 6.
```

und schreiben als neue Prämisse in die Wissensbasis

```
prem Strategie2(BRD,Zeit).
```

Jetzt kann wieder ein neuer Konklusionsprozeß angestoßen werden:

```
concl.
....
....
    1   7) CF:100  VrBedarf(Arbeit,InduNationWest,heute)
   16   8) CF:100  VrArbeitszeit(BRD,heute)
   16   9) CF:100  grössWirkung(VrArbeitszeit,VrBedarf,Arbeit,BRD,heute)
   16  10) CF:100  volLohnausgleich(BRD,heute)
    2  11) CF:100  VrArbeitslosigkt(BRD,heute)
    6  12) CF:100  VgKosten(Arbeit,BRD,heute)
```

Die Ergebnisse lauten nun im Klartext: *"Unter den in den Prämissen angegebenen Bedingungen (insbesondere: Strategie 2 'voller Lohnausgleich') ergibt sich in der Bundesrepublik Deutschland:*

Verringerung des Arbeitsbedarfs,
Verringerung der Arbeitszeit,
Arbeitszeitverkürzung überkompensiert die Verringerung des Arbeitsbedarfs,

voller Lohnausgleich,
Verringerung der Arbeitslosigkeit,
Vergrößerung der Arbeitskosten."

In diesem Falle wollen wir die erzeugten Konklusionen weiter verwenden, um mit zusätzlichen Prämissen noch weitergehende Ergebnisse zu erzeugen. Daher werden die Konklusionen nicht gelöscht:

```
DELETE THE CONCLUSIONS (1) ? (Y/N)
n

PREMISES AND CONCLUSIONS STORED. YOU MAY ADD SOME PREMISES.
```

Bei der Auswahl weiterer Prämissen gibt DEDUC gewisse Hilfen. So kann es z.B. sein, daß gewisse Schlüsse, die eigentlich zu erwarten sind, nur deshalb nicht gezogen werden, weil die Bedingung für ein bestimmtes AND-Glied in einer Implikation nicht erfüllt ist. Möglicherweise handelt es sich um eine Randbedingung, die der Benutzer bei der Formulierung der Prämissen vergessen hat. DEDUC untersucht daher, ob die Bewahrheitung einer Implikation mit (mindestens) einem AND lediglich an der Nichterfüllung eines AND-Gliedes scheiterte und teilt dies am Ende des Konklusionsprozesses mit. Im Beispielfall erscheint:

```
DEFINITION OF ANY OF FOLLOWING PREDICATES COULD YIELD SOME MORE
CONCLUSIONS:
      8..VrWettbewerbsfäh(Land,Zeit)
      9..VrWettbewerbsfäh(InduNation,Zeit)
     15..Strategiel(InduNationWest,Zeit)
      7..VgInvestition(Rat,Arbeit,Land,Zeit)
     14..freiMarktwirtsch(InduNation,Zeit)
  .....
  .....
```

Die Eingabe entsprechender Prämissen würde also zu weiteren Konklusionen führen können.

Zeitkette: Bei den Implikationen wurde an zwei Stellen (Nr. 7, Nr. 12) das Objekt '+Zeit' auf der rechten Seite der Implikation verwendet. Es bedeutet, daß die Folge (auf der rechten Seite) gegenüber der Ursache (auf der linken Seite) um eine Zeiteinheit verschoben ist (also später eintritt). Wenn definiert wird, was mit 'Zeit' und '+Zeit' gemeint ist, kann damit eine ansatzweise Dynamisierung von DEDUC-Modellen erreicht werden (weitere Möglichkeiten s. DEDUC Handbuch 2.1.2). Die gewünschte Zeitabfolge wird durch Definition der 'Zeitkette' erreicht, die mit dem Befehl **'time'** angestoßen wird (s. DEDUC Handbuch 2.1.4). Die Definition der Zeitkette wird mit der Eingabe von **'fin'** (FINished) abgeschlossen:

```
time.
 SPECIFY THE TIME CHAIN
 TIME  1 ?
heute
 TIME  2 ?
naheZukunft
```

```
  TIME  3 ?
mittlZukunft
  TIME  4 ?
ferneZukunft
  TIME  5 ?
fin
```

Hier wurden 'heute', 'nahe Zukunft', 'mittlere Zukunft' und 'ferne Zukunft' als Zeitabschnitte definiert. Diese Zeitobjekte müssen in den Objektstrukturen definiert sein.

Um aufbauend auf den bisherigen Konklusionen den Deduktionsprozeß weiter fortführen zu können, definieren wir eine weitere Prämisse *("Bundesrepublik Deutschland hat freie Marktwirtschaft")*, die oben von DEDUC vorgeschlagen wurde:

```
prem freiMarktwirtsch(BRD,Zeit).
```

und stoßen den Konklusionsprozeß wieder an mit

```
concl.
```

DEDUC ermittelt jetzt eine größere Zahl von Konklusionen, die im Zeitspektrum von 'heute' bis in die 'ferne Zukunft' reichen. Die Gewißheiten der Aussagen verringern sich (in diesem Beispiel) mit in die Zukunft fortschreitender Zeit:

```
14   14) CF:100  VgInvestition(Rationalisierung,Arbeit,BRD,heute)
12   15) CF: 80  VgProduktivität(Arbeit,BRD,naheZukunft)
12   16) CF: 80  NOT grössWirkung(WirtWachstum,VgProduktivität,
                 Arbeit,BRD,naheZukunft)
13   17) CF: 80  VgMonotonie(Arbeit,BRD,heute)
13   18) CF: 80  VrDispositChance(Arbeit,BRD,heute)
 1   19) CF: 80  VrBedarf(Arbeit,BRD,naheZukunft)
16   20) CF: 80  VrArbeitszeit(BRD,naheZukunft)
16   21) CF: 80  grössWirkung(VrArbeitszeit,VrBedarf,
                 Arbeit,BRD,naheZukunft)
16   22) CF: 80  volLohnausgleich(BRD,naheZukunft)
 2   23) CF: 80  VrArbeitslosigkt(BRD,naheZukunft)
 6   24) CF: 80  VgKosten(Arbeit,BRD,naheZukunft)
14   25) CF: 80  VgInvestition(Rationalisierung,Arbeit,BRD,naheZukunft)
12   26) CF: 64  VgProduktivität(Arbeit,BRD,mittlZukunft)
12   27) CF: 64  NOT grössWirkung(WirtWachstum,VgProduktivität,
                 Arbeit,BRD,mittlZukunft)
13   28) CF: 64  VgMonotonie(Arbeit,BRD,naheZukunft)
13   29) CF: 64  VrDispositChance(Arbeit,BRD,naheZukunft)
 1   30) CF: 64  VrBedarf(Arbeit,BRD,mittlZukunft)
16   31) CF: 64  VrArbeitszeit(BRD,mittlZukunft)
16   32) CF: 64  grössWirkung(VrArbeitszeit,VrBedarf,
                 Arbeit,BRD,mittlZukunft)
16   33) CF: 64  volLohnausgleich(BRD,mittlZukunft)
 2   34) CF: 64  VrArbeitslosigkt(BRD,mittlZukunft)
 6   35) CF: 64  VgKosten(Arbeit,BRD,mittlZukunft)
14   36) CF: 64  VgInvestition(Rationalisierung,Arbeit,BRD,mittlZukunft)
12   37) CF: 51  VgProduktivität(Arbeit,BRD,ferneZukunft)
12   38) CF: 51  NOT grössWirkung(WirtWachstum,VgProduktivität,
                 Arbeit,BRD,ferneZukunft)
13   39) CF: 51  VgMonotonie(Arbeit,BRD,mittlZukunft)
13   40) CF: 51  VrDispositChance(Arbeit,BRD,mittlZukunft)
```

```
 1   41) CF: 51  VrBedarf(Arbeit,BRD,ferneZukunft)
16   42) CF: 51  VrArbeitszeit(BRD,ferneZukunft)
16   43) CF: 51  grössWirkung(VrArbeitszeit,VrBedarf,
                 Arbeit,BRD,ferneZukunft)
16   44) CF: 51  volLohnausgleich(BRD,ferneZukunft)
 2   45) CF: 51  VrArbeitslosigkt(BRD,ferneZukunft)
 6   46) CF: 51  VgKosten(Arbeit,BRD,ferneZukunft)
14   47) CF: 51  VgInvestition(Rationalisierung,Arbeit,BRD,ferneZukunft)
12   48) CF: 40  VgProduktivität(Arbeit,BRD,+ferneZukunft)
12   49) CF: 40  NOT grössWirkung(WirtWachstum,VgProduktivität,
                 Arbeit,BRD,+ferneZukunft)
13   50) CF: 40  VgMonotonie(Arbeit,BRD,ferneZukunft)
13   51) CF: 40  VrDispositChance(Arbeit,BRD,ferneZukunft)
```

Wir löschen die Konklusionen noch nicht, um mit ihnen noch weitere Analysen vornehmen zu können:

```
DELETE THE CONCLUSIONS (2) ? (Y/N)
n
......
OK:
```

Mehrstufiger Konklusionsprozeß: In der Frage nach dem Löschen der Konklusionen wird durch '(2)' angezeigt, daß diese aus der zweiten Stufe des Konklusionsprozesses stammen. Es ist möglich, einen mehrstufigen Konklusionsprozeß aufzubauen, indem man immer wieder zusätzliche Prämissen definiert (s. DEDUC-Handbuch 2.2.1). Man kann bis zu 10 Stufen bilden.

Mit dem Befehl '**prip**' werden im Anschluß an einen mehrstufigen Konklusionsprozeß die Prämissen der einzelnen Stufen gesondert aufgelistet (s. DEDUC-Handbuch 2.3.5). Analoges leistet der Befehl '**pric**' für die Konklusionen (s. DEDUC-Handbuch 2.3.8).

3.4 Analyse des Konklusionsprozesses

Bei komplexeren Schlußfolgerungsprozessen ist aus den Konklusionen oft kaum verständlich, wie sie zustande kamen. Hier bietet der '**how**'-Befehl eine Möglichkeit, den Konklusionsprozeß rücklaufend zu analysieren (s. DEDUC-Handbuch 2.2.3). Der Benutzer gibt mit dem 'how'-Befehl die Nummer der Konklusion an, für die er eine Erläuterung wünscht.

Um zu erfahren, wie etwa die Konklusion Nr. 37 "Vergrößerung der Produktivität der Arbeit in der fernen Zukunft" zustande kam, wird der Befehl

```
how 37.
```

eingegeben. DEDUC antwortet mit

```
      12) CF: 80  VgInvestition(Rationalisierung,Arbeit,
                  InduNationWest,Zeit)
                --VgProduktivität(Arbeit,InduNationWest,+Zeit),
                  NOT grössWirkung(WirtWachstum,VgProduktivität,
                  Arbeit,InduNationWest,+Zeit)
      36) CF: 64  VgInvestition(Rationalisierung,
                  Arbeit,BRD,mittlZukunft)
```

Die Nummern der ersten Spalte sind die entsprechenden Nummern der Implikationen, Konklusionen oder Prämissen (diese sind zusätzlich mit P gekennzeichnet).

Konklusion 37 wurde also aus Implikation 12 und Konklusion 36 abgeleitet. Um herauszufinden, wie Konklusion 36 zustande kam, geben wir ein

```
how 36.
```

und erhalten die Antwort

```
      14) CF:100  (VgKosten(Arbeit,InduNation,Zeit)
                  AND freiMarktwirtsch(InduNation,Zeit))
                --VgInvestition(Rationalisierung,Arbeit,InduNation,Zeit)
      35) CF: 64  VgKosten(Arbeit,BRD,mittlZukunft)
    P 13) CF:100  freiMarktwirtsch(BRD,Zeit)
```

Konklusion 36 wurde also aus Implikation 14, Konklusion 35 und Prämisse 13 abgeleitet.

Wir untersuchen schließlich noch, welche Schlußfolgerungen sich aus unserer Wissensbasis unter veränderten Ausgangsbedingungen ergeben. Zur Untersuchung der Strategie 2 stellen wir den Ausgangszustand wieder her, indem wir alle Konklusionen löschen. Diese sind jetzt noch unter den Nummern 7 bis 51 gespeichert (s.o.), daher

```
delp 7,51.
```

Statt der Prämisse "*Bundesrepublik ist freie Marktwirtschaft*" fügen wir jetzt die Prämisse "*keine Vergrößerung der Rationalisierungsinvestitionen*" ein mit

```
prem not VgInvestition(Rationalisierung,Arbeit,InduNation,heute).
```

Wir überprüfen die gültigen Prämissen mit **'prip'** (oder **'prip all'**)

```
prip.
```

und erhalten

```
    P  1) CF:100  VgProduktivität(Arbeit,InduNation,heute)
    P  2) CF: 80  WirtWachstum(Europa,Zeit)
    P  3) CF:100  NOT grössWirkung(WirtWachstum,VgProduktivität,
                  Arbeit,InduNationWest,heute)
    P  4) CF:100  ExportAbhängigkt(BRD,Zeit)
    P  5) CF:100  weltmarktoffen(BRD,Zeit)
    P  6) CF:100  Strategie2(BRD,Zeit)
    P  7) CF:100  NOT VgInvestition(Rationalisierung,Arbeit,
                  InduNation,heute)
```

Der Konklusionsprozeß ergibt jetzt

```
 1    8) CF:100  VrBedarf(Arbeit,InduNationWest,heute)
16    9) CF:100  VrArbeitszeit(BRD,heute)
16   10) CF:100  grössWirkung(VrArbeitszeit,VrBedarf,Arbeit,BRD,heute)
16   11) CF:100  volLohnausgleich(BRD,heute)
 2   12) CF:100  VrArbeitslosigkt(BRD,heute)
 6   13) CF:100  VgKosten(Arbeit,BRD,heute)
17   14) CF:100  VrWettbewerbsfäh(BRD,naheZukunft)
 8   15) CF:100  VrExport(BRD,naheZukunft)
 9   16) CF:100  VgExportdruck(BRD,naheZukunft)
 9   17) CF:100  VgKonkurs(BRD,naheZukunft)
10   18) CF:100  starkVgArbtslosk(BRD,naheZukunft)
11   19) CF: 70  VgArbeitslosigkt(BRD,naheZukunft)
```

Wir verfolgen hier noch einmal mit dem **'how'**-Befehl rückwirkend bis zu den Prämissen bzw. Implikationen, wie die Konklusion 17 *("wachsende Firmenkonkurse in der BRD in naher Zukunft")* zustande kommt:

```
how 17.
    9) CF:100  (VrWettbewerbsfäh(InduNation,Zeit)
               AND weltmarktoffen(InduNation,Zeit))
             --VgExportdruck(InduNation,Zeit),
               VgKonkurs(InduNation,Zeit)
   14) CF:100  VrWettbewerbsfäh(BRD,naheZukunft)
 P  5) CF:100  weltmarktoffen(BRD,Zeit)

how 14.
   17) CF:100  (VgKosten(Arbeit,Land,Zeit)
               AND  NOT VgInvestition(Rationalisierung,Arbeit,Land,Zeit))
             --VrWettbewerbsfäh(Land,+Zeit)
   13) CF:100  VgKosten(Arbeit,BRD,heute)
 P  7) CF:100  NOT VgInvestition(Rationalisierung,Arbeit,InduNation,heute)

how 13.
    6) CF:100  (VrArbeitszeit(Land,Zeit)
               AND volLohnausgleich(Land,Zeit))
             --VgKosten(Arbeit,Land,Zeit)
    9) CF:100  VrArbeitszeit(BRD,heute)
   11) CF:100  volLohnausgleich(BRD,heute)

how 9.
   16) CF:100  (VrBedarf(Arbeit,InduNationWest,Zeit)
               AND Strategie2(InduNationWest,Zeit))
             --VrArbeitszeit(InduNationWest,Zeit),
               grössWirkung(VrArbeitszeit,VrBedarf,
               Arbeit,InduNationWest,Zeit),
               volLohnausgleich(InduNationWest,Zeit)
    8) CF:100  VrBedarf(Arbeit,InduNationWest,heute)
 P  6) CF:100  Strategie2(BRD,Zeit)

how 8.
    1) CF:100  (VgProduktivität(Arbeit,Land,Zeit)
               AND ( NOT WirtWachstum(Land,Zeit)
               OR  NOT grössWirkung(WirtWachstum,
               VgProduktivität,Arbeit,Land,Zeit)))
             --VrBedarf(Arbeit,Land,Zeit)
 P  1) CF:100  VgProduktivität(Arbeit,InduNation,heute)
 P  3) CF:100  NOT grössWirkung(WirtWachstum,VgProduktivität,
               Arbeit,InduNationWest,heute)
```

Eine weitere Möglichkeit zur Konzeptsystemanalyse bietet der '**coc**'-Befehl (COmpare Conclusions, s. DEDUC-Handbuch 2.2.5), mit dessen Hilfe zwei unterschiedliche Konklusionsprozesse verglichen werden können. Er liefert zunächst die gemeinsamen Prämissen und Konklusionen beider Prozesse, anschließend die Prämissen und Konklusionen, die jeweils nur in einem der beiden Prozesse vorkommen.

3.5 Beenden der DEDUC-Bearbeitung

```
end.
```

Mit dem '**end**'-Befehl wird der Modul verlassen. Danach stellt DEDUC noch einige Fragen:

```
SAVE CURRENT MODULE ? (Y/N/BACK)
```

Wenn der Benutzer den gerade bearbeiteten und u.U. veränderten Wissensmodul für die Wiederverwendung sichern möchte, muß er hier mit 'y' antworten. In diesem Fall wird dann nach dem Namen für die Abspeicherung gefragt. Wir antworten hier mit

```
n
```

Als nächstes wird geprüft, ob bereits ein weiterer Modul gespeichert ist, in den die Ergebnisse möglicherweise zur weiteren Bearbeitung übertragen werden sollen (z.B. für den Bewertungsvorgang im Orientormodul, oder zur Fortsetzung eines umfangreichen Konklusionsvorgangs in einem anderen Sachmodul). Ist mindestens ein anderer Modul gespeichert, so folgt die Frage:

```
TRANSFER PREMISES/CONCLUSIONS TO ANOTHER MODULE ? (Y/N/BACK)
```

Da hier die Ergebnisse nicht weiter verwendet werden sollen, antworten wir mit

```
n
```

Es folgen nun Angaben über die Zahl der belegten Moduln und Speicherplätze zusammen mit der Frage, ob ein Modul gelöscht werden soll:

```
MODULES: n - FREE RECORDS: nnnnn
DELETE ANY MODULE ? (Y/N/BACK)
```

Falls hier mit 'y' geantwortet wird, werden die Namen der vorhandenen Moduln vorgelegt. Bei der Antwort

```
n
```

folgt die Frage

```
CONTINUE WITH ANOTHER MODULE ? (Y/N)
```

Wird hier mit 'y' geantwortet, werden wieder die Namen der vorhandenen Moduln zur Auswahl vorgelegt. Bei der Antwort

```
n
```

wird das Programm schließlich beendet:

```
--- PROGRAM FINISHED

****START TIME 11:58:38
****END   TIME 12:14:59
Stop - Program terminated.

A:\>
```

Arbeitsvorschläge:

(1) Fügen Sie zu der Wissensbasis ARBEITIM.DED (mit der Textverarbeitung) einige weitere Implikationen hinzu, die die Folgen einer 'starken Vergrößerung der Arbeitslosigkeit' beschreiben, und die an die Konklusion 'starkVgArbtslosk (InduNation,Zeit)' in der Implikation Nr. 10 anknüpfen können. Speichern Sie die veränderte Wissensbasis unter einem anderen Namen ab und kopieren Sie sie dann wieder nach DEDF.2.

(2) Rufen Sie DEDUC auf, lesen Sie (wie oben gezeigt) die Wissensmoduln ein, überprüfen Sie die (geänderte) Wissensbasis mit den verschiedenen Informationsbefehlen und korrigieren Sie vorhandene Fehler.

(3) Definieren Sie wieder eine Zeitkette, aktivieren Sie die 'Strategie 2' und starten Sie den Konklusionsprozeß.

(4) Verfolgen Sie mit dem 'how'-Befehl die sich jetzt zusätzlich (durch die Änderungen) ergebenden Konklusionen und überprüfen Sie die Konklusionsergebnisse.

4. Vierte Begegnung mit DEDUC: Konsequenzenbewertung

(Alternativenbewertung unter verschiedenen Randbedingungen, Sach- und Orientormodul, Katalogsystem, Allquantor und Existenzquantor, Gewißheits- und Ladefaktoren, mehrdimensionale Bewertungsbilder)

&..., >...,
CF, LF, AF
eval i.
value n. sev n.

Wir haben DEDUC bisher dafür eingesetzt, um aus einer Menge von Aussagen über Sachverhalte ('Sachwissen' in Form von 'Objektstrukturen', 'Implikationen' und 'Prämissen') nach Vorgabe bestimmter Ausgangsbedingungen ('Prämissen') Schlußfolgerungen ('Konklusionen') über die (aufgrund der Wissensbasis) zu erwartenden Folgen zu ziehen. Diese Schlußfolgerungen bleiben auf der Ebene der Sachaussagen - wobei sie natürlich nicht 'richtiger' sein können als die Wissensbasis selbst.

Der Deduktionsmechanismus von DEDUC läßt sich aber auch für eine andere Aufgabe einsetzen, die bei der Entscheidungsvorbereitung neben der **Folgenermittlung** von Bedeutung ist: nämlich die **Folgenbewertung**, auf deren Grundlage eine Entscheidung erst getroffen werden kann. Um eine solche Bewertung durchzuführen, müssen entsprechende **Bewertungskriterien** ('Orientoren') als Objekte definiert werden. Einzelne wertrelevante Sachverhalte ('Indikatoren') werden mittels **Sach-Wert-Implikationen** auf diese Orientoren abgebildet; diesen Implikationen ist ein sogenannter **Ladefaktor** zugeordnet mit Werten zwischen -100...100. Dieser ist ein Maß dafür, wie stark ein Orientor durch den Sachverhalt verletzt/erfüllt wird. Eine Orientorenhierarchie entsteht dadurch, daß diese (untersten) Kriterien durch die Definition von **Wert-Wert-Implikationen** auf übergeordnete Kriterien abgebildet werden. Diese Implikationen müssen ebenfalls mit Ladefaktoren versehen werden. Diese sind nichts weiter als die relativen Gewichte der untergeordneten Orientoren bezüglich der übergeordneten Orientoren.

Wird DEDUC zur Bewertung eines Sachverhalts eingesetzt, so enthält der entsprechende Wissensmodul (jetzt 'Orientormodul' genannt) also die (hierarchische) Struktur der relevanten Orientoren und alle für die Bewertung notwendigen Beziehungen zwischen der Beschreibung des zu bewertenden Sachverhalts durch entsprechende Eingangsprämissen und den anzulegenden Bewertungsmaßstäben. Bei den Eingangsprämissen wird es sich im Regelfall um Konklusionen aus einer Folgenermittlung handeln; diese können daher als Ergebnis aus dem Sachmodul direkt zur Bewertung in den Orientormodul übergeben werden.

Der Bewertungsvorgang folgt also einem bestimmten Schema, dessen Struktur in DEDUC bereits als Orientormodul angelegt ist. Der Aufbau eines Orientormoduls wird dann eingeleitet, wenn bei der anfänglichen Frage 'KNOWLEDGE MODULE ? (Y/N)' mit 'n' geantwortet wurde.

Im folgenden Beispiel führen wir in den Aufbau eines Bewertungsmoduls, in den Bewertungsvorgang und in die in DEDUC vorhandenen Bewertungsmöglichkeiten ein. Wir verwenden hierzu als Beispiel das bekannte 'Gefangenen-Dilemma' (vgl. z.B. W. Kirsch: Entscheidungsprozesse III, Wiesbaden 1971, S. 65), erweitert um einige Details, mit denen wir gewisse Besonderheiten des DEDUC-Bewertungsprozesses besser darstellen können.

4.1 Wissensbasis für den Sachmodul

Zunächst bauen wir wieder die Wissensbasis für den Sachmodul auf und schreiben sie in eine entsprechende Datei GEFANGSA.DED (wegen der geringen Zahl der Konzepte genügt hier eine Datei).

```
!GEFANGSA.DED  Gefangenen-Dilemma, Sachmodul!

A,B is Gefangener.
```

"A und B sind Gefangene."

```
Gefangener is Person.
```

"Ein Gefangener ist eine Person."

```
if   schweigt(A) and schweigt(B)
then geringeStrafe(&Gefangener).                   !1!
```

"Falls A und B beide schweigen, dann folgt eine niedrige Strafe (z.B. 2 Jahre) für alle (beide) Gefangenen."

Allquantor und Existenzquantor: DEDUC bietet die Möglichkeit, einzelne Objekte mit dem Allquantor (&) (Bedeutung: "alle ...") oder dem Existenzquantor (>) (Bedeutung: "irgend ein ...") zu versehen (s. DEDUC-Handbuch 2.1.2, 2.1.3). Die DEDUC-Logik berücksichtigt diese Bedeutungen entsprechend.

```
if   redet(A) and redet(B)
then mittlereStrafe(&Gefangener).                  !2!
```

"Falls A und B beide reden, dann folgt eine mittlere Strafe (z.B. 7 Jahre) für alle (beide) Gefangenen."

```
if   schweigt(A) and redet(B)
then hoheStrafe(A), straffrei(B).                  !3!
```

"Falls A schweigt und B redet, dann folgt eine hohe Strafe (z.B. 10 Jahre) für A. B bleibt straffrei."

```
if   redet(A) and schweigt(B)
then straffrei(A), hoheStrafe(B).                  !4!
```

"Falls A redet und B schweigt, dann bleibt A straffrei und B erhält eine hohe Strafe."

Während im klassischen Gefangenen-Dilemma die Entscheidung unter der Unsicherheit des Verhaltens des Mitgefangenen lediglich im Blick auf die unterschiedliche Höhe der Freiheitsstrafe vorgenommen wird, bringen wir hier noch einige zusätzliche Überlegungen in Form weiterer Implikationen ins Spiel:

```
if   redet(A) and schweigt(B)
then Verrat(A,B).                                    !5!
```

"Falls A redet und B schweigt, dann übt A Verrat an B."

```
if   schweigt(A) and redet(B)
then Verrat(B,A).                                    !6!
```

"Falls A schweigt und B redet, dann übt B Verrat an A."

```
if   Verrat(Person,Gefangener) and Mafia(Gefangener)
then Gefahr(Person) 80.                              !7!
```

"Falls eine Person einen Gefangenen verrät und der Gefangene zur Mafia gehört, dann besteht für die Person Gefahr (mit hoher Gewißheit CF = 80)."

```
if   schweigt(A) and schweigt(B)
then AnteilBeute(&Gefangener).                       !8!
```

"Falls A und B beide schweigen, dann behält jeder Gefangene seinen Anteil an der Beute."

```
if   redet(>Gefangener)
then VerlustBeute(&Gefangener).                      !9!
```

"Falls einer der Gefangenen redet, dann verlieren alle (beiden) Gefangenen die Beute."

4.2 Beschreibung der Ausgangssituation durch Prämissen

Wir betrachten die Entscheidungssituation aus der Sicht des Gefangenen A. Er hat die Möglichkeit, entweder zu schweigen (A1) oder zu reden (A2). Für beide Alternativen werden drei verschiedene Sätze von Randbedingungen angenommen:

(R1) A nimmt mit hoher Gewißheit an, daß B schweigt,
mit niedriger Gewißheit, daß B redet.
B ist Mafioso.

(R2) A nimmt mit hoher Gewißheit an, daß B redet,
mit niedriger Gewißheit, daß B schweigt.
B ist Mafioso.

(R3) A ist sich ungewiß über das Verhalten von B.
B ist Mafioso.

Wir übersetzen 'mit hoher Gewißheit' in einen Gewißheitsgrad von CF = 80, 'mit niedriger Gewißheit' in CF = 10 und 'ungewiß' in CF = 50.

Diese sechs zu untersuchenden Fälle lassen sich in den folgenden Prämissensätzen ausdrücken:

(R1)(A1):

```
prem schweigt(B) 80,
     redet(B)    10,
     Mafia(B),
     schweigt(A).
```

(R1)(A2):

```
prem schweigt(B) 80,
     redet(B)    10,
     Mafia(B),
     redet(A).
```

(R2)(A1):

```
prem schweigt(B) 10,
     redet(B)    80,
     Mafia(B),
     schweigt(A).
```

(R2)(A2):

```
prem schweigt(B) 10,
     redet(B)    80,
     Mafia(B),
     redet(A).
```

(R3)(A1):

```
prem schweigt(B) 50,
     redet(B)    50,
     Mafia(B),
     schweigt(A).
```

(R3)(A2):

```
prem schweigt(B) 50,
     redet(B)    50,
     Mafia(B),
     redet(A).
```

Wir schreiben zunächst nur den ersten Prämissensatz (R1)(A1) in die Wissensbasis. Bei der späteren Bearbeitung der anderen Fälle tauschen wir diese Prämissen durch die anderen Sätze aus (die wir jeweils direkt eingeben können).

Gewißheitslogik: Im Unterschied zur Wahrscheinlichkeitslogik müssen sich in der 'Gewißheitslogik', die bei DEDUC verwendet wird, die Gewißheitswerte für Schweigen und Reden (= Nicht-Schweigen) nicht unbedingt auf 1 bzw. 100 (%) addieren (s. DEDUC-Handbuch 1.4.1).

4.3 Wissensbasis für den Orientormodul

Wir wollen die Schlußfolgerungen aus dem Sachmodul zur Bewertung an den Orientormodul übergeben. Dieser Modul muß daher erst einmal eingerichtet werden. Er muß die Bewertungskriterien (Orientoren) und die Abbildung der im Sachmodul ermittelten Konklusionen auf die Orientoren enthalten. Da diese Konklusionen mit dem 'Vokabular' des Sachmoduls arbeiten, müssen auch die Objektstrukturen des Sachmoduls in den Orientormodul eingegeben werden. Wir schreiben die Wissensbasis des Orientormoduls in eine Datei GEFANGOR.DED.

Der Orientormodul besteht hier aus sog. **Sach-Wert-Implikationen**, mit deren Hilfe die bewertbaren Sachverhalte auf die (unterste Ebene der) Orientoren 'abgebildet' werden. Diese Implikationen haben die allgemeine Form

IF Sachverhalt X
THEN betroffen (Orientor Q).
(mit) Ladefaktor LF.

In diesem einfachen Fall besteht das Orientorensystem nur aus einer Ebene. Eine Hierarchie aus mehreren Ebenen wird aus **Wert-Wert-Implikationen** aufgebaut, die ganz analog gebildet werden:

IF betroffen auf unterer Ebene (Orientor Q)
THEN betroffen auf nächst-höherer Ebene (Orientor P).
(mit) Ladefaktor LF.

Den Implikationen des Orientormoduls werden **Ladefaktoren** (LF) zugeordnet, die im Bereich von -100 bis 100 liegen. Der Ladefaktor drückt - im Fall der Sach-Wert-Implikation - das (subjektive) Maß der Wertverletzung bzw. Werterfüllung durch den zu bewertenden Sachverhalt aus. Im Fall der Wert-Wert-Implikation kann man ihn als relatives Gewicht des untergeordneten in Bezug auf den übergeordneten Wert auffassen. Ein Wert kann mittels unterschiedlicher Implikationen und Ladefaktoren auf mehrere übergeordnete Werte 'laden'. Die Orientorenhierarchie muß also keine strenge Baumstruktur bilden (s. DEDUC-Handbuch 1.4.2, 1.4.3).

Für das vorliegende Beispiel verwenden wir die folgenden Orientoren als Bewertungsbasis:

Wohlstand	(Interesse an der Beute)
Freiheit	(Aversion gegen Gefängnis)
Sicherheit	(Angst vor Rache des Verratenen)
Ganovenehre	(Skrupel, einen Kumpel zu verpfeifen)
Status	(Angst davor, der Betrogene zu sein)

In den Sach-Wert-Implikationen des Orientormoduls müssen die Konklusionen aus dem Sachmodul, die die Folgen der verschiedenen Verhaltensweisen der beiden Gefangenen beschreiben, auf diese Orientoren abgebildet werden. Wir verwenden hierzu die folgende Wissensbasis, die die Bewertung vom Standpunkt des Gefangenen A wiedergibt:

```
!GEFANGOR.DED Gefangenen-Dilemma, Orientormodul!

A,B is Gefangener.
```

"A und B sind (eines gemeinsamen Raubs verdächtigte) Gefangene."

```
Gefangener is Person.
```

"Ein Gefangener ist eine Person."

```
if   straffrei(A)
then betroffen(Freiheit). LF 0.    !1!
```

"Falls A straffrei bleibt, dann ist (seine) 'Freiheit' hiervon indifferent betroffen"

```
if   geringeStraf(A)
then betroffen(Freiheit). LF -20.                 |2|
```

"Falls A eine niedrige Strafe (2 Jahre) erhält, dann ist hiervon die 'Freiheit' etwas negativ betroffen."

```
if   mittlereStrafe(A)
then betroffen(Freiheit). LF -70.                 |3|
```

"Falls A eine mittlere Strafe (7 Jahre) erhält, dann ist hiervon die 'Freiheit' stark negativ betroffen."

```
if   hoheStrafe(A)
then betroffen(Freiheit). LF -100.                |4|
```

"Falls A eine hohe Strafe (10 Jahre) erhält, dann ist hiervon die 'Freiheit' sehr stark negativ betroffen."

```
if   AnteilBeute(A)
then betroffen(Wohlstand). LF 100.                |5|
```

"Falls A seinen Anteil der Beute behält, dann ist hiervon sein 'Wohlstand' sehr stark positiv betroffen."

```
if   VerlustBeute(A)
then betroffen(Wohlstand). LF -10.                |6|
```

"Falls A seinen Anteil der Beute verliert, dann ist hiervon sein 'Wohlstand' geringfügig negativ betroffen."

```
if   Gefahr(A)
then betroffen(Sicherheit). LF -50.               |7|
```

"Falls für A Gefahr (wegen seines Verrats) besteht, dann ist hiervon seine 'Sicherheit' (erheblich) negativ betroffen."

```
if   Verrat(A,B)
then betroffen(Ganovenehre). LF -100.             |8|
```

"Verrat belastet die Ganovenehre sehr stark negativ."

```
if   Verrat(B,A)
then betroffen(Status). LF -50.                   |9|
```

"Falls A von B verraten wird, so ist davon der 'Status' (von A) erheblich negativ belastet."

4.4 Vorbereitung der Bewertungsdeduktion

Für die Weiterverarbeitung kopieren wir beide Konzeptdateien in entsprechende DEDUC-Dateien:

```
copy gefangor.ded dedf.1
copy gefangsa.ded dedf.2
```

Als nächstes richten wir den Orientormodul für das Gefangenen-Dilemma ein, indem wir DEDUC aufrufen. Bei der Frage

```
NAME OF THE MODULE ?
```

geben wir den Namen des Orientormoduls ein:

```
gefangor
```

und bei der Frage

```
KNOWLEDGE MODULE ? (Y/N)
```

antworten wir mit 'n', um damit die Einrichtung eines Orientormoduls zu veranlassen. Danach lesen wir die Wissenskonzepte des Orientormoduls - die jetzt in DEDF.1 stehen - mit dem entsprechenden Lesebefehl ein:

```
rf 1.
```

Wir beenden die Bearbeitung gleich wieder mit 'end' (nachdem etwa notwendige Korrekturen noch eingebracht wurden) und speichern den neuen Modul ab, indem wir auf die Frage

```
SAVE MODULE ? (Y/N)
```

mit 'y' antworten. Der Orientormodul ist ab jetzt unter der Bezeichnung 'gefangor' verfügbar.

4.5 Ermittlung der Konsequenzen im Sachmodul

Die Bewertung von Konsequenzen setzt zunächst deren Erzeugung im Sachmodul voraus. Die erzeugten Konklusionen müssen dann in den Orientormodul übertragen werden. Wir durchlaufen als nächstes diese Arbeitsschritte.

Zunächst rufen wir DEDUC auf, nennen als Namen des Moduls 'gefangsa', definieren ihn als Sachmodul (knowledge module), lesen die Sachwissensbasis ein mit 'rf 2', führen etwa notwendige Korrekturen durch und stoßen dann den Deduktionsprozeß mit 'concl' an. Die Schwelle für die Gewißheitsfaktoren wird auf '0' gesetzt.

```
concl.
CONCLUSION INTERRUPT AFTER HOW MANY MINUTES ?
1
CUTOFF AT WHICH CERTAINTY FACTOR ?
0
```

DEDUC erzeugt die folgenden Konklusionen:

```
1     5) CF: 80  geringeStrafe(Gefangener)
3     6) CF: 10  hoheStrafe(A)
3     7) CF: 10  straffrei(B)
6     8) CF: 10  Verrat(B,A)
8     9) CF: 80  AnteilBeute(Gefangener)
9    10) CF: 10  VerlustBeute(Gefangener)
```

Sie werden für die Weiterverarbeitung im Orientormodul gebraucht, daher lassen wir sie nicht löschen:

```
DELETE THE CONCLUSIONS (1) ? (Y/N)
n
 ......
OK:
```

Wir beenden nun diesen Durchgang mit 'end', speichern den erzeugten Wissensmodul unter 'gefangsa' ab und wollen die Ergebnisse auch an einen weiteren Modul übergeben:

```
END.
 ......
SAVE CURRENT MODULE ? (Y/N/BACK)
y
TRANSFER PREMISES/CONCLUSIONS TO ANOTHER MODULE ? (Y/N/BACK)
y
```

DEDUC legt uns nun die Liste der vorhandenen Moduln vor, unter denen sich auch der Orientormodul für das Gefangenen-Beispiel befindet:

```
STORED MODULES ARE:
gefangor gefangsa
```

In der **Katalogdatei** sind die einzelnen Moduln (Anwendungsbeispiele, Konzeptsysteme) entweder als 'Sachmodul' oder als 'Orientormodul' gespeichert. Die Katalogdatei dient zugleich als Vehikel, um Prämissen bzw. Konklusionen in einen anderen Modul - hier zur Bewertung in den Orientormodul 'gefangor' - zu übertragen, indem auf die jetzt folgende Frage

```
ENTER TARGET MODULE (OR BACK)
```

der entsprechende Modulname eingegeben wird

```
gefangor
```

Hierauf meldet sich DEDUC im Orientormodul-Modus:

```
ORIENTOR MODULE
```

Es folgt als erstes die Frage

```
DEFINE PAIRS OF PREFIXES ? (Y/N)
```

Präfix-Paare: Bei der Definition von Prädikaten werden oft Paare wie 'Verringerung - Vergrößerung' oder 'Verschlechterung - Verbesserung' verwendet, für die der Benutzer z.B. Abkürzungen wie Vr - Vg oder Vs - Vb benutzt. Gibt der Benutzer solche Paare ein (in der Form 'Vr Vg' und 'Vs Vb' usw.), so ersetzt das Programm jedes Prädikat mit dem ersten Präfix durch das Prädikat mit dem 'konträren' (zweiten) Präfix, wobei gleichzeitig das Vorzeichen des Betroffenheitsfaktors AF gewechselt wird. Auf diese Weise spart man u.U. eine Menge Sach-Wert-Implikationen im

Orientormodul, ohne daß das Bewertungsergebnis verändert wird (s. hierzu DEDUC-Handbuch 3.3). Die Eingabe wird mit 'fin' (FINished) beendet.

Im vorliegenden Fall sollen keine Präfix-Paare definiert werden, daher:

```
fin
```

Als nächstes folgt nun die Frage nach der Zeitkette für die Bearbeitung (s. DEDUC-Handbuch 2.1.4).

```
SPECIFY THE TIME CHAIN
TIME 1 ?
```

Falls bei der Bewertungsdeduktion mit Zeitstufen (z.B. 'heute', 'naheZukunft', 'mittl-Zukunft', 'ferneZukunft') gearbeitet wird, müssen diese dem Programm bekannt sein. Der Benutzer wird deshalb hier beim Eintritt in den Orientormodul genötigt, sie zu definieren. Die Eingabe der Zeitkette wird wieder mit 'fin' beendet.

Im Beispiel wird die Zeit nicht explizit verwendet, daher:

```
fin
```

DEDUC fordert jetzt zur Eingabe weiterer Befehle auf:

```
TYPE YOUR COMMANDS
```

Jetzt kann die Bewertung als Konklusionsprozeß ausgeführt werden:

```
concl.
```

Nach der Frage nach der Zeitbegrenzung (hier: 1 Minute) folgt wieder die Frage

```
CUTOFF AT WHICH CERTAINTY FACTOR ?
0
```

die hier mit '0' beantwortet wurde. In der nächsten Frage wird nach der Sättigungsgrenze für die Bewertung gefragt:

```
SATURATION LIMIT FOR EVALUATION ? (Y/N)
```

Wird keine Sättigungsgrenze gesetzt ('n'), so werden alle ermittelten Betroffenheitsfaktoren AF eines Orientors in einfacher Addition zusammengezählt, wobei sich u.U. sehr hohe Betroffenheitswerte ergeben können. In vielen Fällen realistischer ist dagegen die Annahme einer Sättigungsgrenze ('das Maß ist voll'), die hier gesetzt werden kann (s. DEDUC-Handbuch 1.4.3). Die Eingabe

```
y
```

führt zur Frage nach dieser Grenze, die hier auf 100 gesetzt wird:

```
LIMIT =
100
```

Danach wird das Bewertungsergebnis zunächst in Form von Konklusionen ausgegeben:

```
 7) CF: 80  AF: -20  betroffen(Freiheit)
 8) CF: 10  AF:-100  betroffen(Freiheit)
 9) CF: 10  AF: -50  betroffen(Status)
10) CF: 80  AF: 100  betroffen(Wohlstand)
11) CF: 10  AF: -10  betroffen(Wohlstand)
```

Die Konklusionsnummern 1 bis 6 entsprechen den aus dem Sachmodul übertragenen sechs Konklusionen, die im Orientormodul jetzt als Prämissen geführt werden.

Die im Orientormodul erzeugten Konklusionen werden in anderer Form ausgedruckt als die des Sachmoduls. Vor der Betroffenheitsaussage steht in der ersten Spalte die fortlaufende Nummer der Konklusion. Danach folgt der Gewißheitswert CF der Aussage. In der nächsten Spalte wird der Betroffenheitsfaktor AF ausgedruckt, mit dem der entsprechende Orientor positiv oder negativ belastet ist.

Betroffenheitsfaktor: Dieser Wert AF (affectedness factor) drückt aus, wie stark ein Orientor entweder von einer aus dem Sachmodul übergebenen Sachaussage oder von einem untergeordneten Orientor betroffen ist. Der Betroffenheitsfaktor eines (in einer Sach-Wert oder Wert-Wert-Implikation) rechts stehenden Orientors errechnet sich aus dem Ladefaktor der Implikation und dem Betroffenheitsfaktor auf der linken Seite, unter Berücksichtigung der aus dem Sachmodul stammenden Gewißheitswerte der zu bewertenden Konsequenzen (s. hierzu DEDUC-Handbuch 1.4.3). Die zu bewertenden Konsequenzen, mit denen der deduktive Bewertungsvorgang im Orientormodul als Prämissen startet, bekommen automatisch den Betroffenheitsfaktor AF = 100 (d.h. der Tatbestand dieser Prämissen wird sozusagen als 'voll erfüllt' angesehen). Betroffenheitsfaktoren können auch mit dem AF-Befehl gezielt eingegeben werden (s. DEDUC-Handbuch 2.1.7).

4.6 Bewertungsbilder

Bei einer größeren Zahl von Orientoren ist diese Darstellung der Bewertungsergebnisse in Konklusionen nur schlecht zu überblicken, und für den Vergleich der Bewertungen verschiedener Alternativen etwa ist sie kaum geeignet. Aus diesem Grund kann mit DEDUC das Bewertungsergebnis auf verschiedene Weise in Form von Bewertungsbildern anschaulich dargestellt werden. Hierzu dienen die **'eval'**-Befehle (EVALuation) (s. DEDUC-Handbuch 2.2.8).

Bevor mit diesen Befehlen Bewertungsbilder erzeugt werden können, müssen zunächst die maßgebenden Orientoren mit ihren Gewichten eingegeben werden. Weiter muß der Prädikatenschlüssel ('predicate key') angegeben werden, der auf der gewünschten Orientorenebene die Betroffenheiten ausdrückt (s. DEDUC-Handbuch 2.1.5).

Dieser Arbeitsschritt wird mit dem Befehl **'value n'** eingeleitet, wobei 'n' die Identifikations-Nummer der zu definierenden Orientorenmenge bezeichnet. Hierauf erfolgt die Abfrage der **maßgebenden Orientoren** mit ihren Gewichten. Die Abfrage wird mit 'fin' beendet.

Für unser Beispiel geben wir an:

```
value 1.
 SPECIFY THE VALUE SET 1 WITH WEIGHTS
 VALUE  1 ?
Wohlstand 100
 VALUE  2 ?
Freiheit 100
 VALUE  3 ?
Sicherheit 100
 VALUE  4 ?
Ganovenehre 50
 VALUE  5 ?
Status 30
 VALUE  6 ?
fin
```

Als nächstes folgt die Frage nach dem **Prädikatenschlüssel**, der hier 'betroffen' heißt (s. die in den Implikationen des Orientormoduls verwendeten Prädikate):

```
PREDICATE KEY ?
betroffen
```

Bevor die Bewertungsbilder erzeugt werden können, muß die entsprechende Orientorenmenge ausgewählt werden. Die oben definierte Orientorenmenge 1 wird mit dem **'sev n'** Befehl (SElect Value set Nr.) ausgewählt:

```
sev 1.
```

Für die Bewertungsbilder stehen verschiedene Formate zur Verfügung (**'eval a'** bis **'eval g'**, s. DEDUC-Handbuch 2.2.8.), die jeweils verschiedene Bewertungsblickwinkel besonders betonen. Ein umfassendes Bewertungsergebnis ergibt sich oft nur aus der Betrachtung mehrerer dieser Darstellungen. Wir zeigen im folgenden die Bewertungsbilder 'eval a', 'eval b', 'eval c' und 'eval e' für den Fall (R1)(A1) des Gefangenendilemmas. Danach werden die Bewertungsbilder 'eval e' für die anderen fünf Fälle erzeugt.

Das **Bewertungsbild eval a** zeigt die Wertbetroffenheitsgrade (AF) ohne Berücksichtigung der Wertgewichte und der Gewißheit der Wertberührung. Da negative und positive Wertberührungen nicht miteinander verrechnet werden und außerdem Wertberührungen unterschiedlicher Gewißheiten auftreten können, kann ein Wert in der Tabelle mehrfach aufgeführt sein.

Falls Zeitabschnitte definiert worden sind, so folgt auf die Eingabe des Befehls 'eval n' zunächst die Frage nach dem Zeitabschnitt, für den die Bewertung dargestellt werden soll. Es kann dann an dieser Stelle die Bewertung für eine bestimmte Zeitstufe, z.B. 'naheZukunft', ausgewählt werden. Da im Beispiel keine Zeitstufen vorgesehen sind, folgt gleich die Darstellung des Bewertungsbildes:

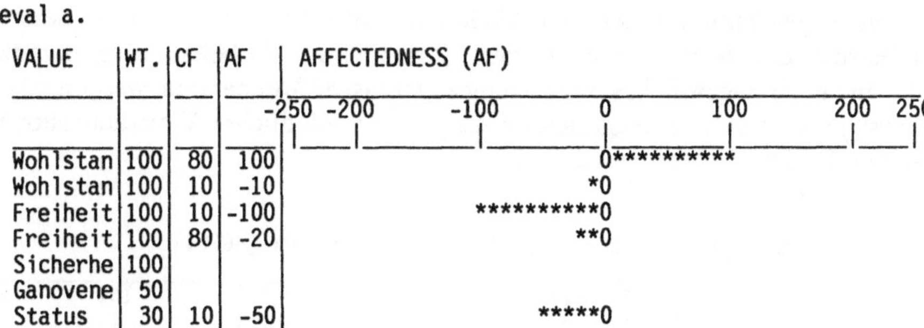

```
eval a.
VALUE    |WT.|CF |AF  | AFFECTEDNESS (AF)
                   -250 -200    -100     0     100      200 250
                    |    |       |       |      |        |   |
Wohlstan|100| 80| 100|                   0**********
Wohlstan|100| 10| -10|                  *0
Freiheit|100| 10|-100|         **********0
Freiheit|100| 80| -20|                 **0
Sicherhe|100|   |    |
Ganovene| 50|   |    |
Status  | 30| 10| -50|              *****0
```

Das **Bewertungsbild eval b** berücksichtigt zusätzlich die Wertgewichte. 100 gilt als höchstes Wertgewicht. Bei einem niedrigeren Gewicht wird der Bewertungsbalken gestaucht:

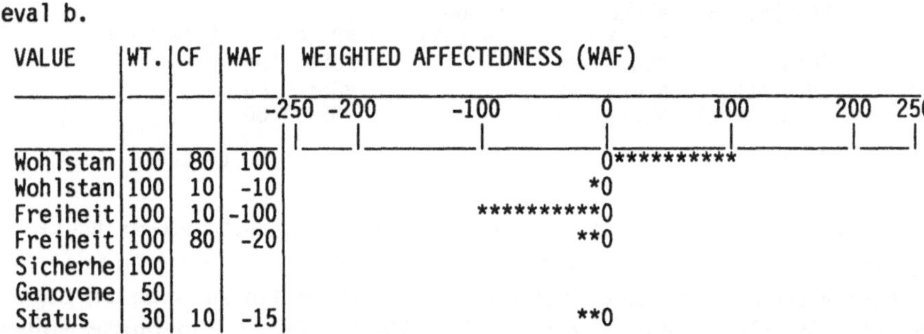

```
eval b.
VALUE    |WT.|CF |WAF | WEIGHTED AFFECTEDNESS (WAF)
                   -250 -200    -100     0     100      200 250
                    |    |       |       |      |        |   |
Wohlstan|100| 80| 100|                   0**********
Wohlstan|100| 10| -10|                  *0
Freiheit|100| 10|-100|         **********0
Freiheit|100| 80| -20|                 **0
Sicherhe|100|   |    |
Ganovene| 50|   |    |
Status  | 30| 10| -15|                 **0
```

Das **Bewertungsbild eval c** berücksichtigt zusätzlich die Gewißheitsfaktoren. Unsichere Bewertungsergebnisse werden dabei mehr gestaucht als sichere:

```
eval c.
VALUE    |WT.|CF |WAFC| WEIGHTED AF WITH CERTAINTY (WAFC)
                   -250 -200    -100     0     100      200 250
                    |    |       |       |      |        |   |
Wohlstan|100| 80|  80|                   0********
Wohlstan|100| 10|  -1|                   0
Freiheit|100| 10| -10|                  *0
Freiheit|100| 80| -16|                 **0
Sicherhe|100|   |    |
Ganovene| 50|   |    |
Status  | 30| 10|  -1|                   0
```

Das **Bewertungsbild eval e** zeigt pro Orientor nur eine (negative und positive) Wertberührung und zwar die - unter Berücksichtigung der Gewißheitsfaktoren - höchste. Außerdem wird neben einigen Kennzahlen (Zahl der betroffenen Orientoren, mittlere Intensität der Betroffenheit usw.) eine 'Bilanz' geliefert. Sie besteht aus einer Gegenüberstellung der Summen jeweils aller negativen und aller positiven Wertberührungen, gewichtet mit den Gewißheiten der Wertberührungen sowie dem Gewicht der betroffenen Werte. Diese 'Bilanz' ist nur unter Vorbehalten zu benutzen und sollte nicht als eigentliches Bewertungsergebnis mißverstanden werden, da sie die äußerst problematische Aggregation ganz unterschiedlicher Wertdimensionen beinhaltet (s. DEDUC-Handbuch 2.2.8):

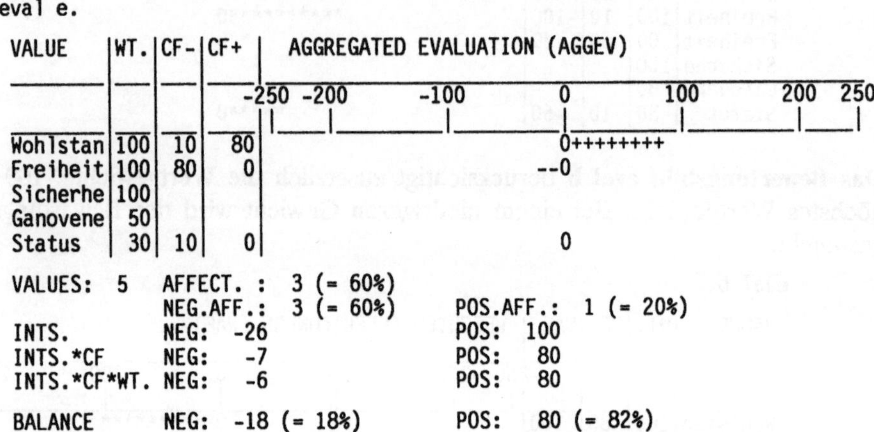

```
eval e.

VALUE     |WT.|CF-|CF+ |  AGGREGATED EVALUATION (AGGEV)
__________|___|___|____|_____________________________________________
          |   |   | -250 -200        -100        0          100        200  250
          |   |   |    |____|___________|___________|___________|___________|____|
Wohlstan|100| 10|  80|                        0++++++++
Freiheit|100| 80|   0|                      --0
Sicherhe|100|   |    |
Ganovene| 50|   |    |
Status  | 30| 10|   0|                        0

VALUES:  5   AFFECT. :  3 (= 60%)
             NEG.AFF.:  3 (= 60%)      POS.AFF.:  1 (= 20%)
INTS.        NEG:  -26                 POS:  100
INTS.*CF     NEG:   -7                 POS:   80
INTS.*CF*WT. NEG:   -6                 POS:   80

BALANCE      NEG:  -18 (= 18%)         POS:   80 (= 82%)
```

Um die Bewertung der sechs verschiedenen Handlungsalternativen des Gefangenen-Beispiels auf einfache Weise vergleichen zu können, konzentrieren wir uns hier auf die Ergebnisdarstellung in 'eval e', die insbesondere Bilanzsummen der negativen und positiven Wertberührungen zeigt (letzte Zeile). Diese Ergebnisse sollen später verglichen werden; die Alternative mit den geringeren negativen und höheren positiven Wertberührungen ist dann eher zu empfehlen.

Um diesen Vergleich durchführen zu können, müssen wir den Orientormodul zunächst wieder mit 'end' verlassen. Die Prämissen/Konklusionen sollen nicht übertragen werden, es soll kein Modul gelöscht werden, aber wir wollen mit einem anderen Modul, nämlich dem Sachmodul 'gefangsa' weiterarbeiten:

```
end.
......
SAVE CURRENT MODULE ? (Y/N/BACK)
n

TRANSFER PREMISES/CONCLUSIONS TO ANOTHER MODULE ? (Y/N/BACK)
n

MODULES: n - FREE RECORDS: nnnn
DELETE ANY MODULE ? (Y/N/BACK)
n
CONTINUE WITH ANOTHER MODULE ? (Y/N)
y

STORED MODULES ARE:
gefangor gefangsa
```

```
NAME OF THE MODULE?
gefangsa

KNOWLEDGE MODULE
TYPE YOUR COMMANDS
OK:
```

Wir überprüfen zunächst mit 'prip all' welche Prämissen und Konklusionen noch im Modul vorhanden sind:

```
prip all.

 P  1) CF: 80  schweigt(B)
 P  2) CF: 10  redet(B)
 P  3) CF:100  Mafia(B)
 P  4) CF:100  schweigt(A)
 P  5) CF: 80  geringeStrafe(Gefangener)
 P  6) CF: 10  hoheStrafe(A)
 P  7) CF: 10  straffrei(B)
 P  8) CF: 10  Verrat(B,A)
 P  9) CF: 80  AnteilBeute(Gefangener)
 P 10) CF: 10  VerlustBeute(Gefangener)
```

Da wir jetzt den Fall (R1)(A2) bearbeiten wollen, löschen wir die alten Konklusionen und die Prämisse P4 (d.h. die Prämissen/Konklusionen Nr. 4 bis Nr. 10):

```
delp 4,10.
```

Die Prämisse P4 wird jetzt ersetzt (s. die Prämissentabelle für die 6 Fälle) durch

```
prem redet(A).
```

Wir überprüfen, ob der Prämissensatz jetzt mit dem Fall (R1)(A2) übereinstimmt:

```
prip all.
P  1) CF: 80  schweigt(B)
P  2) CF: 10  redet(B)
P  3) CF:100  Mafia(B)
P  4) CF:100  redet(A)
```

Danach führen wir wieder den Konklusionsprozeß im Sachmodul durch, übertragen die Ergebnisse in den Orientormodul 'gefangor', führen dort mit 'concl' die Bewertung durch und stellen die Bewertungsergebnisse im Bewertungsbild 'eval e' dar.

Es ergibt sich folgendes **Bewertungsbild** (eval e) **für den Fall (R1)(A2)**:

```
eval e.

VALUE    |WT.|CF-|CF+ |  AGGREGATED EVALUATION (AGGEV)
________ |___|___|____|_________________________________________________
                   -250 -200      -100       0         100       200 250
________ |___|___|____|  |____|_________|_________|_________|_______|___|
Wohlstan |100|100|   0|                         -0
Freiheit |100| 10|   0|                         -0
Sicherhe | 50| 64|   0|                        --0
Ganovene | 50| 80|   0|                      ----0
Status   | 30|   |    |

VALUES:  5    AFFECT. :   4 (= 80%)
              NEG.AFF.:   4 (= 80%)      POS.AFF.:  0 (=  0%)
INTS.         NEG:  -57                  POS:       0
INTS.*CF      NEG:  -32                  POS:       0
INTS.*CF*WT.  NEG:  -18                  POS:       0

BALANCE       NEG:  -73 (=100%)          POS:       0 (=  0%)
```

Wir wiederholen den Vorgang auch für die noch verbleibenden vier Alternativen, indem wir jedesmal die Prämissen im Sachmodul ändern (s. obige Prämissentabelle), die Folgen im Sachmodul ermitteln, diese im Orientormodul bewerten und mit 'eval e' darstellen. Es ergeben sich die folgenden Bewertungsbilder:

Bewertungsbild für den Fall (R2)(A1)

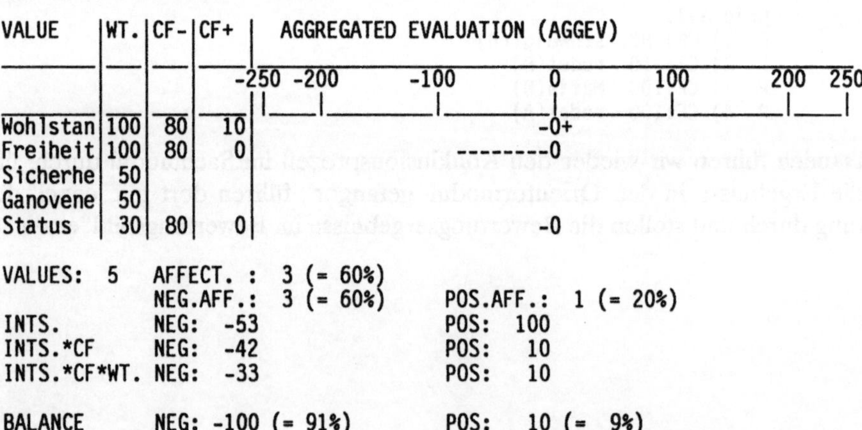

```
eval e.

VALUE    |WT.|CF-|CF+ |  AGGREGATED EVALUATION (AGGEV)
________ |___|___|____|_________________________________________________
                   -250 -200      -100       0         100       200 250
________ |___|___|____|  |____|_________|_________|_________|_______|___|
Wohlstan |100| 80|  10|                         -0+
Freiheit |100| 80|   0|                  --------0
Sicherhe | 50|   |    |
Ganovene | 50|   |    |
Status   | 30| 80|   0|                         -0

VALUES:  5    AFFECT. :   3 (= 60%)
              NEG.AFF.:   3 (= 60%)      POS.AFF.:  1 (= 20%)
INTS.         NEG:  -53                  POS:     100
INTS.*CF      NEG:  -42                  POS:      10
INTS.*CF*WT.  NEG:  -33                  POS:      10

BALANCE       NEG: -100 (= 91%)          POS:      10 (=  9%)
```

Bewertungsbild für den Fall (R2)(A2)

```
eval e.

VALUE    |WT. |CF- |CF+ | AGGREGATED EVALUATION (AGGEV)
_________|____|____|____|________________________________________________
         |    |    |  -250 -200      -100        0        100       200 250
_________|____|____|____||___|________|_________|_________|________|___|
Wohlstan |100 |100 |   0|                       -0
Freiheit |100 | 80 |   0|                   ------0
Sicherhe | 50 |  8 |   0|                         0
Ganovene | 50 | 10 |   0|                        -0
Status   | 30 |    |    |

VALUES:  5    AFFECT. :  4 (= 80%)
              NEG.AFF.:  4 (= 80%)       POS.AFF.:  0 (=  0%)
INTS.         NEG:  -57                  POS:    0
INTS.*CF      NEG:  -20                  POS:    0
INTS.*CF*WT.  NEG:  -18                  POS:    0

BALANCE       NEG:  -73 (=100%)          POS:    0 (=  0%)
```

Bewertungsbild für den Fall (R3)(A1)

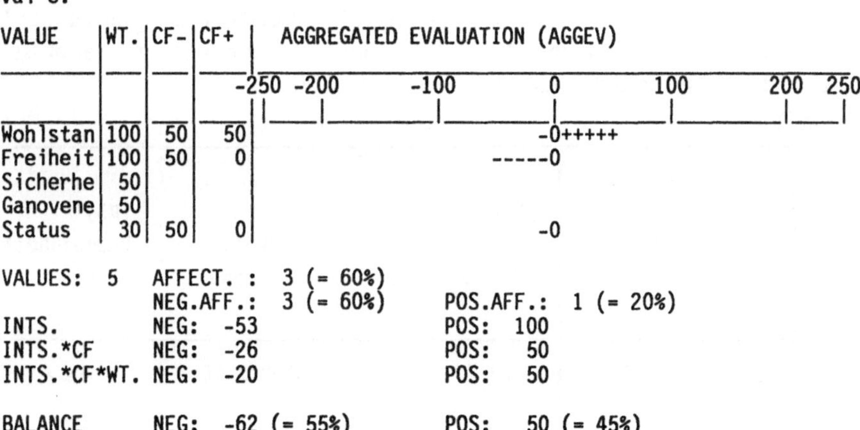

```
eval e.

VALUE    |WT. |CF- |CF+ | AGGREGATED EVALUATION (AGGEV)
_________|____|____|____|________________________________________________
         |    |    |  -250 -200      -100        0        100       200 250
_________|____|____|____||___|________|_________|_________|________|___|
Wohlstan |100 | 50 |  50|                       -0+++++
Freiheit |100 | 50 |   0|                   -----0
Sicherhe | 50 |    |    |
Ganovene | 50 |    |    |
Status   | 30 | 50 |   0|                        -0

VALUES:  5    AFFECT. :  3 (= 60%)
              NEG.AFF.:  3 (= 60%)       POS.AFF.:  1 (= 20%)
INTS.         NEG:  -53                  POS:  100
INTS.*CF      NEG:  -26                  POS:   50
INTS.*CF*WT.  NEG:  -20                  POS:   50

BALANCE       NEG:  -62 (= 55%)          POS:   50 (= 45%)
```

Bewertungsbild für den Fall (R3)(A2)

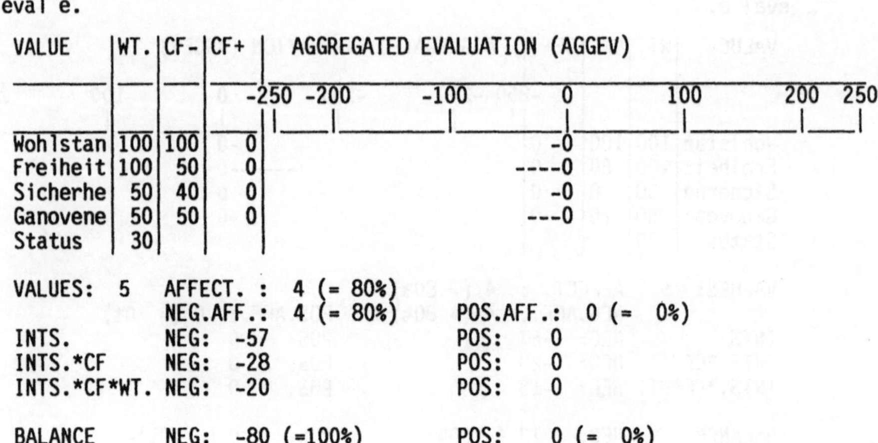

```
eval e.

VALUE    |WT.|CF-|CF+ |  AGGREGATED EVALUATION (AGGEV)
                     -250 -200       -100         0          100        200  250
                      |____|__________|___________|___________|__________|____|
Wohlstan |100|100|  0 |                          -0
Freiheit |100| 50|  0 |                       ----0
Sicherhe | 50| 40|  0 |                         --0
Ganovene | 50| 50|  0 |                        ---0
Status   |   | 30|    |

VALUES:  5     AFFECT. :  4 (= 80%)
               NEG.AFF.:  4 (= 80%)       POS.AFF.:  0 (=  0%)
INTS.          NEG:  -57                  POS:  0
INTS.*CF       NEG:  -28                  POS:  0
INTS.*CF*WT.   NEG:  -20                  POS:  0

BALANCE        NEG:  -80 (=100%)          POS:    0 (=  0%)
```

4.7 Zusammenfassung der Simulationsergebnisse

Die negativen und positiven Bilanzsummen der Wertberührungen (unter 'BALANCE') geben Hinweise, welches Verhalten dem Gefangenen A anzuraten ist. Wir stellen die Ergebnisse in der folgenden Tabelle zusammen:

	(R1) Gewißheit, daß B schweigt	(R2) Gewißheit, daß B redet	(R3) Ungewißheit über B
(A1) A schweigt	- 18 / 80	-100 / 10	- 62 / 50
(A2) A redet	- 73 / 0	- 73 / 0	- 80 / 0
Fazit für A:	schweigen!	reden!	schweigen!

Das 'Fazit für A' ergibt sich aus der Entscheidung für die jeweils insgesamt positivere Lösung.

Das klassische Gefangenen-Dilemma läßt sich durchspielen, indem man die Bewertung lediglich auf den Wert 'Freiheit' bezieht (Umdefinition der maßgebenden Orientoren durch den 'value'-Befehl, s.o.). Ergebnis: es ist unter allen drei Randbedingungen für A besser zu reden.

Man kann dieses Entscheidungsproblem noch weiter ausdifferenzieren, indem man Zeitstufen einbaut. Die Freiheitsstrafe muß z.B. sofort angetreten werden, während die Rache des verratenen Mittäters erst nach dessen Freilassung zu befürchten ist. Wertberührungen in der Zukunft haben in der Regel ein niedrigeres Gewicht bei Entscheidungen als solche, die bereits in der Gegenwart auftreten. Nach der Definition von 'Zeitgewichten' kann man sich Bewertungsbilder generieren lassen, die diesen Tatbestand berücksichtigen (vgl. 'eval g', DEDUC-Handbuch 2.2.8).

Arbeitsvorschläge:

(1) Spielen Sie das klassische Gefangenen-Dilemma durch, indem Sie die Orientorenmenge umdefinieren und die Bewertung lediglich auf den Wert 'Freiheit' beziehen. Welche Folgerung ergibt sich jetzt für A?

(2) Welche Bewertungsergebnisse ergeben sich (für den ursprünglichen Fall), wenn bei der Auswahl der Orientorenmenge die Werte anders gewichtet werden (z.B. sehr hohes Gewicht auf 'Sicherheit'; geringe Gewichtung der anderen Werte).

(3) Führen Sie Zeitstufen ein, um zwischen unmittelbaren und späteren Folgen differenzieren zu können. Verwenden Sie die Bewertungsbilder eval e und eval g, um Bewertungen zu verschiedenen Zeitpunkten zu erzeugen. Welche Folgerungen ergeben sich jetzt für A?

5. Fünfte Begegnung mit DEDUC: Folgenermittlung im Umweltbereich

(Formalisierung von Verbalwissen, Verwendung von Aussagen mit breitem Anwendungsbereich (Tiefenwissen), Aufgliederung von Wissensbereichen in verkoppelbare Wissensmoduln, Vervollständigung von Wissensmoduln, Überprüfung der Einzelmoduln, Einbau von Zeitdynamik und Rückkopplungen, Deduktionen mit den Einzelmoduln, Verkopplung der Einzelmoduln, Deduktionen mit dem Gesamtmodul)

Im ersten Teil dieser Anleitung haben wir vor allem gelernt, eine jeweils bereits vorhandene Wissensbasis mit DEDUC zu bearbeiten. In den nun folgenden zwei 'Begegnungen' werden wir uns mit der Erstellung von Wissensbasen befassen. Dieser Teil der Wissensverarbeitung ist meist sehr zeitaufwendig und kaum automatisierbar; er stellt sehr hohe Qualitätsanforderungen. Die Güte und Vollständigkeit der Wissensbasis (für den angestrebten Bearbeitungszweck) bestimmt den Erfolg der Wissensverarbeitung: Eine schlechte Wissensbasis wird nur triviale (oder schlimmer noch: falsche) Ergebnisse liefern, während eine gute Wissensbasis zu neuen Einsichten und Erkenntnissen führen und verläßliche Entscheidungsunterstützung geben kann.

In dieser 5. Begegnung mit DEDUC werden wir eine relativ umfangreiche Wissensbasis für eine Folgenabschätzung aufbauen; in der 6. Begegnung wird eine weitere Wissensbasis erstellt, die auch einen Bewertungsmodul enthält. Diese Praxisbeispiele führen in verschiedene Ansätze zur Erstellung von Wissensbasen ein und geben praktische Hinweise, die den Einstieg in dieses Arbeitsgebiet erleichtern.

Es ist kein Zufall, daß beide Beispiele dem sozial- und umweltpolitischen Wissensbereich entstammen. Dieser Bereich zeichnet sich besonders dadurch aus, daß eine Vielzahl von Wirkungen in oft nur qualitativ beschreibbaren Zusammenhängen miteinander verknüpft sind. Eine umfassende und korrekte Folgenermittlung - etwa für geplante Maßnahmen oder neue Umwelteinflüsse - muß diese Vielzahl von Fakten logisch richtig verbinden, die primären Folgen vollständig erfassen und hiermit die sekundären und weiteren Folgen ableiten, ohne wichtige Konsequenzen zu übersehen. Die menschliche Informationsverarbeitungskapazität ist hier bei größeren Aufgaben schnell überfordert. Wissensverarbeitende Systeme wie DEDUC können dagegen die Folgendynamik fehlerfrei und vollständig entwickeln - eine 'gute' Wissensbasis vorausgesetzt.

Die rechnergestützte Wissensverarbeitung ist vor allem dann interessant, wenn sie in bisher unbekannten Situationen verläßliche Hinweise auf zu erwartende Entwicklungen und deren Folgen geben kann. Das bedeutet nun gerade nicht, daß für alle Eventualitäten alle möglichen Entwicklungen im voraus untersucht und abgespeichert werden müssen, im Gegenteil: es werden nur die allgemeingültigen Zusammenhänge in der Wissensbasis abgespeichert. Das wissensverarbeitende System (die 'Deduktionsmaschine') erzeugt dann als Reaktion auf eine gegebene spezielle Situationsbeschreibung ('Prämissen') aus den Regeln der Wissensbasis die zu erwartenden Folgen und deren Dynamik - ohne je vorher mit Wissen über diese konkrete Situation gefüttert worden zu sein.

Eine Wissensbasis für Folgenabschätzungen wird also vor allem aus allgemeingültigen Aussagen aus verschiedenen Sachgebieten bestehen. Da das Wissen eines jeden Sachgebiets bereits bei einfachen Anwendungen sehr umfangreich sein kann, wird dieses Wissen sinnvollerweise in entsprechenden Wissensmoduln nach Sachgebieten geordnet; diese Moduln müssen verkoppelbar sein. Die Wissensbasis dieses Kapitels ist ein Beispiel für modularen Aufbau.

Beim Aufbau einer Wissensbasis stellt sich neben der Organisation verkoppelbaren Wissens möglichst hoher Allgemeingültigkeit auch vor allem die Aufgabe der Formalisierung von Wissenskonzepten in der vom Rechner bearbeitbaren Form, die vom verwendeten Programmsystem vorgegeben ist. Bei DEDUC müssen Wissenskonzepte entweder (a) als Objektaussagen, oder (b) als Implikationen, oder (c) als Prämissen (Prädikatenaussagen) in ganz bestimmter Form eingegeben werden. Wenn man diese Darstellung mit dem Syntaxreichtum natürlicher Sprachen vergleicht, mag diese beschränkte Darstellungsform zunächst außerordentlich restriktiv erscheinen; tatsächlich erlaubt sie aber die korrekte Darstellung von qualitativem Entscheidungswissen. Mit der Formalisierung von umgangssprachlichem Wissen werden wir uns in diesem Kapitel besonders ausführlich befassen.

Eine Wissensbasis muß in ihrem Wissensbereich nach Maßgabe des Bearbeitungszwecks vollständig und stimmig (konsistent) sein. Es darf z.B. nicht sein, daß ein wichtiges Schlüsselkonzept fehlt und daher zentrale Schlußfolgerungen nicht gezogen werden können. Es genügt deshalb nicht, verfügbares Wissen fleißig zusammenzutragen und zu formalisieren in der Hoffnung, hiermit eine verläßlich bearbeitbare Wissensbasis zu erhalten. Zur Erstellung der Wissensbasis gehört auch, daß die Verknüpfbarkeit der Wissenskonzepte und die Bearbeitbarkeit der Wissensbasis gewährleistet sein müssen. Das bedeutet im allgemeinen, daß vom Bearbeiter auch Wissenslücken erkannt und gefüllt werden müssen. Meist setzt dies eine gute Sachkenntnis des Wissensgebiets oder den Zugriff auf entsprechende Experten voraus. Für das Auffüllen von Wissenslücken geben wir Beispiele bei den Wissensmoduln dieses Kapitels.

Alle realen Systeme haben Zustandsgrößen und damit Systemträgheiten: Zustände verändern sich allmählich und haben dann - mit Zeitverzögerungen - andere Zustandsänderungen zur Folge. Oft wirken solche Zustandsänderungen - über eine mehr oder weniger lange Wirkungskette - wieder auf sich selbst zurück (Rückkopplung); Wirkungen können sich so selbst verstärken oder dämpfen, was zu schwer abschätzbaren Eigendynamiken bei Systemen führen kann. Bei der Ermittlung von Folgewirkungen mit Hilfe der Wissensverarbeitung müssen solche zeitdynamischen Effekte wenigstens qualitativ berücksichtigt werden können. DEDUC bietet hierzu die

Möglichkeit. Bei der Wissensbasis dieses Kapitels wird die Verwendung der Zeitdynamik demonstriert.

Die in diesem Kapitel entwickelten Ansätze für den Aufbau von Wissensbasen gelten grundsätzlich auch für wissensverarbeitende Systeme, die mit anderen Programmsystemen arbeiten.

5.1 Das Problem: Folgenermittlung für den Maniokanbau in Thailand

Die Hintergrundinformation für unsere Aufgabe finden wir in einem (fiktiven) Zeitungsartikel über ein reales soziales und ökologisches Problem, das sowohl Thailand wie die Europäische Gemeinschaft betrifft:

EUROPÄISCHE SCHNITZELESSER ZERSTÖREN TROPENWÄLDER IN THAILAND

Maniokanbau für den Export gefährdet thailändische Ökosysteme

Bangkok, Mai 1988 (INRIC): Die fortschreitende Entwaldung und Bodenerosion durch Ausbreitung des Maniokanbaus in der Nordost-Provinz beunruhigt thailändische Umweltwissenschaftler. Anläßlich einer internationalen Arbeitstagung des International Network of Resource Information Centers (INRIC) wies der Sprecher der Forschungsgruppe, Prof. Chirapol Sintunawa von der Mahidol University in Bangkok darauf hin, daß die Maniok-Knolle fast ausschließlich für europäische Schweinemastbetriebe produziert wird. In Europa verschlechtere dies die Absatzbedingungen der europäischen Getreidebauern und führe zu Grundwassergefährdungen durch die Massentierhaltungen. Sintunawa forderte gemeinsame europäisch-thailändische Anstrengungen, um umweltfreundlichere Anbaualternativen für die thailändischen Bauern zu finden und in Europa ökologisch verträglichere Lösungen der Fleischproduktion zu entwickeln.

Der Hintergrund der Problematik wurde von Sintunawa und seinen Mitarbeitern erläutert. Das starke Bevölkerungswachstum in Thailand und die geringen Beschäftigungsmöglichkeiten der ländlichen Gebiete zwingen Familien dort zum Anbau gut vermarktbarer Produkte. Obwohl Maniok in Thailand selbst weder gegessen noch verfüttert wird, wird der Anbau dieser ursprünglich aus Südamerika stammenden Pflanze für den devisenträchtigen Futtermittelexport von der Regierung empfohlen. Für den Bauern hat Maniok einige entscheidende Vorzüge, die zur raschen Einführung dieser Frucht geführt haben: Sie kann auch auf ärmeren Böden gut wachsen; kann dank ihrer Wurzelknollen längere Trockenperioden gut überstehen und braucht keine Bewässerung; kann lange im Boden bleiben und geerntet werden, wenn die Preise günstig sind; kann durch Stecklinge vermehrt werden, so daß kein Saatgut gekauft werden muß; und hat in Thailand noch keine Schädlinge, so daß auch der Schädlingsbekämpfungsaufwand entfallen kann. Auch die weitere Verarbeitung (Schnitzeln und Trocknen) kann lokal vorgenommen werden. Der An-

bau in den hügeligen Nord- und Nordost-Provinzen wurde aber erst möglich, seitdem diese durch den Straßenbau erschlossen wurden und Maniok nun mit Lastkraftwagen zu den Futtermittelfabriken an der Küste geschafft werden kann.

Den Vorteilen des Maniok-Anbaus stehen gravierende ökologische Nachteile entgegen: Die Frucht ist nicht bodendeckend; bei den in der Region während der Monsunzeit auftretenden Starkregenfällen wird der Boden daher fast ungehindert abgeschwemmt. Das Erosionsproblem wird noch erheblich dadurch verschärft, daß Maniok wegen seiner Unempfindlichkeit gegenüber zeitweiser Trockenheit auch in hügeligen Lagen ohne Bewässerung angebaut werden kann. An den Hängen aber ist die Erosion wesentlich größer. Maniok wird ohne Fruchtwechsel angebaut; die relativ anspruchslose Pflanze laugt aber auf Dauer die Böden aus und verringert damit die Bodenfruchtbarkeit und die Erträge ständig. Da in der Nordost-Region Viehhaltung unüblich ist und den Bauern die Mittel für Industriedünger fehlen, werden die dem Land entzogenen Nährstoffe nicht wieder ersetzt.

Mit den fallenden Erträgen und der wachsenden Bevölkerungszahl verringern sich auch die durchschnittlichen Einkommen, so daß verarmte Bauernfamilien immer häufiger versuchen, durch Waldrodungen in Staatswäldern neue Anbauflächen zu schaffen. Soweit es sich nicht um Rodungen in Waldschutzgebieten handelt, besteht die Möglichkeit, Eigentumsrechte für dieses Land zu erhalten. Die Anerkennungsverfahren hinken der tatsächlichen Entwicklung allerdings um Jahre hinterher, so daß fast die Hälfte des landwirtschaftlichen Bodens in der Nordost-Provinz heute ohne rechtlichen Status bewirtschaftet wird. Ohne Rechtstitel können die Bauern Kredite für eine vernünftige Landbewirtschaftung aber nur zu Wucherzinsen erhalten. Die Rechtsunsicherheit führt zu rücksichtsloser Ausnutzung der Böden, solange sich auf ihnen noch produzieren läßt.

Die Folgen des Maniok-Anbaus sind nicht nur auf die Bauernfamilien beschränkt: Mit der Vernichtung der Wälder ist auch ein Verlust an Artenvielfalt verbunden; weite Gebiete verlieren ihre wasserspeichernde Funktion; es kommt zu Grundwasserabsenkungen und Flutspitzen, sowie Verlandungen der Flüsse, Kanäle und Stauseen.

Alternativen zum Maniok-Anbau sind zur Zeit kaum in Sicht. Weder Zuckerrohr, noch Kenaf, Bergreis oder Erdnüsse lassen sich heute noch profitabel in den Maniok-Regionen erzeugen. Eine Verringerung der europäischen Einfuhrquote für Maniok würde die thailändische Landwirtschaft vor fast unlösbare Probleme stellen. Auf längere Frist werden aber nur ein Rückgang der Landbevölkerung, nicht-landwirtschaftliche Arbeitsplätze auf dem Lande und der Umstieg auf eine ökologisch verträgliche Landwirtschaft die thailändischen Problemregionen vor dem ökologischen Desaster bewahren können.

In diesem Artikel wird dargestellt, wie die Einfuhr von Maniok (oder Cassava, verarbeitet: Tapioka) als Mastfutter aus Thailand in die Europäische Gemeinschaft zu verheerenden ökologischen und sozialen Konsequenzen sowohl in Thailand wie in Europa führt. Die Überschrift faßt die Wirkungskette vom Schnitzelwunsch bis zur Zerstörung der Tropenwälder nach Zeitungsmanier dramatisch zusammen; der Text gibt dem Leser die Möglichkeit, diese Schlußfolgerung selbst nachzuvollziehen und damit das Problem zu verstehen.

In Anbetracht der heute so logisch erscheinenden Folgewirkungen des Maniokanbaus in Thailand mag sich der Zeitungsleser fragen, warum sich die thailändische Regierung vor Jahren auf die Förderung dieser Exportfrucht eingelassen hat, und warum die EG die Tapiokaeinfuhr zum Nachteil der eigenen Getreidebauern zuließ. Beide Handelspartner haben offensichtlich anfangs die möglichen Folgewirkungen dieser Entwicklung nicht in ihrer ganzen Schärfe gesehen - sonst hätten sie diese Entwicklung wahrscheinlich nicht zugelassen. Bei näherem Hinsehen zeigt sich aber, daß zu Beginn bereits - auf der Basis des damals vorhandenen Wissens - alle heute beobachteten Folgewirkungen hätten vorhergesagt werden können. Das hätte eine sorgfältige Folgenabschätzung vorausgesetzt, die entweder mit hohem Aufwand 'manuell' hätte erarbeitet werden können, oder die durch rechnergestützte Wissensverarbeitung mit vorhandenem Wissen und den gegebenen Prämissen in kürzester Zeit hätte erstellt werden können. Wir wollen hier zeigen, wie DEDUC für diesen Zweck eingesetzt werden kann.

Wie bei jeder Systemanalyse, so sollte auch bei der Erstellung einer Wissensbasis zunächst der **Zweck der Wissensbasis** definiert werden, etwa wie folgt:

Erstellung einer Wissensbasis, die es aufgrund bekannter Tatsachen und Zusammenhänge bereits vor dem Auftreten der beschriebenen ökologischen und sozialen Probleme ermöglicht hätte, eine zuverlässige Folgenabschätzung für die Konsequenzen des Maniok-Anbaus in Thailand und Europa zu erzeugen.

5.2 Abgrenzung der Wissensbereiche; Wissensmoduln

Im Artikel wurden sehr unterschiedliche soziale, wirtschaftliche und ökologische Folgewirkungen in verschiedenen Ländern angesprochen, die zwar miteinander verknüpft sind, die sich aber bestimmten Wissensbereichen zuordnen lassen. Um die Wissensbasis möglichst überschaubar aufzubauen, empfiehlt es sich hier wie in anderen Fällen auch, zusammenhängendes Wissen in eigenen Wissensmoduln zusammenzufassen, die leichter einzeln ausgetestet und geändert werden können. Dabei müssen die Kopplungen zu anderen Wissensmoduln identifiziert und entsprechende Verknüpfungen später so formalisiert werden, daß die Moduln problemlos verkoppelbar sind und Schlußfolgerungen aus der gesamten Wissensbasis gezogen werden können. Anhand des Artikels können wir folgende Wissensbereiche identifizieren:

Landwirtschaft: Wissen über den Pflanzenanbau, Düngung, Schädlingsbekämpfung, Bewässerung, Produktionsmöglichkeiten, Bedarf und Absatz.

Umweltfolgen: Wissen über die Wirkungen von Waldrodung, Hangneigung, Bodendeckung usw. auf Erosion, Nährstoffverlust, Ertrag, Grundwasser, Bodenabschwemmung, Verlandung von Gewässern usw.

Sozialsystem: Wissen über die Folgen von Bevölkerungsentwicklung, Wanderung, Bodenverfügbarkeit und Industrieansiedlung auf Arbeitsplätze, Landbesitz und Einkommen; Zusammenhänge zwischen Ertrag, Einkommen, Produktionskosten, Verschuldung, Landnahme und Waldrodung.

Produktion und Markt: Wissen über Fleischbedarf, Fleischproduktion, Futterbedarf, Futtermittelmarkt, ökologische Konsequenzen der Massentierhaltung, relative Marktvorteile verschiedener Produkte, Konkurrenz, Importregelungen.

Während sich Implikationen gut einem bestimmten Wissensmodul zuordnen lassen, tauchen in allen vier Wissensbereichen meist die gleichen Objekte und Objektstrukturen auf, so daß wir einen einheitlichen Objektmodul für alle Wissensmodule entwickeln können:

Objektmodul: Wissen über Provinzen, Länder und Regionen und ihre jeweilige Zuordnung, über Zeiten, landwirtschaftliche Produkte, Fruchtpflanzen usw.

Wir entwickeln zunächst diesen Objektmodul und danach die Wissensmoduln für Landwirtschaft, Umweltfolgen, Sozialsystem und Produktion und Markt. Wir gehen dabei wie folgt vor:

Zuerst werden anhand des Artikels die dort angesprochenen Wissenskonzepte formalisiert. Dabei zeigt sich jedoch schnell, daß im Artikel viele für eine Schlußfolgerung unbedingt erforderliche Konzepte unerwähnt bleiben und als Allgemeinwissen vorausgesetzt werden. Da DEDUC über dieses Allgemeinwissen nicht verfügt, müssen wir es selbst einfügen: unsere Wissensbasis wird also umfangreicher sein müssen, als sich auf den ersten Blick aus dem Artikel ergibt.

Wir überprüfen dann für jeden Wissensmodul getrennt die so vervollständigte Wissensbasis durch eine Vielzahl von Schlußfolgerungsvorgängen unter unterschiedlichen Bedingungen. Hierbei läßt sich (bei einer jeweils noch überschaubaren Zahl von Wissenskonzepten) gut kontrollieren, ob die einzelnen Implikationen richtig angesprochen und verknüpft werden. Auch hier werden wieder Korrekturen und Ergänzungen erforderlich sein.

Schließlich verkoppeln wir die überprüften Wissensmoduln zu einem Gesamtmodul und setzen ihn dann für die Folgenabschätzung ein.

Soweit möglich, verwenden wir für Objekte und Prädikate selbsterklärende Bezeichnungen, damit die Wissenskonzepte leicht lesbar bleiben. Dem DEDUC-Benutzer bleibt beim Aufbau seiner eigenen Wissensbasen die Wahl der Bezeichnungen freigestellt. Kurze Beschreibungen mögen zwar die Schreibarbeit erleichtern, erschweren aber die Lesbarkeit.

Wir führen im folgenden alle Wissenskonzepte der Wissensbasis für das Maniok-Problem auf, unterbrechen die Auflistung aber immer wieder mit erläuternden Texten.

5.3 Wissensmodul über Objekte und Objektstrukturen

Wir wollen die Implikationen der Wissensmoduln möglichst allgemeingültig formulieren. Die darin verwendeten Prädikatenausdrücke sollen z.B. generell in einer beliebigen 'Region' zu einer beliebigen 'Zeit' für ein beliebige 'Frucht' gelten. Erst im konkreten Anwendungsfall sollen dann damit Konklusionen z.B. für den 'Nordosten' (von Thailand) in der 'naheZukunft' für 'Maniok' gezogen werden können. Hierfür müssen wir zunächst entsprechende Objektstrukturen definieren, um DEDUC mitzuteilen, daß z.B. der 'Nordosten' ein Teil von 'Thailand' ist, das wiederum zu 'Südostasien' gehört, das (als Teil von 'Südasien') zu den 'Tropen' gehört, die eine 'Region' darstellen. Aus den Objektdefinitionen baut DEDUC eine entsprechende hierarchische Objektstruktur auf, die es auch graphisch zeigen kann (mit dem **prio**-Befehl).

Da in den vier Teilmoduln, die wir aufbauen wollen, fast die gleichen Objektstrukturen benötigt werden, erstellen wir nur einen Objektmodul und verwenden ihn unverändert beim Arbeiten mit den Teilmoduln wie auch mit dem Gesamtmodul.

Wir beginnen nun damit, die Wissensbasis mit Hilfe eines Textverarbeitungsprogramms zu schreiben. In der Praxis wird dies immer ein iterativer Vorgang sein, d.h. nach einem ersten Durchgang wird man feststellen, daß einige Konzepte fehlen, die noch nachträglich eingefügt werden müssen. Diesen Vorgang können wir hier kaum darstellen - der Leser sollte sich aber darüber im klaren sein, daß Wissensbasen nicht 'in einem Zug' aufgebaut werden können.

```
!MANIOK-ANBAU THAILAND, FOLGENABSCHÄTZUNG!
!OBJEKTSTRUKTUREN - THAIOBJ.DED!
Vergangenheit, Gegenwart(Jetztzeit,Planzeit), Zukunft is Zeit.
```

Wir haben hier Zeitabschnitte definiert, um später Folgen zu unterschiedlichen Zeitpunkten ermitteln zu können. Diese Zeitbezeichnungen werden auch bei der Definition von 'Zeitketten' (mit dem **time**-Befehl) verwendet. Die 'Gegenwart' haben wir in zwei Zeitabschnitte ('Jetztzeit' und 'Planzeit') aufgeteilt.

```
Tropen, Nichttropen is Region.
Südasien(Südostasien,Südwestasien), Afrika, Mittelamerika is Tropen.
Laos, Kampuchea, Thailand, Vietnam, Malaysia, Südchina,
Philippinen is Südostasien.
Bangkok, Südprovinz, Küste, Nordosten, Nordprovinz is Thailand.
Europa, Nordamerika, Nordasien is Nichttropen.
EG, RGW, EFTA is Europa.
Region is RegionA. Region is RegionB. Region is RegionC.
```

Mit diesen Aussagen werden die verschiedenen Regionen in eine hierarchische Beziehung gebracht. Die gezeigte Formulierung deckt offensichtlich nicht alle Weltregionen vollständig ab. Für die hier geplante Wissensverarbeitung ist dies nicht erforderlich. Falls notwendig, lassen sich leicht Ergänzungen einfügen.

Die letzte Zeile wird benötigt, um DEDUC mitzuteilen, daß etwa in der Implikation "Falls ein Produkt aus RegionA billiger ist als aus RegionB, dann wird das Produkt aus RegionA gekauft" sowohl für RegionA wie für RegionB alle unter 'Region' definierten Teilregionen in Betracht kommen. In der letzten Zeile des folgenden Satzes von Objektstrukturen definieren wir in ähnlicher Weise 'ProduktA' und 'ProduktB'.

```
Landwirt, Bauer, Farmer, Verarbeiter is Produzent.
Nährfrucht, Marktfrucht is Frucht.
Getreide, Reis(Bergreis, Nassreis), Kartoffeln is Nährfrucht.
Kenaf, Maniok, Zuckerrohr is Marktfrucht.
Maschinen, Geräte, Marktfrucht, Kraftfutter, Vieh is Produkt.
Schwein, Rind, Huhn, Gans is Vieh.
Getreide, Reis, Kartoffeln, Maniok, Zuckerrohr is Nutzpflanze.
Getreide, Maniok, Soja, Futterprodukt(Tapioka,Fischmehl) is Kraftfutter.
Gras, Klee, Heu is Grundfutter.
Kraftfutter, Grundfutter is Futter.
Kraftfutter is Produktgruppe.
Produkt is ProduktA. Produkt is ProduktB.
```

Für unseren Bearbeitungszweck reichen diese Objektdefinitionen aus; Ergänzungen sind jederzeit leicht in die Wissensbasis einzubringen. Es sei noch einmal daran erinnert, daß sowohl bei den Objektaussagen wie bei den Implikationen und Prämissen die Reihenfolge der Konzepte keinerlei Einfluß auf den Bearbeitungsablauf hat (im Gegensatz etwa zu Prolog!).

Wir speichern nun diesen Modul unter THAIOBJ.DED ab, kopieren ihn in die DEDUC-Datei DEDF.1, rufen DEDUC auf, lesen mit **'rf 1'** ein und überprüfen die Datei zunächst auf Syntaxfehler. Ist sie fehlerfrei, so lassen wir uns am Bildschirm mit dem **prio**-Befehl die Objektstrukturen zeigen und überprüfen die korrekte hierarchische Gliederung. Danach wenden wir uns dem nächsten Wissensmodul zu.

5.4 Wissensmodul zur Landwirtschaft

5.4.1 Implikationen und Prämissen

In diesen Wissensmodul wollen wir alle Implikationen und Prämissen schreiben, die die (bäuerliche) landwirtschaftliche Produktion betreffen, und die uns insbesondere Schlußfolgerungen über die Landwirtschaft in Thailand erzeugen können. Wir werden diesen Modul **nicht** speziell für Thailand schreiben, sondern allgemeingültige Implikationen verwenden, die in anderen Regionen ebenso gelten. Lediglich die Prämissen sind problemspezifisch; für andere Anwendungen müssen sie ausgetauscht werden. Wir formulieren sie hier so, daß wir den Teilmodul eigenständig für Schlußfolgerungen verwenden und ihn damit überprüfen können. Viele dieser Prämissen werden nach der Verkopplung der Einzelmoduln als Konklusionen in anderen Teilmoduln erzeugt; sie werden daher später aus der verkoppelten Wissensbasis wieder gestrichen.

Wir finden wesentliche Informationen zum Maniok-Anbau in Thailand im zweiten Abschnitt des Maniok-Artikels. In seinem mittleren Teil findet sich eine Beschreibung von Eigenschaften der Maniokpflanze:

Sie kann auch auf ärmeren Böden gut wachsen; kann dank ihrer Wurzelknollen längere Trockenperioden gut überstehen und braucht keine Bewässerung; kann lange im Boden bleiben und geerntet werden, wenn die Preise günstig sind; kann durch Stecklinge vermehrt werden, so daß kein Saatgut gekauft werden muß; und hat in Thailand noch keine Schädlinge, so daß auch der Schädlingsbekämpfungsaufwand entfallen kann.

Diese Aussagen lassen sich auf folgende Weise formalisieren:

```
!IMPLIKATIONEN UND PRÄMISSEN ZUR LANDWIRTSCHAFT - THAIAGR.DED!
if Pflanze(Maniok)
then not anspruchsvoll(Maniok),
     not trockenempfindl(Maniok),
     not Saatgutkauf(Maniok),
     not Schädling(Maniok,Thailand,Gegenwart),
     not bodendeckend(Maniok),
     flexibleErnte(Maniok),
     laugtBodenaus(Maniok),
     Anbaumöglich(Maniok,Tropen),
     Verarbeitung(Maniok,Tapioka).                            !1!
```

Die meisten dieser Aussagen gelten generell für Maniok, zu jeder Zeit, an jedem Ort (z.B. 'not Saatgutkauf', da Vermehrung durch Stecklinge). In diesem Falle ist eine Zeit- und Ortsangabe in der Objektliste überflüssig. Notwendig ist sie allerdings beim Prädikat 'Schädling': Schädlingsbefall gibt es zwar heute in Thailand noch nicht, es gibt ihn aber heute in Südamerika, und er könnte in der Zukunft auch in Thailand auftreten.

Diese Liste von Aussagen über Maniok kommt bei der Deduktion ins Spiel, sobald eine Prämisse (oder Konklusion) 'Pflanze(Maniok)' vorhanden ist, etwa wenn über den Anbau dieser Pflanze nachgedacht wird:

```
if Anbauwunsch(Frucht,Region,Zeit) then Pflanze(Frucht).      !2!
```

Wir können an dieser Stelle gleich weitere Aussagen gleicher Art für andere Nutzpflanzen einfügen, z.B. für Bergreis und Naßreis:

```
if Pflanze(Bergreis)
then anspruchsvoll(Bergreis),
     trockenempfindl(Bergreis),
     not Saatgutkauf(Bergreis),
     not Schädling(Bergreis,Thailand,Gegenwart),
     bodendeckend(Bergreis),
     not flexibleErnte(Bergreis),
     not laugtBodenaus(Bergreis),
     Anbaumöglich(Bergreis,Tropen).                           !3!
if Pflanze(Nassreis)
then anspruchsvoll(Nassreis),
     trockenempfindl(Nassreis),
```

```
Saatgutkauf(Nassreis),
Schädling(Nassreis,Thailand,Gegenwart),
bodendeckend(Nassreis),
not flexibleErnte(Nassreis),
not laugtBodenaus(Nassreis),
Anbaumöglich(Nassreis,Tropen).                        !4!
```

Zu Beginn des zweiten Absatzes im Artikel findet sich Information, warum Maniok in Thailand angebaut wird:

Obwohl Maniok in Thailand selbst weder gegessen noch verfüttert wird, wird der Anbau dieser ursprünglich aus Südamerika stammenden Pflanze für den devisenträchtigen Futtermittelexport von der Regierung empfohlen.

Wir entnehmen hier zunächst die Prämissen

```
prem not Ernährung(Maniok,Thailand,Zeit).
prem not Futter(Maniok,Thailand,Zeit).
```

Die Angabe 'Zeit' bedeutet hier, daß diese Aussagen für 'alle Zeit' gelten sollen.

Wir müssen nun Implikationen formulieren, die zu der Schlußfolgerung führen, daß Maniok für den Export angebaut werden soll, obwohl kein Eigenbedarf besteht. Zunächst ist zu prüfen, ob Eigenbedarf besteht:

```
if Ernährung(Frucht,Region,Zeit)
or Futter(Frucht,Region,Zeit)
then Eigenbedarf(Frucht,Region,Zeit).                        !5!

if Eigenbedarf(Frucht,Region,Zeit)
then Anbauwunsch(Frucht,Region,Zeit).                        !6!

if not Ernährung(Frucht,Region,Zeit)
and not Futter(Frucht,Region,Zeit)
then not Eigenbedarf(Frucht,Region,Zeit).                    !7!
```

Man beachte, daß auch die verneinte Aussage explizit formuliert werden muß, denn eine nicht bewahrheitete Aussage ist (im allgemeinen) nicht gleichbedeutend mit ihrer Verneinung! (Hier unterscheidet sich DEDUC grundsätzlich von Prolog: In der geschlossenen Prolog-Welt wird Nicht-Bewahrheitung als Negation ('not') interpretiert.) Weiter läßt sich folgern:

```
if not Eigenbedarf(Marktfrucht,Region,Zeit)
and not Exportmöglich(Marktfrucht,Region,Zeit)
then not Absatzmöglich(Marktfrucht,Region,Zeit),
     not Anbau(Marktfrucht,Region,Zeit),
     not Produktion(Marktfrucht,Region,Zeit).                !8!
```

Hier ist von 'Exportmöglich' und 'Absatzmöglich' die Rede. Die Aussage bezieht sich daher offensichtlich nur auf 'Marktfrucht', und wir führen daher diese Einschränkung ein.

Wir setzen jetzt voraus, daß (wegen der günstigen Anbaueigenschaften) ein latenter Anbauwunsch für Maniok in den nördlichen Provinzen Thailands besteht:

```
prem Anbauwunsch(Marktfrucht,Nordosten,Zeit).
prem Anbauwunsch(Marktfrucht,Nordprovinz,Zeit).
```

Dieser kann aber nur zu tatsächlichem Anbau (in RegionA) führen, wenn Absatzmöglichkeiten, etwa durch Export (nach RegionB) vorhanden sind. Export setzt auch voraus, daß die entsprechenden Transportmöglichkeiten bestehen:

```
if Anbauwunsch(Marktfrucht,RegionA,Zeit)
and not Eigenbedarf(Marktfrucht,RegionA,Zeit)
and Importbedarf(Marktfrucht,RegionB,Zeit)
then Exportwunsch(Marktfrucht,RegionA,RegionB,Zeit).          !9!

if Anbauwunsch(Frucht,RegionA,Zeit)
and Exportwunsch(Frucht,RegionA,RegionB,Zeit)
and Transportweg(RegionA,RegionB,Zeit)
then Absatzmöglich(Frucht,RegionA,Zeit),
     Verkaufmöglich(Frucht,RegionA,RegionB,Zeit).              !10!
```

Wir setzen hier (nur zur Überprüfung des Wissensmoduls) einen zeitlich unterschiedlichen Importbedarf der EG für Maniok voraus:

```
prem not Importbedarf(Maniok,EG,Vergangenheit),
     Importbedarf(Maniok,EG,Gegenwart),
     not Importbedarf(Maniok,EG,Zukunft).
prem not Exportmöglich(Maniok,Thailand,Zukunft).
```

(Beim Arbeiten mit dem Gesamtmodul werden diese Aussagen durch Konklusionen im Wissensmodul zu 'Produktion und Markt' erzeugt).

Am Ende des zweiten Absatzes des Artikels finden sich Angaben über die nördlichen Provinzen und ihre Verkehrserschließung:

Der Anbau in den hügeligen Nord- und Nordost-Provinzen wurde aber erst möglich, seitdem diese durch den Straßenbau erschlossen wurden und Maniok nun mit Lastkraftwagen zu den Futtermittelfabriken an der Küste geschafft werden kann.

```
prem hügelig(Nordprovinz), hügelig(Nordosten).
prem not hügelig(Küste), not hügelig(Südprovinz).

prem not Transportweg(Nordosten,Küste,Vergangenheit),
     Transportweg(Nordosten,Küste,Gegenwart),
     Transportweg(Nordosten,Küste,Zukunft).
prem Transportweg(Küste,EG,Zeit).
```

Aus diesen Angaben muß DEDUC folgern können, daß in der Vergangenheit keine, in der Gegenwart und Zukunft aber sehr wohl eine Transportmöglichkeit von der Nordostprovinz in die EG besteht. Wir erreichen dies mit der sehr allgemeinen Implikation:

```
if   Transportweg(RegionA,RegionB,Zeit)
and  Transportweg(RegionB,RegionC,Zeit)
then Transportweg(RegionA,RegionC,Zeit).                        !11!
```

Damit besteht auch ein Transportweg in umgekehrter Richtung und in der Zukunft:

```
if Transportweg(RegionA,RegionB,Zeit)
```

```
then Transportweg(RegionB,RegionA,Zeit),
     Transportweg(RegionA,RegionB,+Zeit),
     Transportweg(RegionB,RegionA,+Zeit).                    !12!
```

Bei Bedarf werden diese Regeln wiederholt verwendet, um aus Einzelverbindungen auch auf komplexe Transportwege zu schließen. Sind die verschiedenen Bedingungen erfüllt, so kann schließlich auf den Anbau geschlossen werden:

```
if Anbauwunsch(Frucht,Region,Zeit)
and not Ernterisiko(Frucht,Region,Zeit)
and (Absatzmöglich(Frucht,Region,Zeit)
or Eigenbedarf(Frucht,Region,Zeit))
then günstigBedingung(Frucht,Region,Zeit).                   !13!

if Anbauwunsch(Frucht,Region,Zeit)
and günstigBedingung(Frucht,Region,Zeit)
then Anbau(Frucht,Region,Zeit),
     Produktion(Frucht,Region,Zeit).                         !14!

if Anbau(Frucht,Region,Zeit)
and not Eigenbedarf(Frucht,Region,Zeit)
then Einkommen(Region,Zeit).                                 !15!
```

Wir müssen uns jetzt noch mit den Anbaubedingungen befassen. Hierzu finden wir im dritten Absatz des Artikels einige Hinweise:

...während der Monsunzeit auftretenden Starkregenfällen...

...daß Maniok wegen seiner Unempfindlichkeit gegenüber zeitweiser Trockenheit auch in hügeligen Lagen ohne Bewässerung angebaut werden kann.

...die relativ anspruchslose Pflanze laugt aber auf Dauer die Böden aus und verringert damit die Bodenfruchtbarkeit und die Erträge ständig. Da in der Nordost-Region Viehhaltung unüblich ist und den Bauern die Mittel für Industriedünger fehlen, werden die dem Land entzogenen Nährstoffe nicht wieder ersetzt.

Wir formulieren zunächst entsprechende Prämissen:

```
prem Monsunregion(Südostasien).
prem not Vieh(Nordosten,Zeit).
prem Vieh(Nordprovinz,Zeit).
prem Vieh(Südprovinz,Zeit).
prem Armut(Thailand,Zeit).
```

Hiermit werden weitere Schlußfolgerungen über die Bedingungen der regionalen Landwirtschaft angesprochen:

```
if Monsunregion(Region)
then Saisonregen(Region),
     Starkregen(Region).                                     !16!

if hügelig(Region)
then not Bewässerung(Region).                                !17!

if not hügelig(Region)
and Monsunregion(Region)
then Bewässerung(Region).                                    !18!
```

```
if not Vieh(Region,Zeit)
and (Armut(Region,Zeit)
or Schuldenlast(Region,Zeit))
then not Düngung(Region,Zeit).                                     |19|

if Vieh(Region,Zeit)
or Barmittel(Region,Zeit)
then Düngung(Region,Zeit).                                         |20|

if Einkommen(Region,Zeit)
and not Schuldenlast(Region,Zeit)
then Barmittel(Region,Zeit).                                       |21|
```

Die wirtschaftlichen Verhältnisse bestimmen auch teilweise die Anbaubedingungen und das Ernterisiko:

```
if Anbaumöglich(Frucht,Region)
and (Armut(Region,Zeit)
or Schuldenlast(Region,Zeit))
then not Spritzen(Frucht,Region,Zeit).                             |22|

if Anbaumöglich(Frucht,Region)
and (anspruchsvoll(Frucht) and not Düngung(Frucht,Region,Zeit))
then Ernterisiko(Frucht,Region,Zeit).                              |23|

if Anbaumöglich(Frucht,Region)
and ((trockenempfindl(Frucht) and Saisonregen(Region))
and not Bewässerung(Region,Zeit))
then Ernterisiko(Frucht,Region,Zeit).                              |24|

if Anbaumöglich(Frucht,Region)
and (Schädling(Frucht,Region,Zeit)
and not Spritzen(Frucht,Region,Zeit))
then Ernterisiko(Frucht,Region,Zeit).                              |25|

if Anbaumöglich(Frucht,Region)
and (not anspruchsvoll(Frucht) or Düngung(Region,Zeit))
and (not trockenempfindl(Frucht) or Bewässerung(Region,Zeit))
and (not Schädling(Frucht,Region,Zeit) or Spritzen(Frucht,Region,Zeit))
then not Ernterisiko(Frucht,Region,Zeit).                          |26|
```

Ein Ernterisiko schlägt sich längerfristig auch im Betriebsergebnis nieder - wir berücksichtigen dies im Wissensmodul 'Sozialsystem'.

Es empfiehlt sich, in der Wissensbasis Implikationen und Prämissen nach den Kategorien 'Implikationen', 'systemare Prämissen' und 'Szenario-Prämissen' zu ordnen. Systemare Prämissen bezeichnen dabei konstante Fakten (etwa die geographischen Gegebenheiten Thailands), während Szenario-Prämissen die jeweiligen Untersuchungsbedingungen (z.B. Anfangsbedingungen oder Politikvorgaben) beschreiben.

Wir speichern nun diesen Wissensmodul unter THAIAGR.DED ab, kopieren ihn auf DEDF.2, rufen DEDUC auf, lesen mit **'rf 2'** ein, korrigieren mögliche Syntaxfehler und überprüfen dann vor allem mit dem **pria**-Befehl, ob Schreibweise und Objektdefinitionen der Prädikatenausdrücke korrekt sind.

5.4.2 Schlußfolgerungen mit dem Wissensmodul 'Landwirtschaft'

Der hier entwickelte Wissensmodul ist mit seinen 26 Implikationen noch relativ gut überschaubar und überprüfbar. Generell ist immer eine Modularisierung in etwa dieser Größenordnung anzustreben. Bevor wir uns der Entwicklung der anderen Wissensmoduln zuwenden, und vor allem: bevor wir versuchen, den Wissensmodul mit anderen Moduln zu verkoppeln, müssen wir überprüfen, ob sich mit ihm korrekte Schlußfolgerungsprozesse durchführen lassen.

Der Wissensmodul sollte durch Vorgabe unterschiedlicher Prämissen gründlich daraufhin überprüft werden, ob im Konklusionsvorgang die Implikationen richtig angesprochen und verknüpft werden und ob sich plausible Schlußfolgerungen ergeben. Sehr oft wird sich herausstellen, daß noch zusätzliche Implikationen eingeführt werden müssen, um das Bearbeitungsziel zu erreichen.

Diese Überprüfung wird erleichtert durch selektive Schlußfolgerung über bestimmte Objekte (z.B. Zeitpunkte oder Regionen) mit dem **concl** <Objektliste> Befehl, durch selektive Ausgabe von Schlußfolgerungsergebnissen (**prip** <Prädikat> oder **pripso** <Objektliste>), sowie durch Verwendung des **how**-Befehls zur Erläuterung von Konklusionen. Bei der Analyse der Verknüpfungsstruktur helfen der **pri** <Prädikat> und der **prir** <Prädikat> Befehl. Mit ersterem läßt sich feststellen, wo eine bestimmte Prädikatenaussage als Input einer Implikation verwendet wird, mit letzterem, wo sie erzeugt wird (Output). Mit dem **imp**-Befehl läßt sich rasch ermitteln, welche Implikationen im Konklusionsprozeß überhaupt angesprochen worden sind; der **nimp**-Befehl zählt die nicht angesprochenen Implikationen auf.

Um einen konklusionsfähigen Wissensmodul zu erhalten, müssen wir vor den Implikationen und Prämissen die Objektstrukturen in DEDUC einlesen (hier mit **rf 1**). Danach lesen wir (hier mit **rf 2**) die (korrigierten und ergänzten) Implikationen und Prämissen ein. Bevor wir den Konklusionsvorgang mit **concl** starten, definieren wir noch (mit **time**) die Zeitkette 'Vergangenheit', 'Gegenwart' und 'Zukunft'. Mit den aufgeführten Prämissen erzeugt der Wissensmodul die im folgenden gezeigten Konklusionen für die Zeitschritte 'Vergangenheit', 'Gegenwart' und 'Zukunft'.

Man beachte, daß wir mit einem völlig allgemein formulierten Wissensmodul, dessen Implikationen in jedem Teil der Welt zu jeder Zeit gelten, durch Vorgabe weniger bestimmter Prämissen ganz konkrete Aussagen über Entwicklungen in zwei thailändischen Provinzen in verschiedenen Zeitabschnitten erzeugt haben.

Da die erste Zahl jeder Konklusion die Nummer der verwendeten Implikation angibt, können wir feststellen, daß fast alle Implikationen (z.T. mehrfach) verwendet werden (warum werden die restlichen nicht angesprochen?). Die Ergebnisse entsprechen den Erwartungen (bzw. den Aussagen des Artikels). Wir können daher zur Entwicklung des nächsten Wissensmoduls übergehen.

(Im folgenden Ausdruck werden die Prämissen, Konklusionsnummern und Gewißheitsfaktoren (alle 100%) nicht gezeigt).

```
pripso Vergangenheit.
 P ...
   NOT Eigenbedarf(Maniok,Thailand,Zeit)
   NOT Düngung(Nordosten,Zeit)
   Düngung(Nordprovinz,Zeit)
   Düngung(Südprovinz,Zeit)
   Transportweg(EG,Küste,Zeit)
   Transportweg(Küste,Küste,Zeit)
   Transportweg(EG,EG,Zeit)
   NOT Spritzen(Maniok,Thailand,Zeit)
pripso Gegenwart.
 P ...
   NOT Eigenbedarf(Maniok,Thailand,Zeit)
   NOT Düngung(Nordosten,Zeit)
   Düngung(Nordprovinz,Zeit)
   Düngung(Südprovinz,Zeit)
   Transportweg(Nordosten,EG,Gegenwart)
   Transportweg(Küste,Nordosten,Gegenwart)
   Transportweg(EG,Küste,Zeit)
   Transportweg(EG,Nordosten,Gegenwart)
   Exportwunsch(Maniok,Nordosten,EG,Gegenwart)
   Exportwunsch(Maniok,Nordprovinz,EG,Gegenwart)
   Absatzmöglich(Maniok,Nordosten,Gegenwart)
   Verkaufmöglich(Maniok,Nordosten,EG,Gegenwart)
   Transportweg(Nordosten,Nordosten,Gegenwart)
   Transportweg(Küste,Küste,Zeit)
   Transportweg(EG,EG,Zeit)
   NOT Schädling(Maniok,Thailand,Gegenwart)
   NOT Ernterisiko(Maniok,Thailand,Gegenwart)
   NOT Spritzen(Maniok,Thailand,Zeit)
   günstigBedingung(Maniok,Nordosten,Gegenwart)
   Anbau(Maniok,Nordosten,Gegenwart)
   Produktion(Maniok,Nordosten,Gegenwart)
   Einkommen(Nordosten,Gegenwart)
pripso Zukunft.
 P ...
   NOT Eigenbedarf(Maniok,Thailand,Zeit)
   NOT Düngung(Nordosten,Zeit)
   Düngung(Nordprovinz,Zeit)
   Düngung(Südprovinz,Zeit)
   Transportweg(Nordosten,Küste,Zukunft)
   Transportweg(Küste,Nordosten,Zukunft)
   Transportweg(EG,Küste,Zeit)
   Transportweg(Nordosten,EG,Zukunft)
   Transportweg(EG,Nordosten,Zukunft)
   NOT Absatzmöglich(Maniok,Thailand,Zukunft)
   NOT Anbau(Maniok,Thailand,Zukunft)
   NOT Produktion(Maniok,Thailand,Zukunft)
   Transportweg(Küste,Küste,Zeit)
   Transportweg(Nordosten,Nordosten,Zukunft)
   Transportweg(EG,EG,Zeit)
   NOT Spritzen(Maniok,Thailand,Zeit)
```

5.5 Wissensmodul zu Umweltfolgen

5.5.1 Implikationen und Prämissen

Im dritten, vierten und fünften Abschnitt des Maniok-Artikels finden sich eine Reihe von konkreten Hinweisen auf ökologische Probleme, die auf den Maniok-Anbau zurückzuführen sind. Zunächst wird auf Erosionsprobleme hingewiesen:

Die Frucht ist nicht bodendeckend; bei den in der Region während der Monsunzeit auftretenden Starkregenfällen wird der Boden daher fast ungehindert abgeschwemmt. Das Erosionsproblem wird noch erheblich dadurch verschärft, daß Maniok ... auch in hügeligen Lagen ohne Bewässerung angebaut werden kann. An den Hängen aber ist die Erosion wesentlich größer.

Die Situation wird verschlimmert durch *Waldrodungen in Staatswäldern*.

Zu diesem Problemkreis lassen sich die folgenden Implikationen formulieren: (Die erste Zahl ist die Implikationsnummer des Teilmoduls, die zweite die der gesamten Wissensbasis).

```
!IMPLIKATIONEN UND PRÄMISSEN ZU UMWELTFOLGEN - THAIOKO.DED!

if hügelig(Region)
and Anbau(Frucht,Region,Zeit)
and not bodendeckend(Frucht)
then not Wasserhaltung(Region,Zeit).                    !1! !27!

if hügelig(Region)
and Waldrodung(Region,Zeit)
then not Wasserhaltung(Region,Zeit).                    !2! !28!

if Starkregen(Region)
and not Wasserhaltung(Region,Zeit)
then Erosion(Region,Zeit),
     Flutspitzen(Region,Zeit).                          !3! !29!

if Erosion(Region,Zeit)
then Bodenverlust(Region,Zeit).                         !4! !30!

if Bodenverlust(Region,Zeit)
then Nährstoffverlust(Region,Zeit).                     !5! !31!

if Bodenverlust(Region,Zeit)
and Bodenverlust(Region,+Zeit)
then Flächenverlust(Region,+Zeit).                      !6! !32!
```

Mit dieser letzten Implikation wird ausgedrückt, daß ein über mehrere Zeitperioden anhaltender Bodenverlust später zum Verlust landwirtschaftlicher Nutzfläche führt.

Bodenverlust, Nährstoffverlust, wie auch (Anbau)Flächenverlust haben direkte Konsequenzen für den Anbauertrag einer Region, falls die Ertragseinbußen nicht durch zusätzliche Düngung aufgefangen werden können:

```
if Nährstoffverlust(Region,Zeit)
and not Düngung(Region,Zeit)
then Ertragsverlust(Region,Zeit).                       !7! !33!
```

```
if Nährstoffverlust(Region,Zeit)
and Düngung(Region,Zeit)
then not Ertragsverlust(Region,Zeit).              !8! !34!

if Ertragsverlust(Region,Zeit)
and Anbau(Frucht,Region,Zeit)
then sinktErtrag(Frucht,Region,Zeit).              !9! !35!

if Flächenverlust(Region,Zeit)
and Anbau(Frucht,Region,Zeit)
then sinktErtrag(Frucht,Region,Zeit).              !10! !36!
```

Weiter wird auf direkte ökologische Konsequenzen der Waldrodungen hingewiesen; aus der Erosion landwirtschaftlicher Nutzflächen ergeben sich z.T. die gleichen Folgen:

Mit der Vernichtung der Wälder ist auch ein Verlust an Artenvielfalt verbunden; weite Gebiete verlieren ihre wasserspeichernde Funktion; es kommt zu Grundwasserabsenkungen und Flutspitzen, sowie Verlandungen der Flüsse, Kanäle und Stauseen.

Diese Folgewirkungen lassen sich durch weitere Implikationen darstellen:

```
if not Wasserhaltung(Region,Zeit)
then Grwasserverlust(Region,Zeit).                 !11! !37!
if Grwasserverlust(Region,Zeit)
then Brunnentrocken(Region,+Zeit).                 !12! !38!

if Erosion(Region,Zeit)
and Seenvorhanden(Region,Zeit)
then Seenverlandung(Region,+Zeit).                 !13! !39!

if Seenverlandung(Region,Zeit)
and Flutspitzen(Region,Zeit)
then Überschwemmung(Region,Zeit).                  !14! !40!

if Waldrodung(Region,Zeit)
and Waldrodung(Region,+Zeit)
then Artenverlust(Region,+Zeit),
     Waldverlust(Region,+Zeit).                    !15! !41!

if (Erosion(Region,Zeit)
and Erosion(Region,+Zeit))
or Waldverlust(Region,+Zeit)
or Überschwemmung(Region,+Zeit)
then Umweltzerstörung(Region,+Zeit).               !16! !42!
```

Wir erreichen hier durch Einfügen des '+'Zeichens eine Zeitverschiebung einiger Folgen um einen Zeitschritt und damit eine Dynamisierung der Folgewirkungen. So stellt sich z.B. bei einer in der Gegenwart festzustellenden Grundwasserabsenkung ein Austrocknen der Brunnen in der Zukunft ein. Bei den zwei zuletzt aufgeführten Implikationen wird das '+'Zeichen auch auf der Inputseite verwendet: hier müssen Waldrodung bzw. Erosion über zwei aufeinanderfolgende Zeitabschnitte anhalten, um zu den genannten Folgen zu führen.

Auch diese Implikationen haben wieder Allgemeingültigkeit - sie könnten auch zur Folgenabschätzung in anderen Ländern zu anderen Zeiten verwendet werden. Um spezifische Folgerungen für Thailand zu verschiedenen Zeitabschnitten ziehen zu können, müssen wir wieder entsprechende Prämissen einführen, die wir - wie oben empfohlen - in 'Systemare Prämissen' und 'Szenario-Prämissen' unterscheiden:

```
!Systemare Prämissen!

prem hügelig(Nordosten), hügelig(Nordprovinz).
prem not hügelig(Südprovinz), not hügelig(Küste).
prem not bodendeckend(Maniok), bodendeckend(Reis).
prem Starkregen(Thailand).
prem Seenvorhanden(Thailand,Zeit).

!Szenario-Prämissen!

prem Anbau(Maniok,Nordosten,Gegenwart).
prem Anbau(Maniok,Nordosten,Zukunft).
prem Anbau(Reis,Südprovinz,Zeit).
prem Waldrodung(Nordosten,Gegenwart).
prem Waldrodung(Nordosten,Zukunft).
prem not Düngung(Nordosten,Zeit).
prem Düngung(Südprovinz,Zeit).
```

Wir speichern nun diesen Wissensmodul unter THAIOKO.DED ab, kopieren ihn auf DEDF.3, lesen ihn in DEDUC mit '**rf 3**' ein und überprüfen zunächst auf Schreib- und Syntaxfehler.

5.5.2 Schlußfolgerungen mit dem Wissensmodul 'Umweltfolgen'

Wir lesen wieder zunächst den Objektmodul mit **rf 1** und danach die Implikationen und Prämissen mit **rf 3** in DEDUC ein. Danach definieren wir (mit **time**) die Zeitkette 'Vergangenheit', 'Gegenwart', 'Zukunft'. Der Konklusionsprozeß ergibt die im folgenden wiedergegebenen Aussagen für den Nordosten, die wir hier der besseren Übersicht wegen nach den Zeitabschnitten 'Vergangenheit', 'Gegenwart' und 'Zukunft' selektiert haben.

Die Aussagen entsprechen den Erwartungen. Es werden in diesem Fall fast alle der 16 Implikationen z.T. mehrfach verwendet, was sich am einfachsten wieder mit dem **imp** bzw. **nimp**-Befehl überprüfen läßt.

(Im folgenden Ausdruck werden Prämissen, Konklusionsnummern und Gewißheitsfaktoren (alle 100%) nicht gezeigt).

```
pripso Vergangenheit
 P ...

pripso Gegenwart
 P ...
  NOT Wasserhaltung(Nordosten,Gegenwart)
  Erosion(Nordosten,Gegenwart)
  Flutspitzen(Nordosten,Gegenwart)
  Grwasserverlust(Nordosten,Gegenwart)
  Bodenverlust(Nordosten,Gegenwart)
  Nährstoffverlust(Nordosten,Gegenwart)
```

```
    Ertragsverlust(Nordosten,Gegenwart)
    sinktErtrag(Maniok,Nordosten,Gegenwart)
pripso Zukunft
  p ...
    NOT Wasserhaltung(Nordosten,Zukunft)
    Erosion(Nordosten,Zukunft)
    Flutspitzen(Nordosten,Zukunft)
    Seenverlandung(Nordosten,Zukunft)
    Artenverlust(Nordosten,Zukunft)
    Waldverlust(Nordosten,Zukunft)
    Grwasserverlust(Nordosten,Zukunft)
    Bodenverlust(Nordosten,Zukunft)
    Umweltzerstörung(Nordosten,Zukunft)
    Überschwemmung(Nordosten,Zukunft)
    Brunnentrocken(Nordosten,Zukunft)
    Nährstoffverlust(Nordosten,Zukunft)
    Flächenverlust(Nordosten,Zukunft)
    Ertragsverlust(Nordosten,Zukunft)
    sinktErtrag(Maniok,Nordosten,Zukunft)
```

5.6 Wissensmodul zum Sozialsystem

5.6.1 Implikationen und Prämissen

Im Artikel werden im vierten Abschnitt auch soziale Dimensionen des Maniokproblems erwähnt, die wiederum ökologische Konsequenzen haben:

Mit den fallenden Erträgen und der wachsenden Bevölkerungszahl verringern sich auch die durchschnittlichen Einkommen, so daß verarmte Bauernfamilien immer häufiger versuchen, durch Waldrodungen in Staatswäldern neue Anbauflächen zu schaffen.

Hier wird zunächst das Bevölkerungswachstum angesprochen. Falls es zu einem bestimmten Zeitpunkt vorhanden ist und falls eine Familienplanung fehlt, so führt dies im nächsten Zeitabschnitt zu weiterem Bevölkerungswachstum:

```
!IMPLIKATIONEN UND PRÄMISSEN ZUM SOZIALSYSTEM - THAISOZ.DED!
if Bevölkwachstum(Region,Zeit)
and not Familienplanung(Region,Zeit)
then Bevölkwachstum(Region,+Zeit).                          !1! !43!
```

Wir haben hier ein Beispiel für die Darstellung einer Rückkopplungsdynamik in DEDUC: die Systemgröße wirkt (mit Zeitverzögerung) auf sich selbst zurück.

Mit dem Bevölkerungswachstum ist eine Bodenverknappung verbunden; falls keine Industriearbeitsplätze vorhanden sind, sinken die Familieneinkommen und Armut stellt sich ein:

```
if Bevölkwachstum(Region,Zeit)
then Bodenknapp(Region,Zeit).                               !2! !44!
```

```
if ländlich(Region)
and Bodenknapp(Region,Zeit)
and not Industrie(Region,Zeit)
then not Arbeit(Region,Zeit).                                  |3| |45|

if Bevölkwachstum(Region,Zeit)
and Bodenknapp(Region,Zeit)
and not Arbeit(Region,Zeit)
then Armut(Region,Zeit).                                       |4| |46|
```

Auf dem Lande können sich arme landbesitzende Bewohner durch Anbau von Feldfrüchten für den Verkauf ('Marktfrucht') ein gewisses Einkommen verschaffen; daher entsteht ein Anbauwunsch:

```
if Armut(Region,Zeit)
and ländlich(Region)
and Landbesitz(Region,Zeit)
and geeignet(Marktfrucht,Region)
then Anbauwunsch(Marktfrucht,Region,Zeit).                     |5| |47|

if Anbauwunsch(Frucht,Region,Zeit)
and günstigBedingung(Frucht,Region,Zeit)
then Anbau(Frucht,Region,Zeit),
     Produktion(Frucht,Region,Zeit).                           |6| |48|
```

Bei Armut und sinkendem Einkommen entsteht eine Schulden- und später eine weitere Zinslast:

```
if Armut(Region,Zeit)
and sinktEinkommen(Region,Zeit)
then Schuldenlast(Region,Zeit).                                |7| |49|

if sinktEinkommen(Region,Zeit)
and Schuldenlast(Region,Zeit)
then Zinslast(Region,+Zeit).                                   |8| |50|
```

Ein wichtiger Grund für sinkendes Einkommen ist ein absinkendes Ertragsniveau, weil (wegen fehlender Mittel oder nicht vorhandenem Vieh) nicht gedüngt werden kann:

```
if Anbau(Marktfrucht,Region,Zeit)
and not Düngung(Region,Zeit)
then sinktErtrag(Marktfrucht,Region,+Zeit).                    |9| |51|

if (Armut(Region,Zeit)
and not Vieh(Region,Zeit))
or Schuldenlast(Region,Zeit)
then not Düngung(Region,Zeit).                                 |10| |52|

if sinktErtrag(Frucht,Region,Zeit)
or Ernterisiko(Frucht,Region,Zeit)
then sinktEinkommen(Region,Zeit).                              |11| |53|
```

Mit den zunehmenden finanziellen Problemen der Landbevölkerung wächst der Wunsch, noch vorhandene Wälder zu roden und der landwirtschaftlichen Nutzung zuzuführen. Dies ist aber nur möglich, falls noch ungeschützte Wälder vorhanden sind:

```
if sinktEinkommen(Region,Zeit)
or Schuldenlast(Region,Zeit)
or Zinslast(Region,Zeit)
then Neulandwunsch(Region,Zeit).                                    !12! !54!

if Neulandwunsch(Region,Zeit)
and Waldvorhanden(Region,Zeit)
and not Waldschutz(Region,Zeit)
then Waldrodung(Region,Zeit).                                       !13! !55!

if (not Waldvorhanden(Region,Zeit)
or Waldschutz(Region,Zeit))
then not Waldrodung(Region,Zeit).                                   !14! !55!
```

Falls bei prekärer wirtschaftlicher Lage keine Möglichkeit zur Waldrodung besteht, so ist die Existenz auf dem Lande nicht mehr möglich, und die Abwanderung in Industrieregionen ist die Folge:

```
if Schuldenlast(Region,Zeit)
and Zinslast(Region,Zeit)
and not Waldrodung(Region,Zeit)
then Existenzverlust(Region,Zeit).                                  !15! !57!

if Existenzverlust(RegionA,Zeit)
and not Arbeit(RegionA,Zeit)
and Industrie(RegionB,Zeit)
then Wanderung(RegionA,RegionB,Zeit).                               !16! !58!
```

Wieder haben wir hier Zusammenhänge formuliert, die in jedem beliebigen Land zu einem beliebigen Zeitpunkt gelten. Um diese Wissenskonzepte auf das Maniok-Problem anzuwenden, müssen wir wieder entsprechende Prämissen formulieren. Für die Überprüfung des Wissensmoduls geben wir die folgenden Aussagen vor:

```
!Systemare Prämissen!

prem ländlich(Nordosten).
prem Landbesitz(Nordosten,Zeit).
prem not Vieh(Nordosten,Zeit).
prem Waldvorhanden(Nordosten,Zeit).
prem geeignet(Maniok,Tropen).

!Szenario-Prämissen!

prem Bevölkwachstum(Thailand,Vergangenheit).
prem not Familienplanung(Thailand,Zeit).
prem not Industrie(Nordosten,Zeit).
prem Industrie(Bangkok,Zeit).
prem not Schuldenlast(Nordosten,Vergangenheit).
prem not Waldschutz(Thailand,Vergangenheit).
prem not Waldschutz(Thailand,Gegenwart).
prem Waldschutz(Thailand,Zukunft).

prem günstigBedingung(Maniok,Thailand,Zeit).
prem günstigBedingung(Reis,Thailand,Zeit).
```

Wir speichern diesen Wissensmodul unter THAISOZ.DED ab, kopieren ihn auf DEDF.4 und überprüfen und korrigieren Schreibweise und Syntax in DEDUC.

5.6.2 Schlußfolgerungen mit dem Wissensmodul 'Sozialsystem'

Auch hier müssen wir zunächst den Objektmodul (hier mit **rf 1**) einlesen, bevor wir Implikationen und Prämissen (hier mit **rf 4**) übernehmen. Wir definieren zunächst wieder die Zeitkette 'Vergangenheit', 'Gegenwart', 'Zukunft'. Danach können wir den Konklusionsprozeß (mit **concl**) anstoßen. Wir selektieren Konklusionen wieder nach Zeitabschnitten und erhalten das im folgenden wiedergegebene Ergebnis.

Im vorliegenden Falle werden alle 16 Implikationen z.T. mehrfach im Schlußfolgerungsprozeß verwendet (mit dem **imp** bzw. **nimp**-Befehl überprüfen!). Die Ergebnisse entsprechen den Erwartungen.

(Im folgenden Ausdruck werden Prämissen, Konklusionsnummern und Gewißheitsfaktoren (alle 100%) nicht gezeigt.)

```
pripso Vergangenheit
 P ...
  Bodenknapp(Thailand,Vergangenheit)
  NOT Arbeit(Nordosten,Vergangenheit)
  Armut(Nordosten,Vergangenheit)
  Anbauwunsch(Maniok,Nordosten,Vergangenheit)
  NOT Düngung(Nordosten,Vergangenheit)
  Anbau(Maniok,Nordosten,Vergangenheit)
  Produktion(Maniok,Nordosten,Vergangenheit)

pripso Gegenwart
 P ...
  Bevölkwachstum(Thailand,Gegenwart)
  Bodenknapp(Thailand,Gegenwart)
  NOT Arbeit(Nordosten,Gegenwart)
  Armut(Nordosten,Gegenwart)
  Anbauwunsch(Maniok,Nordosten,Gegenwart)
  NOT Düngung(Nordosten,Gegenwart)
  Anbau(Maniok,Nordosten,Gegenwart)
  Produktion(Maniok,Nordosten,Gegenwart)
  sinktErtrag(Maniok,Nordosten,Gegenwart)
  sinktEinkommen(Nordosten,Gegenwart)
  Schuldenlast(Nordosten,Gegenwart)
  Neulandwunsch(Nordosten,Gegenwart)
  Waldrodung(Nordosten,Gegenwart)

pripso Zukunft
 P ...
  NOT Waldrodung(Thailand,Zukunft)
  Bevölkwachstum(Thailand,Zukunft)
  Bodenknapp(Thailand,Zukunft)
  NOT Arbeit(Nordosten,Zukunft)
  Armut(Nordosten,Zukunft)
  Anbauwunsch(Maniok,Nordosten,Zukunft)
  NOT Düngung(Nordosten,Zukunft)
  Anbau(Maniok,Nordosten,Zukunft)
  Produktion(Maniok,Nordosten,Zukunft)
  sinktErtrag(Maniok,Nordosten,Zukunft)
  sinktEinkommen(Nordosten,Zukunft)
  Schuldenlast(Nordosten,Zukunft)
```

```
Zinslast(Nordosten,Zukunft)
Neulandwunsch(Nordosten,Zukunft)
Existenzverlust(Nordosten,Zukunft)
Wanderung(Nordosten,Bangkok,Zukunft)
```

5.7 Wissensmodul zu Produktion und Markt

5.7.1 Implikationen und Prämissen

Dieser Wissensmodul soll Konzepte enthalten, die den Futtermittelmarkt und seine wirtschaftlichen und ökologischen Bedingungen beschreiben. Aus den Schlußfolgerungen dieses Moduls soll sich der Markt für thailändisches Maniok (bzw. Tapioka) als Mastfutter für europäische Viehmastbetriebe ergeben; außerdem sollen Konsequenzen für europäische Getreidebauern und für die Umwelt folgen. Im Artikel zur Maniok-Problematik finden sich einige Hinweise:

... die Maniok-Knolle fast ausschließlich für europäische Schweinemastbetriebe produziert wird. In Europa verschlechtere dies außerdem die Absatzbedingungen der europäischen Getreidebauern und führe zu Grundwassergefährdungen durch die Massentierhaltungen.

... Eine Verringerung der europäischen Einfuhrquote für Maniok würde die thailändische Landwirtschaft vor fast unlösbare Probleme stellen.

Um entsprechende Konklusionen mit DEDUC erzeugen zu können, müssen offensichtlich noch eine größere Zahl von Wissenskonzepten aufgenommen werden, die im Artikel explizit nicht enthalten sind, aber beim Leser implizit vorausgesetzt werden.

Antrieb für die Viehmast ist der Markt für Fleisch, der sich erst bei einem gewissen Wohlstand einstellt. Die Fleischnachfrage kann in verschiedenen Ländern qualitativ unterschiedlich sein:

```
!IMPLIKATIONEN ZU PRODUKTION UND MARKT - THAIMKT.DED!

if Wohlstand(Region,Zeit)
then Fleischbedarf(Region,Zeit).                              !1! !59!

if Fleischbedarf(EG,Zeit)
then Schnitzelbedarf(EG,Zeit),
     Hähnchenbedarf(EG,Zeit).                                 !2! !60!

if Fleischbedarf(Nordamerika,Zeit)
then Steakbedarf(Nordamerika,Zeit),
     Hähnchenbedarf(Nordamerika,Zeit).                        !3! !61!
```

Falls in einer Region Tiermästung üblich ist, so führt dies bei Fleischbedarf zur Tiermast:

```
if Schnitzelbedarf(Region,Zeit)
and Mästung(Region,Zeit)
then Mast(Schwein,Region,Zeit).                               !4! !62!
```

```
if Steakbedarf(Region,Zeit)
and Mästung(Region,Zeit)
then Mast(Rind,Region,Zeit).                                  !5! !63!

if Hähnchenbedarf(Region,Zeit)
and Mästung(Region,Zeit)
then Mast(Huhn,Region,Zeit).                                  !6! !64!
```

Viehmast setzt Kraftfuttereinsatz voraus. Geschieht sie in Massentierhaltungen, so ist mit Umweltbelastungen zu rechnen:

```
if Mast(Vieh,Region,Zeit)
then erforderlich(Kraftfutter,Region,Zeit).                   !7! !65!

if Mast(Vieh,Region,Zeit)
and Massentierhaltg(Vieh,Region,Zeit)
then GrWassergefahr(Region,Zeit),
     Luftbelastung(Region,Zeit).                              !8! !66!
```

Für die Bearbeitung unserer Aufgabe brauchen wir noch die Feststellung, daß das Produkt einer tropischen Nutzpflanze eben in den Tropen, und nicht in den Nicht-Tropen produziert wird:

```
if Verarbeitung(Nutzpflanze,Produkt)
and Anbaumöglich(Nutzpflanze,Tropen)
then not Produktion(Produkt,Nichttropen,Zeit),
     not Produktion(Nutzpflanze,Nichttropen,Zeit).            !9! !67!

if Verarbeitung(Nutzpflanze,Produkt)
and Anbaumöglich(Nutzpflanze,Region)
and Produktion(Nutzpflanze,Region,Zeit)
then Produktion(Produkt,Region,Zeit).                         !10! !68!
```

Im restlichen Teil des Wissensmoduls führen wir nun allgemeine marktwirtschaftliche Konzepte ein, die für beliebige Produkte in einer beliebigen Region zu einer beliebigen Zeit gleichermaßen gelten. In unserem Anwendungsfall werden diese Konzepte im Deduktionsprozeß automatisch berücksichtigt, sobald in einer Region zu einer Zeit Kraftfutter erforderlich wird und dieses (im Objektmodul) als 'Produkt' erkannt wird.

Der Absatz eines Produkts richtet sich danach, ob ein Bedarf besteht ('erforderlich') und ob es einen Marktvorteil besitzt:

```
if erforderlich(Produkt,Region,Zeit)
and Marktvorteil(Produkt,Region,Zeit)
then Absatz(Produkt,Region,Zeit).                             !11! !69!

if erforderlich(Produkt,Region,Zeit)
and Marktnachteil(Produkt,Region,Zeit)
then not Absatz(Produkt,Region,Zeit).                         !12! !70!
```

Dieser Marktvorteil des ProduktA ergibt sich daraus, daß ProduktA verfügbar und preisgünstiger als ProduktB ist oder keine Konkurrenz durch ProduktB hat:

```
if preisgünstig(ProduktA,ProduktB,Region,Zeit)
and verfügbar(ProduktA,Region,Zeit)
then Marktvorteil(ProduktA,Region,Zeit),
     Marktnachteil(ProduktB,Region,Zeit).                       !13! !71!

if erforderlich(ProduktA,Region,Zeit)
and not Konkurrenz(ProduktA,ProduktB,Region,Zeit)
then Marktvorteil(ProduktA,Region,Zeit),
     Marktnachteil(ProduktB,Region,Zeit).                       !14! !72!
```

Verfügbar ist ein Produkt dann, wenn es entweder in der Region selbst produziert wird oder dahin eingeführt werden kann:

```
if Produktion(Produkt,Region,Zeit)
or Einfuhr(Produkt,Region,Zeit)
then verfügbar(Produkt,Region,Zeit).                             !15! !73!
```

Falls ProduktA und ProduktB in der RegionA in Konkurrenz stehen, das aus der RegionB stammende ProduktA aber einer Importbeschränkung in der RegionA unterliegt, so hat ProduktA in der RegionA einen Marktnachteil, während ProduktB einen Marktvorteil genießt:

```
if gleichwertig(Produktgruppe,ProduktA,ProduktB)
and erforderlich(Produktgruppe,RegionA,Zeit)
and Produktion(ProduktA,RegionA,Zeit)
and Produktion(ProduktB,RegionB,Zeit)
and Transportweg(RegionB,RegionA,Zeit)
then Konkurrenz(ProduktA,ProduktB,RegionA,Zeit).                 !16! !74!

if gleichwertig(Produktgruppe,ProduktA,ProduktB)
and not Transportweg(RegionA,RegionB,Zeit)
then not Konkurrenz(ProduktA,ProduktB,RegionA,Zeit).             !17! !75!

if gleichwertig(Produktgruppe,ProduktA,ProduktB)
and erforderlich(Produktgruppe,RegionA,Zeit)
and Importschranke(ProduktB,RegionA,RegionB,Zeit)
then not Konkurrenz(ProduktA,ProduktB,RegionA,Zeit).             !18! !76!

if Importschranke(ProduktA,RegionA,RegionB,Zeit)
and Konkurrenz(ProduktB,ProduktA,RegionA,Zeit)
then Marktnachteil(ProduktA,RegionA,Zeit),
     Marktvorteil(ProduktB,RegionA,Zeit).                       !19! !77!
```

Zum Import eines Produkts aus der RegionB in die RegionA wird es kommen, wenn keine Importbeschränkung besteht und das Produkt entweder in der RegionA nicht produziert wird oder billiger ist:

```
if not Importschranke(Produkt,RegionA,RegionB,Zeit)
then not Importhemmnis(Produkt,RegionA,Zeit).                    !20! !78!

if not Importschranke(Produkt,RegionA,RegionB,Zeit)
then Exportmöglich(Produkt,RegionB,Zeit).                        !21! !79!

if Importschranke(Produkt,RegionA,RegionB,Zeit)
and not Exportalternativ(Produkt,RegionA,RegionB,Zeit)
then not Exportmöglich(Produkt,RegionB,Zeit).                    !22! !80!
```

```
if erforderlich(Produkt,Region,Zeit)
and not Produktion(Produkt,Region,Zeit)
and not Importhemmnis(Produkt,Region,Zeit)
then Importbedarf(Produkt,Region,Zeit).                          !23! !81!

if erforderlich(Produkt,RegionA,Zeit)
and ((not Produktion(Produkt,RegionA,Zeit)
and Produktion(Produkt,RegionB,Zeit))
or billiger(Produkt,RegionA,RegionB,Zeit))
and not Importschranke(Produkt,RegionA,RegionB,Zeit)
then Import(Produkt,RegionA,RegionB,Zeit),
     Einfuhr(Produkt,RegionA,Zeit),
     Export(Produkt,RegionB,RegionA,Zeit).                        !24! !82!
```

Schließlich fügen wir noch Implikationen über die Einkommenswirkungen von Marktvorteilen bzw. Marktnachteilen bei den Produzenten hinzu:

```
if Marktnachteil(ProduktA,Region,Zeit)
and Verarbeitung(ProduktA,ProduktB)
then Marktnachteil(ProduktB,Region,Zeit).                         !25! !83!

if Marktvorteil(ProduktA,Region,Zeit)
and Verarbeitung(ProduktA,ProduktB)
then Marktvorteil(ProduktB,Region,Zeit).                          !26! !84!

if Marktnachteil(Produkt,RegionA,Zeit)
and Produktion(Produkt,RegionB,Zeit)
and produziert(Produzent,Produkt)
then verringEinkommen(Produzent,Produkt,RegionB,Zeit).            !27! !85!

if Marktvorteil(Produkt,RegionA,Zeit)
and Produktion(Produkt,RegionB,Zeit)
and produziert(Produzent,Produkt)
then verbessEinkommen(Produzent,Produkt,RegionB,Zeit).            !28! !86!
```

Diese allgemeinen Implikationen sprechen wir mit problemspezifischen Prämissen an, die die Produktion von Getreide in Europa und von Maniok, bzw. Tapioka in Thailand (als Kraftfutterkonkurrenz), sowie die Viehhaltung und Importbeschränkungen betreffen:

```
!Systemare Prämissen!

prem Verarbeitung(Maniok,Tapioka).
prem produziert(Bauer,Maniok).
prem produziert(Futterhersteller,Tapioka).
prem produziert(Landwirt,Getreide).
prem gleichwertig(Kraftfutter,Getreide,Maniok).
prem Produktion(Getreide,EG,Zeit).
prem Anbaumöglich(Maniok,Tropen).

!Szenario-Prämissen!

prem not Wohlstand(EG,Vergangenheit).
prem Wohlstand(EG,Gegenwart).
prem Wohlstand(EG,Zukunft).
prem Mästung(EG,Gegenwart), Mästung(EG,Zukunft).
prem not Massentierhaltg(Vieh,EG,Vergangenheit).
prem Massentierhaltg(Vieh,EG,Gegenwart).
```

```
prem Massentierhaltg(Vieh,EG,Zukunft).
prem preisgünstig(Maniok,Getreide,EG,Zeit).
prem not Importschranke(Maniok,EG,Thailand,Gegenwart).
prem Importschranke(Maniok,EG,Thailand,Zukunft).
prem Transportweg(Nordosten,EG,Gegenwart).
prem Transportweg(Nordosten,EG,Zukunft).
prem not Exportalternativ(Maniok,EG,Thailand,Zeit).
prem Produktion(Maniok,Thailand,Gegenwart).
prem Produktion(Maniok,Thailand,Zukunft).
```

Wir speichern diese Wissensbasis unter THAIMKT.DED ab, kopieren sie in DEDF.5, lesen sie mit **rf 5** in DEDUC ein und prüfen sie wie üblich auf Schreib- und Syntaxfehler.

5.7.2 Schlußfolgerungen mit dem Wissensmodul 'Produktion und Markt'

Bevor wir mit dem Modul arbeiten können, müssen wir zunächst wieder die Objektstrukturen (hier mit **rf 1**) und Implikationen und Prämissen (mit **rf 5**) einlesen und die Zeitkette definieren. Danach können wir Konklusionen erzeugen. Wir selektieren wieder nach Zeitabschnitten und erhalten die im folgenden wiedergegebenen Aussagen.

Wieder werden die meisten der 28 Implikationen z.T. mehrfach verwendet (mit dem **imp** bzw. **nimp**-Befehl überprüfen!). Unter den angegebenen Prämissen ergeben sich u.a. Einkommensnachteile für die europäischen Getreidebauern durch die Maniok-Konkurrenz heute und Einkommensverbesserungen bei einer zukünftigen Einfuhrbeschränkung für Maniok bzw. Tapioka.

(Im folgenden Ausdruck werden Prämissen, Konklusionsnummern und Gewißheitswerte (alle 100%) nicht gezeigt.)

```
pripso Vergangenheit
 P ...
  NOT Produktion(Tapioka,Nichttropen,Zeit)
  NOT Produktion(Maniok,Nichttropen,Zeit)
  verfügbar(Getreide,EG,Zeit)

pripso Gegenwart
 P ...
  NOT Produktion(Tapioka,Nichttropen,Zeit)
  NOT Produktion(Maniok,Nichttropen,Zeit)
  Produktion(Tapioka,Thailand,Gegenwart)
  verfügbar(Getreide,EG,Zeit)
  verfügbar(Maniok,Thailand,Gegenwart)
  verfügbar(Tapioka,Thailand,Gegenwart)
  Fleischbedarf(EG,Gegenwart)
  NOT Importhemmnis(Maniok,EG,Gegenwart)
  Exportmöglich(Maniok,Thailand,Gegenwart)
  Schnitzelbedarf(EG,Gegenwart)
  Hähnchenbedarf(EG,Gegenwart)
  Mast(Schwein,EG,Gegenwart)
  Mast(Huhn,EG,Gegenwart)
  erforderlich(Kraftfutter,EG,Gegenwart)
```

```
    GrWassergefahr(EG,Gegenwart)
    Luftbelastung(EG,Gegenwart)
    Konkurrenz(Getreide,Maniok,EG,Gegenwart)
    Importbedarf(Maniok,EG,Gegenwart)
    Import(Maniok,EG,Thailand,Gegenwart)
    Einfuhr(Maniok,EG,Gegenwart)
    Export(Maniok,Thailand,EG,Gegenwart)
    verfügbar(Maniok,EG,Gegenwart)
    Marktvorteil(Maniok,EG,Gegenwart)
    Marktnachteil(Getreide,EG,Gegenwart)
    NOT Absatz(Getreide,EG,Gegenwart)
    verringEinkommen(Landwirt,Getreide,EG,Gegenwart)
    Absatz(Maniok,EG,Gegenwart)
    Marktvorteil(Tapioka,EG,Gegenwart)
    verbessEinkommen(Bauer,Maniok,Thailand,Gegenwart)
    Absatz(Tapioka,EG,Gegenwart)
pripso Zukunft
  P ...
    NOT Produktion(Tapioka,Nichttropen,Zeit)
    NOT Produktion(Maniok,Nichttropen,Zeit)
    Produktion(Tapioka,Thailand,Zukunft)
    verfügbar(Getreide,EG,Zeit)
    verfügbar(Maniok,Thailand,Zukunft)
    verfügbar(Tapioka,Thailand,Zukunft)
    Fleischbedarf(EG,Zukunft)
    NOT Exportmöglich(Maniok,Thailand,Zukunft)
    Schnitzelbedarf(EG,Zukunft)
    Hähnchenbedarf(EG,Zukunft)
    Mast(Schwein,EG,Zukunft)
    Mast(Huhn,EG,Zukunft)
    erforderlich(Kraftfutter,EG,Zukunft)
    GrWassergefahr(EG,Zukunft)
    Luftbelastung(EG,Zukunft)
    Konkurrenz(Getreide,Maniok,EG,Zukunft)
    NOT Konkurrenz(Getreide,Maniok,EG,Zukunft)
    Marktvorteil(Getreide,EG,Zukunft)
    Marktnachteil(Maniok,EG,Zukunft)
    Absatz(Getreide,EG,Zukunft)
    verbessEinkommen(Landwirt,Getreide,EG,Zukunft)
    NOT Absatz(Maniok,EG,Zukunft)
    Marktnachteil(Tapioka,EG,Zukunft)
    verringEinkommen(Bauer,Maniok,Thailand,Zukunft)
    NOT Absatz(Tapioka,EG,Zukunft)
```

5.8 Erstellung der Wissensbasis durch Kopplung der Teilmoduln

Nachdem wir die Wissensmoduln einzeln auf Schreib- und Syntaxfehler, auf Stimmigkeit und Verknüpfbarkeit der Konzepte, auf Korrektheit und Vollständigkeit der Schlußfolgerungen überprüft haben, können wir nun daran gehen, sie zu einer Wissensbasis zusammenzukoppeln.

Wir haben hier bereits bei der Entwicklung der Teilmoduln darauf geachtet, daß die Voraussetzungen für die spätere Verkopplung erfüllt sind. Das erfordert u.a.:

- Es muß in allen Moduln das gleiche 'Vokabular' verwendet werden: Die Bezeichungen für Objekte und Prädikate müssen übereinstimmen; bei den Prädikatenausdrücken müssen auch Zahl, Objektklassen und ihre Reihenfolge übereinstimmen.
- Die für die spätere Verkopplung vorgesehenen Prämissen der Teilmoduln müssen in den anderen Teilmoduln auch als Konklusionen erzeugt werden können; auch hier müssen selbstverständlich wieder die entsprechenden Prädikatenausdrücke übereinstimmen.

Ein Beispiel: Um Konklusionen mit dem Teilmodul 'Landwirtschaft' zu erzeugen, wurden in unserem Bearbeitungsbeispiel u.a. die Prämissen 'Anbauwunsch (Marktfrucht, Nordosten, Zeit)' und 'Importbedarf(Maniok, EG, Gegenwart)' vorgegeben. Diese sollen aber bei der Bearbeitung der verkoppelten Wissensbasis intern als Schlußfolgerungen aus den Wissensmoduln 'Sozialsystem' bzw. 'Markt' übernommen werden. Sie müssen also dort erzeugt werden; entsprechende Implikationen müssen daher vorhanden sein.

Um die Kopplung vorzubereiten, identifizieren wir zunächst für jeden Teilmodul diese **Koppelprämissen**, d.h. diejenigen Prämissen, die als 'Input' erforderlich sind und als 'Output' in anderen Teilmoduln erzeugt werden sollen. Nach der Kopplung müssen diese Prämissen aus dem Prämissensatz entfernt werden; es verbleiben dann nur noch die 'echten' Prämissen, die als Vorgaben für Schlußfolgerungen mit der verkoppelten Wissensbasis benötigt werden.

Nachdem wir die Koppelprämissen ermittelt haben, müssen wir uns vergewissern, daß diese als Input eines Teilmoduls benötigten Aussagen auch tatsächlich in anderen Teilmoduln in der korrekten Form erzeugt werden können. Hierzu überprüfen wir die Konklusionen der entsprechenden Teilmoduln, die bei Vorgabe eines dem vorgesehenen Anwendungsfall entsprechenden Prämissensatzes erzeugt werden.

Wir haben in vorangegangenen Abschnitten bereits die Schlußfolgerungen mit den Teilmoduln ermittelt und können nun dort überprüfen, ob die notwendigen Koppelprämissen korrekt erzeugt werden. So finden wir nun z.B. bei den Ergebnissen des Teilmoduls 'Sozialsystem' - wie benötigt - die Konklusion 'Anbauwunsch (Marktfrucht, Nordosten, Gegenwart)' und beim Teilmodul 'Markt' die Konklusion 'Importbedarf(Maniok,EG,Gegenwart)'. In ähnlicher Weise überprüfen wir auch bei allen anderen Koppelprämissen, ob sie in den jeweiligen Teilmoduln korrekt erzeugt werden; wenn dies nicht der Fall ist, müssen wir entsprechende Änderungen in den Teilmoduln vornehmen.

Nachdem wir uns vom korrekten Arbeiten der Teilmoduln und ihrer Koppelbarkeit überzeugt haben, können wir sie nun in einer gemeinsamen Wissensbasis zusammenbringen. Es empfiehlt sich jetzt, je eine Datei für die Objektstrukturen, für die Implikationen und für die Prämissen anzulegen.

In unserem Beispiel hatten wir bereits für die vier Teilmoduln 'Landwirtschaft', 'Umweltfolgen', 'Sozialsystem' und 'Markt' einen gemeinsamen Modul der Objektstrukturen (THAIOBJ.DED) benutzt, den wir weiterhin verwenden können. Wir kopieren ihn noch in die DEDUC-Datei DEDF.6.

Als nächstes kopieren wir die Teilmoduln - die in unserem Fall Implikationen und Prämissen enthalten - in eine gemeinsame Datei und trennen die Implikationen von den Prämissen. Die Implikationen aus den vier Teilmoduln speichern wir nun gemeinsam ab (unter THAIIMP.DED); wir kopieren diese Datei auch in DEDF.7. Damit ist die Arbeit an den Implikationen für die Wissensbasis zunächst abgeschlossen.

Die Prämissen müssen wir zunächst (in einer Hilfsdatei) weiterverarbeiten, bevor wir sie für die verkoppelte Wissensbasis einsetzen können. Aus den Prämissen der vier Teilmoduln müssen wir die vorher identifizierten Koppelprämissen entfernen, die ja nun (von den zusammengefaßten Implikationen) intern erzeugt werden und deshalb nicht mehr vorgegeben werden dürfen. Außerdem müssen wir Wiederholungen von Prämissen (etwa 'hügelig(Nordosten)' in den Teilmoduln 'Landwirtschaft' und 'Umweltfolgen') vermeiden und entsprechende Ausdrücke löschen. Danach speichern wir die noch verbleibenden Prämissen gemeinsam ab (unter THAIPRE.DED).

Zur Erläuterung dieses Kopplungsschritts sind hier noch einmal sämtliche Prämissen der Teilmoduln aufgeführt. Die in die gemeinsame Wissensbasis (nach THAIPRE.DED) übernommenen Prämissen sind fett und kursiv gedruckt; die zu löschenden Prämissen (Kopplungsprämissen oder Wiederholungen) erscheinen im Normaldruck.

```
!PRÄMISSEN!

!LANDWIRTSCHAFT!

!Systemare Prämissen!
prem Monsunregion(Südostasien).
prem not Ernährung(Maniok,Thailand,Zeit).
prem not Futter(Maniok,Thailand,Zeit).
prem hügelig(Nordprovinz), hügelig(Nordosten).
prem not hügelig(Küste), not hügelig(Südprovinz).
prem not Vieh(Nordosten,Zeit).
prem Vieh(Nordprovinz,Zeit).
prem Vieh(Südprovinz,Zeit).
prem Armut(Thailand,Zeit).
prem geeignet(Maniok,Tropen).

!Szenario-Prämissen!
prem not Transportweg(Nordosten,Küste,Vergangenheit),
     Transportweg(Nordosten,Küste,Gegenwart),
     Transportweg(Küste,EG,Zeit).
prem Anbauwunsch(Marktfrucht,Nordosten,Zeit).
```

```
prem Anbauwunsch(Marktfrucht,Nordprovinz,Zeit).
prem not Importbedarf(Maniok,EG,Vergangenheit),
     Importbedarf(Maniok,EG,Gegenwart),
     not Importbedarf(Maniok,EG,Zukunft).
prem not Exportmöglich(Maniok,Thailand,Zukunft).

!UMWELTFOLGEN!

!Systemare Prämissen!
prem hügelig(Nordosten), hügelig(Nordprovinz).
prem not hügelig(Südprovinz), not hügelig(Küste).
prem not bodendeckend(Maniok), bodendeckend(Reis).
prem Starkregen(Thailand).
prem Seenvorhanden(Thailand,Zeit).

!Szenario-Prämissen!
prem Anbau(Maniok,Nordosten,Gegenwart).
prem Anbau(Maniok,Nordosten,Zukunft).
prem Anbau(Reis,Südprovinz,Zeit).
prem Waldrodung(Nordosten,Gegenwart).
prem Waldrodung(Nordosten,Zukunft).
prem not Düngung(Nordosten,Zeit), Düngung(Südprovinz,Zeit).

!SOZIALSYSTEM!

!Systemare Prämissen!
prem ländlich(Nordosten).
prem Landbesitz(Nordosten,Zeit).
prem not Vieh(Nordosten,Zeit).
prem Waldvorhanden(Nordosten,Zeit).
prem geeignet(Maniok,Tropen).

!Szenario-Prämissen!
prem Bevölkwachstum(Thailand,Vergangenheit).
prem not Familienplanung(Thailand,Zeit).
prem not Industrie(Nordosten,Zeit).
prem Industrie(Bangkok,Zeit).
prem not Schuldenlast(Nordosten,Vergangenheit).
prem not Waldschutz(Thailand,Vergangenheit).
prem not Waldschutz(Thailand,Gegenwart).
prem Waldschutz(Thailand,Zukunft).
prem günstigBedingung(Maniok,Thailand,Zeit).
prem günstigBedingung(Reis,Thailand,Zeit).

!MARKT!

!Systemare Prämissen!
prem Verarbeitung(Maniok,Tapioka).
prem produziert(Bauer,Maniok).
prem produziert(Futterhersteller,Tapioka).
prem produziert(Landwirt,Getreide).
prem gleichwertig(Kraftfutter,Getreide,Maniok).
prem Produktion(Getreide,EG,Zeit).
prem Anbaumöglich(Maniok,Tropen).

!Szenario-Prämissen!
prem not Wohlstand(EG,Vergangenheit).
prem Wohlstand(EG,Gegenwart).
prem Wohlstand(EG,Zukunft).
prem Mästung(EG,Gegenwart), Mästung(EG,Zukunft).
```

```
prem not Massentierhaltg(Vieh,EG,Vergangenheit).
prem Massentierhaltg(Vieh,EG,Gegenwart).
prem Massentierhaltg(Vieh,EG,Zukunft).
prem preisgünstig(Maniok,Getreide,EG,Zeit).
prem not Importschranke(Maniok,EG,Thailand,Gegenwart).
prem Importschranke(Maniok,EG,Thailand,Zukunft).
prem Transportweg(Nordosten,EG,Gegenwart).
prem Transportweg(Nordosten,EG,Zukunft).
prem not Exportalternativ(Maniok,EG,Thailand,Zeit).
prem Produktion(Maniok,Thailand,Gegenwart).
prem Produktion(Maniok,Thailand,Zukunft).
```

5.9 Schlußfolgerungen mit der verkoppelten Wissensbasis

Wir können nun Schlußfolgerungen mit der verkoppelten Wissensbasis ziehen. Zunächst empfiehlt es sich, hierfür den Prämissensatz (hier THAIPRE.DED) nicht zu verändern und erst einmal zu überprüfen, ob sich mit der Wissensbasis (im wesentlichen) die gleichen Schlußfolgerungen ergeben wie bei der Arbeit mit den Teilmoduln. Grundsätzlich können wir hierbei meist keine identischen Ergebnisse erwarten, da bei der verkoppelten Bearbeitung die Koppelprämissen u.U. laufend geändert werden, was bei ihrer festen Vorgabe bei der Teilbearbeitung nicht der Fall ist. Durch die Verkopplung kommt also eine (erwünschte) Eigendynamik ins Spiel, die sich bei der Teilbearbeitung nicht zeigen kann.

Der Prämissensatz spricht die (unspezifische) Wissensbasis mit ganz bestimmten spezifischen Aussagen an, die dann zu weiteren Aussagen als Schlußfolgerungen aus der Wissensbasis führen. Diese wiederum können ganze Ketten weiterer Konklusionen zur Folge haben ('Wissensdynamik'). In DEDUC setzt sich dieser Vorgang solange fort, bis keine weiteren Konklusionen mehr erzeugt werden können. Werden die Prämissen verändert, ergeben sich andere Konklusionen. Bei Folgenabschätzungen und ähnlichen Anwendungen teilen wir den Prämissensatz zweckmäßigerweise in zwei Prämissenmengen (s.o.): die 'systemaren Prämissen', die problemspezifische **feste** Aussagen enthalten, die wir während der Untersuchung nicht verändern wollen, und die 'Szenario-Prämissen', die problemspezifische **veränderbare** Aussagen enthalten, mit denen wir Schlußfolgerungen unter verschiedenen Konstellationen von Annahmen (Szenarien) erzeugen wollen, die wir dann vergleichen wollen.

Die in unserem Wissensmodul THAIPRE.DED enthaltenen Prämissen wollen wir hier noch einmal nach Sachgebieten in diesen beiden Kategorien zusammenfassen und erläutern, um den Überblick und die Diskussion der Szenariobedingungen zu erleichtern. Wir speichern diese veränderte (inhaltlich aber mit THAIPRE.DED identische) Fassung der Prämissen unter THAIPRM.DED ab und kopieren sie in die DEDUC-Datei DEDF.8.

```
!PRÄMISSEN ZU FOLGEN DES MANIOK-ANBAUS IN THAILAND - THAIPRM.DED!

!SYSTEMARE PRÄMISSEN!

!geographische Bedingungen:!
prem Monsunregion(Südostasien).
prem Starkregen(Thailand).
prem hügelig(Nordprovinz), hügelig(Nordosten),
     not hügelig(Küste), not hügelig(Südprovinz).
prem ländlich(Nordosten).
prem Seenvorhanden(Thailand,Zeit).
prem Waldvorhanden(Nordosten,Zeit).

!Landwirtschaft:!
prem Landbesitz(Nordosten,Zeit).
prem geeignet(Maniok,Tropen).
prem not Ernährung(Maniok,Thailand,Zeit).
prem not Futter(Maniok,Thailand,Zeit).
prem not Vieh(Nordosten,Zeit),
     Vieh(Südprovinz,Zeit), Vieh(Nordprovinz,Zeit).
prem not Schuldenlast(Nordosten,Vergangenheit).

!Produktion und Verarbeitung:!
prem Verarbeitung(Maniok,Tapioka).
prem produziert(Bauer,Maniok),
     produziert(Verarbeiter,Tapioka),
     produziert(Landwirt,Getreide).
prem gleichwertig(Kraftfutter,Getreide,Maniok).

!Transportverbindungen:!
prem not Transportweg(Nordosten,Küste,Vergangenheit),
     Transportweg(Nordosten,Küste,Gegenwart),
     Transportweg(Küste,EG,Zeit).

!SZENARIO-PRÄMISSEN!

!Soziale Bedingungen, Thailand:!
prem Bevölkwachstum(Thailand,Vergangenheit).
prem not Familienplanung(Thailand,Zeit).
prem not Industrie(Nordosten,Zeit), Industrie(Bangkok,Zeit).

!Umwelt- und Naturschutz:!
prem not Waldschutz(Thailand,Vergangenheit),
     not Waldschutz(Thailand,Gegenwart),
     Waldschutz(Thailand,Zukunft).

!Bedingungen in der EG:!
prem Produktion(Getreide,EG,Zeit).
prem not Wohlstand(EG,Vergangenheit),
     Wohlstand(EG,Gegenwart),
     Wohlstand(EG,Zukunft).
prem Mästung(EG,Gegenwart), Mästung(EG,Zukunft).
prem not Massentierhaltg(Vieh,EG,Vergangenheit),
     Massentierhaltg(Vieh,EG,Gegenwart),
     Massentierhaltg(Vieh,EG,Zukunft).
prem preisgünstig(Maniok,Getreide,EG,Zeit).
prem not Importschranke(Maniok,EG,Thailand,Gegenwart),
     Importschranke(Maniok,EG,Thailand,Zukunft).
prem not Exportalternativ(Maniok,EG,Thailand,Zeit).
```

Systemare Prämissen: Hier werden zunächst die - für die Bearbeitung erforderlichen - **geographischen Bedingungen** Thailands und speziell des Nordostens beschrieben. Es folgen Angaben zur **Landwirtschaft** in diesem Gebiet. Schließlich folgen Aussagen zur **Produktion und Verarbeitung** speziell von Maniok. Die Aussagen zu den **Transportbedingungen** drücken u.a. aus, daß in der Vergangenheit keine Transportverbindung vom Nordosten zur Küste bestand. Alle diese Aussagen setzen wir als konstant voraus und verändern sie daher bei der Bearbeitung nicht.

Szenario-Prämissen: Hier stehen zunächst Aussagen zu den **sozialen Bedingungen Thailands** (Bevölkerungswachstum, Familienplanung, Industrie). Es folgen Aussagen zum **Umwelt- und Naturschutz** (Schutz der Wälder vor Rodung) und zu relevanten **Bedingungen in der EG** bzw. im Verhältnis zwischen EG und Thailand: Getreideproduktion, Wohlstand, Tiermast, Massentierhaltung, relatives Preisniveau von Maniok, Importschranken und Exportalternativen (für Thailand).

Aus Platzgründen werden wir im folgenden nur Ergebnisse mit dem hier wiedergegebenen Satz von Szenario-Prämissen zeigen und diskutieren. Andere Szenarien lassen sich durch Abwandlung dieses Prämissensatzes leicht definieren; sie werden zu anderen Ergebnissen führen.

Wir rufen DEDUC auf, laden nacheinander THAIOBJ.DED, THAIIMP.DED und THAIPRM.DED aus DEDF.6, DEDF.7 und DEDF.8 mit **rf 6**, **rf 7** und **rf 8** und definieren danach zunächst die Zeitkette für die Folgendynamik mit **time** für die folgenden Zeitschritte:

Vergangenheit
Jetztzeit
Planzeit
Zukunft

In den Objektstrukturen ist 'Jetztzeit' und 'Planzeit' als 'Gegenwart' definiert. Wir erreichen damit, daß die für die 'Gegenwart' definierten Prämissen an zwei aufeinanderfolgenden Zeitschritten wirksam werden und damit die z.B. bei den Implikationen für Artenverlust, Waldverlust und Umweltzerstörung formulierten dynamischen Prozesse ablaufen.

Da die Wissensbasis jetzt 86 Implikationen umfaßt, die fast alle - oft mehrfach - angesprochen werden, braucht der Konklusionsvorgang auf dem Rechner einige Zeit (rd. 20 Minuten auf dem IBM PC/XT). Um diesen Vorgang (bei selektiver Konklusionsausgabe) nicht wiederholen zu müssen, starten wir ihn mit **concl** (ohne Objektliste) und erhalten so zunächst auf dem Bildschirm alle Konklusionen in der Reihenfolge ihrer Erzeugung. Um diese nun weiter bearbeiten und selektieren zu können, beantworten wir die Frage 'DELETE THE CONCLUSIONS (1) ? (Y/N)' mit 'n'. Die Konklusionen sind nun abgespeichert und unter ihrer laufenden Nummer (mit **prip** <Nr>), ihren Prädikaten (mit **prip** <Prädikat>) oder ihren Objekten (mit **pripso** <Objektliste>) selektierbar. Bei dieser Art der Ausgabe ist nun zwar nicht mehr unmittelbar die Herkunftsimplikation ersichtlich (wie bei **concl**), doch läßt sich die Herkunft jeder Konklusion leicht durch **how** <Nr> erfragen.

Bevor wir unserer Wissensbasis 'trauen', überprüfen wir zunächst einmal mit dem **imp** bzw. **nimp**-Befehl, ob alle relevanten Implikationen während des Konklusionsvorgangs angesprochen werden. Hier wird sich oft anfangs zeigen, daß durch Denk- oder Formulierungsfehler notwendige Verknüpfungen nicht zustande kommen. Da die Teilmodule bereits vorher überprüft worden sind, werden sich solche Fehler vor allem auf die (ehemaligen) Koppelprämissen beziehen.

Die Konklusionen unserer Wissensbasis für den angegebenen Satz von Prämissen werden im folgenden nach 'Zeit' und 'Region' selektiert wiedergegeben.

(Im folgenden Ausdruck werden Prämissen, Konklusionsnummern und Gewißheitsfaktoren (alle 100%) nicht gezeigt.)

```
pripso Nordosten,Vergangenheit
 P ...
  NOT Eigenbedarf(Maniok,Thailand,Zeit)
  NOT Konkurrenz(Getreide,Maniok,Nordosten,Vergangenheit)
  Bodenknapp(Thailand,Vergangenheit)
  NOT Arbeit(Nordosten,Vergangenheit)
  Armut(Nordosten,Vergangenheit)
  NOT Düngung(Nordosten,Vergangenheit)
  Anbauwunsch(Maniok,Nordosten,Vergangenheit)
  NOT Spritzen(Maniok,Nordosten,Vergangenheit)

pripso Nordosten,Jetztzeit.
 P ...
  NOT Eigenbedarf(Maniok,Thailand,Zeit)
  Transportweg(Nordosten,EG,Gegenwart)
  Transportweg(Küste,Nordosten,Gegenwart)
  Transportweg(EG,Nordosten,Gegenwart)
  Bevölkwachstum(Thailand,Jetztzeit)
  Bodenknapp(Thailand,Jetztzeit)
  Exportmöglich(Maniok,Thailand,Gegenwart)
  Transportweg(Nordosten,Nordosten,Gegenwart)
  NOT Arbeit(Nordosten,Jetztzeit)
  Armut(Nordosten,Jetztzeit)
  NOT Düngung(Nordosten,Jetztzeit)
  Anbauwunsch(Maniok,Nordosten,Jetztzeit)
  NOT Schädling(Maniok,Thailand,Gegenwart)
  NOT Ernterisiko(Maniok,Thailand,Gegenwart)
  NOT Spritzen(Maniok,Nordosten,Jetztzeit)
  Exportwunsch(Maniok,Nordosten,EG,Jetztzeit)
  Absatzmöglich(Maniok,Nordosten,Jetztzeit)
  Verkaufmöglich(Maniok,Nordosten,EG,Jetztzeit)
  günstigBedingung(Maniok,Nordosten,Jetztzeit)
  Anbau(Maniok,Nordosten,Jetztzeit)
  Produktion(Maniok,Nordosten,Jetztzeit)
  Einkommen(Nordosten,Jetztzeit)
  NOT Wasserhaltung(Nordosten,Jetztzeit)
  Produktion(Tapioka,Nordosten,Jetztzeit)
  verfügbar(Maniok,Nordosten,Jetztzeit)
  verfügbar(Tapioka,Nordosten,Jetztzeit)
```

```
    Import(Maniok,EG,Nordosten,Jetztzeit)
    Export(Maniok,Nordosten,EG,Jetztzeit)
    Erosion(Nordosten,Jetztzeit)
    Flutspitzen(Nordosten,Jetztzeit)
    Grwasserverlust(Nordosten,Jetztzeit)
    Bodenverlust(Nordosten,Jetztzeit)
    verbessEinkommen(Bauer,Maniok,Nordosten,Jetztzeit)
    verbessEinkommen(Verarbeiter,Tapioka,Nordosten,Jetztzeit)
    Nährstoffverlust(Nordosten,Jetztzeit)
    Ertragsverlust(Nordosten,Jetztzeit)
    sinktErtrag(Maniok,Nordosten,Jetztzeit)
    sinktEinkommen(Nordosten,Jetztzeit)
    Schuldenlast(Nordosten,Jetztzeit)
    Neulandwunsch(Nordosten,Jetztzeit)
    Waldrodung(Nordosten,Jetztzeit)

pripso Nordosten,Planzeit.
  P ...
    NOT Eigenbedarf(Maniok,Thailand,Zeit)
    Transportweg(Nordosten,EG,Gegenwart)
    Transportweg(Küste,Nordosten,Gegenwart)
    Transportweg(EG,Nordosten,Gegenwart)
    Bevölkwachstum(Thailand,Planzeit)
    Bodenknapp(Thailand,Planzeit)
    Exportmöglich(Maniok,Thailand,Gegenwart)
    Transportweg(Nordosten,Nordosten,Gegenwart)
    NOT Arbeit(Nordosten,Planzeit)
    Armut(Nordosten,Planzeit)
    NOT Düngung(Nordosten,Planzeit)
    Anbauwunsch(Maniok,Nordosten,Planzeit)
    NOT Schädling(Maniok,Thailand,Gegenwart)
    NOT Ernterisiko(Maniok,Thailand,Gegenwart)
    NOT Spritzen(Maniok,Nordosten,Planzeit)
    Exportwunsch(Maniok,Nordosten,EG,Planzeit)
    Absatzmöglich(Maniok,Nordosten,Planzeit)
    Verkaufmöglich(Maniok,Nordosten,EG,Planzeit)
    günstigBedingung(Maniok,Nordosten,Planzeit)
    Anbau(Maniok,Nordosten,Planzeit)
    Produktion(Maniok,Nordosten,Planzeit)
    Einkommen(Nordosten,Planzeit)
    NOT Wasserhaltung(Nordosten,Planzeit)
    sinktErtrag(Maniok,Nordosten,Planzeit)
    Produktion(Tapioka,Nordosten,Planzeit)
    verfügbar(Maniok,Nordosten,Planzeit)
    verfügbar(Tapioka,Nordosten,Planzeit)
    Erosion(Nordosten,Planzeit)
    Flutspitzen(Nordosten,Planzeit)
    Grwasserverlust(Nordosten,Planzeit)
    sinktEinkommen(Nordosten,Planzeit)
    Bodenverlust(Nordosten,Planzeit)
    Seenverlandung(Nordosten,Planzeit)
    Umweltzerstörung(Nordosten,Planzeit)
    Überschwemmung(Nordosten,Planzeit)
    Brunnentrocken(Nordosten,Planzeit)
    Schuldenlast(Nordosten,Planzeit)
    Neulandwunsch(Nordosten,Planzeit)
    Nährstoffverlust(Nordosten,Planzeit)
```

```
   Flächenverlust(Nordosten,Planzeit)
   Waldrodung(Nordosten,Planzeit)
   Ertragsverlust(Nordosten,Planzeit)
   Zinslast(Nordosten,Planzeit)
   Artenverlust(Nordosten,Planzeit)
   Waldverlust(Nordosten,Planzeit)

pripso Nordosten,Zukunft.
 P ...
   NOT Waldrodung(Thailand,Zukunft)
   NOT Eigenbedarf(Maniok,Thailand,Zeit)
   NOT Exportmöglich(Maniok,Thailand,Zukunft)
   Transportweg(Nordosten,Küste,Zukunft)
   Transportweg(Küste,Nordosten,Zukunft)
   Transportweg(Nordosten,EG,Zukunft)
   Transportweg(EG,Nordosten,Zukunft)
   Bevölkwachstum(Thailand,Zukunft)
   Bodenknapp(Thailand,Zukunft)
   NOT Absatzmöglich(Maniok,Thailand,Zukunft)
   NOT Anbau(Maniok,Thailand,Zukunft)
   NOT Produktion(Maniok,Thailand,Zukunft)
   Transportweg(Nordosten,Nordosten,Zukunft)
   NOT Arbeit(Nordosten,Zukunft)
   Armut(Nordosten,Zukunft)
   NOT Düngung(Nordosten,Zukunft)
   Anbauwunsch(Maniok,Nordosten,Zukunft)
   NOT Spritzen(Maniok,Nordosten,Zukunft)
   sinktErtrag(Maniok,Nordosten,Zukunft)
   sinktEinkommen(Nordosten,Zukunft)
   Seenverlandung(Nordosten,Zukunft)
   Brunnentrocken(Nordosten,Zukunft)
   Schuldenlast(Nordosten,Zukunft)
   Zinslast(Nordosten,Zukunft)
   Neulandwunsch(Nordosten,Zukunft)
   Existenzverlust(Nordosten,Zukunft)
   Wanderung(Nordosten,Bangkok,Zukunft)

pripso EG,Vergangenheit.
 P ...
   Transportweg(EG,Küste,Zeit)
   verfügbar(Getreide,EG,Zeit)
   Transportweg(EG,EG,Zeit)
   NOT Produktion(Tapioka,Nichttropen,Zeit)
   NOT Produktion(Maniok,Nichttropen,Zeit)

pripso EG,Jetztzeit.
 P ...
   Transportweg(Nordosten,EG,Gegenwart)
   Transportweg(EG,Küste,Zeit)
   Transportweg(EG,Nordosten,Gegenwart)
   verfügbar(Getreide,EG,Zeit)
   Fleischbedarf(EG,Gegenwart)
   NOT Importhemmnis(Maniok,EG,Gegenwart)
   Transportweg(EG,EG,Zeit)
   Schnitzelbedarf(EG,Gegenwart)
   Hähnchenbedarf(EG,Gegenwart)
   Mast(Schwein,EG,Gegenwart)
   Mast(Huhn,EG,Gegenwart)
```

```
    erforderlich(Kraftfutter,EG,Gegenwart)
    GrWassergefahr(EG,Gegenwart)
    Luftbelastung(EG,Gegenwart)
    NOT Produktion(Tapioka,Nichttropen,Zeit)
    NOT Produktion(Maniok,Nichttropen,Zeit)
    Importbedarf(Maniok,EG,Gegenwart)
    Exportwunsch(Maniok,Nordosten,EG,Jetztzeit)
    Verkaufmöglich(Maniok,Nordosten,EG,Jetztzeit)
    Konkurrenz(Getreide,Maniok,EG,Jetztzeit)
    Import(Maniok,EG,Nordosten,Jetztzeit)
    Einfuhr(Maniok,EG,Jetztzeit)
    Export(Maniok,Nordosten,EG,Jetztzeit)
    verfügbar(Maniok,EG,Jetztzeit)
    Marktvorteil(Maniok,EG,Jetztzeit)
    Marktnachteil(Getreide,EG,Jetztzeit)
    Absatz(Maniok,EG,Jetztzeit)
    Marktvorteil(Tapioka,EG,Jetztzeit)
    NOT Absatz(Getreide,EG,Jetztzeit)
    verringEinkommen(Landwirt,Getreide,EG,Jetztzeit)
    Absatz(Tapioka,EG,Jetztzeit)

pripso EG,Planzeit.
  P ...
    Transportweg(Nordosten,EG,Gegenwart)
    Transportweg(EG,Küste,Zeit)
    Transportweg(EG,Nordosten,Gegenwart)
    verfügbar(Getreide,EG,Zeit)
    Fleischbedarf(EG,Gegenwart)
    NOT Importhemmnis(Maniok,EG,Gegenwart)
    Transportweg(EG,EG,Zeit)
    Schnitzelbedarf(EG,Gegenwart)
    Hähnchenbedarf(EG,Gegenwart)
    Mast(Schwein,EG,Gegenwart)
    Mast(Huhn,EG,Gegenwart)
    erforderlich(Kraftfutter,EG,Gegenwart)
    GrWassergefahr(EG,Gegenwart)
    Luftbelastung(EG,Gegenwart)
    NOT Produktion(Tapioka,Nichttropen,Zeit)
    NOT Produktion(Maniok,Nichttropen,Zeit)
    Importbedarf(Maniok,EG,Gegenwart)
    Exportwunsch(Maniok,Nordosten,EG,Planzeit)
    Verkaufmöglich(Maniok,Nordosten,EG,Planzeit)
    Konkurrenz(Getreide,Maniok,EG,Planzeit)

pripso EG,Zukunft.
  P ...
    Transportweg(EG,Küste,Zeit)
    Transportweg(Nordosten,EG,Zukunft)
    Transportweg(EG,Nordosten,Zukunft)
    verfügbar(Getreide,EG,Zeit)
    Fleischbedarf(EG,Zukunft)
    Transportweg(EG,EG,Zeit)
    Schnitzelbedarf(EG,Zukunft)
    Hähnchenbedarf(EG,Zukunft)
    Mast(Schwein,EG,Zukunft)
    Mast(Huhn,EG,Zukunft)
    erforderlich(Kraftfutter,EG,Zukunft)
    GrWassergefahr(EG,Zukunft)
```

```
Luftbelastung(EG,Zukunft)
NOT Konkurrenz(Getreide,Maniok,EG,Zukunft)
Marktvorteil(Getreide,EG,Zukunft)
Marktnachteil(Maniok,EG,Zukunft)
NOT Produktion(Tapioka,Nichttropen,Zeit)
NOT Produktion(Maniok,Nichttropen,Zeit)
Absatz(Getreide,EG,Zukunft)
verbessEinkommen(Landwirt,Getreide,EG,Zukunft)
NOT Absatz(Maniok,EG,Zukunft)
Marktnachteil(Tapioka,EG,Zukunft)
NOT Absatz(Tapioka,EG,Zukunft)
```

Insgesamt werden in diesem Falle 181 neue Aussagen erzeugt. Die 'ungeordnete' Reihenfolge entspricht der Konklusionsfolge. Die Ergebnisse entsprechen den früheren Resultaten mit den Teilmoduln wie auch den Aussagen des Maniok-Artikels.

Wir wollen schließlich noch überprüfen, ob unsere Wissensbasis 'intelligent' genug ist, um die Artikelüberschrift "Europäische Schnitzelesser zerstören Tropenwälder in Thailand" nachzuvollziehen. Wir lassen uns daher mit dem **how**-Befehl die Herkunft der Aussage 'Waldverlust(Nordosten,Planzeit)' erläutern und verfolgen die gesamte Schlußfolgerungskette auf diese Weise rückwärts bis zu der Aussage 'Schnitzelbedarf(EG,Gegenwart)'. DEDUC liefert uns dabei folgende Beweiskette (vereinfachte und unvollständige Darstellung!):

Schnitzelbedarf (in der EG)
Mast(Schwein,EG)
erforderlich(Kraftfutter,EG)
Importbedarf(Maniok,EG)
Exportwunsch(Maniok,Nordosten/Thailand)
Absatzmöglich(Maniok,Nordosten)
günstigBedingung(Maniok,Nordosten)
Anbau(Maniok,Nordosten)
not Wasserhaltung(Nordosten)
Erosion(Nordosten)
Nährstoffverlust(Nordosten)
Ertragsverlust(Nordosten)
sinktErtrag(Maniok,Nordosten)
sinktEinkommen(Nordosten)
Schuldenlast(Nordosten)
Neulandwunsch(Nordosten)
Waldrodung(Nordosten)
Waldverlust(Nordosten/Thailand)

Wir haben hier nur den wichtigsten Strang der Folgenkette (ohne die Zeitdynamik) dargestellt; die Analyse mit dem **how**-Befehl führt noch auf viele weitere Verzweigungen, Folgewirkungen und Rückkopplungen. Insgesamt verblüffen der Reichtum und die 'Vernünftigkeit' der Aussagen, die wir hier mit einigen problemspezifischen

Prämissen zu einem speziellen Problem aus einer Wissensbasis herausholen, in der nur sehr allgemeine Zusammenhänge zu finden sind.

5.10 Abschließende Betrachtungen

Wir haben in dieser 5. Begegnung mit DEDUC eine relativ umfangreiche Wissensbasis entwickelt, die Allgemeinwissen aus der Landwirtschaft, der Umwelt, der Gesellschaft und der Wirtschaft enthält. Diese Wissensbasis haben wir mit relativ wenigen Eingangsdaten zur Beschreibung von Bedingungen in Thailand und in Europa versehen. Die Wissensverarbeitung mit DEDUC erzeugt aus diesen Wissenskonzepten eine Vielzahl von Schlußfolgerungen, z.B. über die Folgen des Schnitzelkonsums in der EG für die Zerstörung der Wälder in der Nordostprovinz von Thailand.

Es wird deutlich geworden sein, daß zwar die Formalisierung umgangssprachlicher Aussagen als Objektstrukturen, Implikationen und Prämissen mit einiger Übung keine größeren Probleme bereitet, daß aber die Erstellung einer komplexen funktionsfähigen Wissensbasis ein hohes Maß an Sorgfalt, Umsicht, Geduld und Zeit erfordert. Es besteht auch kaum Grund zu der Annahme, daß - etwa durch zukünftige Entwicklungen in der Wissensverarbeitung (bzw. 'künstlichen Intelligenz') - die Erstellung von Wissensbasen wesentlich vereinfacht oder gar automatisiert werden kann: sie wird immer auf menschliche Intelligenz angewiesen bleiben. Ist sie aber erst einmal erstellt und ausgeprüft, so können mit einer Wissensbasis eine Vielzahl auch 'neuer' (deduktiver) Denkaufgaben routinemäßig, zuverlässig, schnell und präzise bearbeitet werden. Hier eröffnen sich bedeutende Möglichkeiten, um die Qualität der (bisher oft nur intuitiv-überschlägig gehandhabten) Wissensverarbeitung in vielen Bereichen der Wissenschaft, der Entscheidungsvorbereitung und der Analyse wesentlich zu verbessern. Gerade etwa bei komplexen gesellschaftlichen Entscheidungsprozessen ist zu erwarten, daß damit auch wichtige qualitative Information ('Zusammenhänge') wieder die Bedeutung erlangt, die ihr heute durch die Präferenz für quantitative Information ('Zahlen') fast abhanden gekommen ist.

Selbst wenn eine Wissensbasis nicht direkt etwa zur Folgenermittlung und Entscheidungsvorbereitung genutzt wird, so führt doch auch das spielerische Befragen der Basis unter 'Was wäre... wenn...' Bedingungen und das rückverfolgende Erläutern der Schlüsse (mit dem **how**-Befehl) zu einem besseren Verständnis des abgebildeten Systems, über Ursachen, Folgen, Haupt- und Nebenwirkungen und häufig auch zu neuen Erkenntnissen (darunter oft auch Erkenntnissen über die Grenzen der Wissensbasis und der Wissensverarbeitung). Bei jedem konkreten Anwendungsfall wird dabei über den Inhalt der Wissensbasis hinausgehendes neues Wissen erzeugt (deduziert), das wiederum in die (weitere) Wissensverarbeitung eingehen und dabei weiteres neues Wissen erzeugen kann. Aus diesem Grund sprechen wir von 'Wissensdynamik': Altbekanntes führt in neuen Zusammenhängen zu neuem Wissen, aus dem sich wiederum weitere neue Erkenntnisse ergeben, und so fort. Natürlich handelt es sich dabei immer um abgeleitetes Wissen, das sich immer auf die Eintragungen der Wissensbasis zurückverfolgen läßt. Diese Feststellung verringert nicht die Bedeutung des abgeleiteten Wissens: Es sei daran erinnert, daß das Denkgebäude der Mathematik in seiner enormen Vielgestaltigkeit und wissenschaftlichen wie praktischen Bedeutung auf einer Handvoll von Axiomen gründet.

Die Tatsache, daß DEDUC - weil es speziell für die Folgenermittlung und Folgenbewertung entwickelt wurde - im Gegensatz zu fast allen anderen wissensverarbeitenden Systemen **alle** Schlußfolgerungen zieht, die sich aus der Wissensbasis und den Prämissen ergeben, kann bei umfangreicheren Wissensbasen zu langen Bearbeitungszeiten führen. Da der Bearbeiter durch die verschiedenen Selektionsmöglichkeiten sich auf Ausschnitte bei den Konklusionen konzentrieren kann, bleiben die Resultate trotzdem überschaubar und handhabbar. Nach unserer Erfahrung haben komplexe OR-Beziehungen einen besonders drastischen Einfluß auf die Bearbeitungszeit - sie sollten daher möglichst vermieden und durch mehrere Einzelimplikationen (für jedes OR-Glied eine) ersetzt werden.

Um die im konkreten Bearbeitungsfall überflüssigen Deduktionsketten nicht unnötig anzusprechen, sollte der Prämissensatz auf das Notwendigste beschränkt bleiben. In unserem Fall kommt z.B. durch die Prämisse 'Anbauwunsch (Nährfrucht, Thailand, Zeit)' noch der gesamte Reisanbau mit ins Spiel. Die zusätzliche Prämisse 'Transportweg (Nordprovinz, Küste, Zeit)' führt zu zusätzlichen Schlußfolgerungen zum Maniokanbau in der Nordprovinz mit allen seinen Konsequenzen. Nicht immer lassen sich unerwünschte Deduktionsketten bei den Prämissen abfangen; oft ist es notwendig, in der Wissensbasis entsprechende Schalter vorzusehen, die nur unter bestimmten Bedingungen weiterführende Deduktionen zulassen (vgl. die Verwendung von 'Strategie1' und 'Strategie2' in der 3. DEDUC-Begegnung).

Um Folgen besser nach Sachbereichen selektieren zu können, empfiehlt es sich gelegentlich, in die Prädikatenaussagen eines Sachbereichs entsprechende Identifizierungsobjekte einzufügen (z.B. 'Umwelt') (s. hierzu die 6. Begegnung).

Bei umfangreichen Wissensbasen sind gelegentliche Redundanzen bei den Wissenskonzepten kaum vermeidbar: ohne es immer zu merken, formuliert man die gleiche Implikation in gleicher oder anderer Form noch einmal. In unserer Wissensbasis taucht die Implikation für 'Anbau' und für 'Produktion' z.B. zweimal auf (Nr. 14 und Nr. 48), weil sie in beiden Teilmoduln gebraucht wurde. Solange sich aus beiden Implikationen die gleiche Schlußfolgerung ergibt, hat dies keine praktische Bedeutung. Ergeben sich unterschiedliche Folgerungen, so wird dies durch PREDICATE CONFLICT angezeigt und kann dann leicht überprüft und gegebenenfalls bereinigt werden. Der enorme Aufwand zur Erstellung einer von vornherein redundanz- und widerspruchsfreien Wissensbasis läßt sich also nicht rechtfertigen. Im übrigen entsprechen Redundanzen und gelegentliche Widersprüche eher den tatsächlichen Denkvorstellungen von Menschen. Bei der Entwicklung einer Wissensbasis führt die

Anzeige eines Prädikatenkonflikts oft auf die Spur von allgemein anerkannten, aber eben nicht kompatiblen Denkkonzepten.

Bei der Arbeit an und mit dieser Wissensbasis wird aufgefallen sein, daß sich zwar mögliche Folgen und Entwicklungstendenzen **qualitativ** gut ermitteln lassen, daß aber differenzierte und **quantitativ** genaue Aussagen mit einer solchen, nur mit Produktionsregeln arbeitenden Wissensbasis kaum möglich sind. So gibt es hier z.B. nur die zwei Aussagen 'Waldrodung' und 'not Waldrodung' - das tatsächliche Ausmaß der Waldrodung zu einem bestimmten Zeitpunkt geht daraus nicht hervor. Ebenso ist die Zeitbestimmung ('Vergangenheit', 'Jetztzeit', 'Planzeit', 'Zukunft') nur grob.

Ein Großteil entscheidungsrelevanter Information ist tatsächlich rein qualitativ und durch genauere quantitative Analyse nicht zu verbessern (Beispiel: "Wenn die Batterie leer ist, kann der Motor nicht gestartet werden"). Andere entscheidungsrelevante Aussagen entstehen dagegen erst aus einer quantitativen Analyse (Beispiel: "Wenn der Stromverbrauch größer ist als die Ladestromzufuhr, so ist die Batterie schließlich entladen": Wenn Anfangsladung, Stromverbrauch und Ladestromzufuhr quantitativ bekannt sind, kann ermittelt werden, wann die Batterie leer sein wird und der Motor nicht mehr gestartet werden kann).

Oft wird es sich also um gemischte, qualitativ **und** quantitativ zu bearbeitende Aufgabenstellungen handeln. Hier muß der qualitative Schlußfolgerungsprozess u.U. durch quantitative Analyse (oft: Simulation) ergänzt werden. Es ist zu erwarten, daß zukünftige Entwicklungen in der Wissensverarbeitung in diese Richtung gehen werden.

Anmerkung: In diesem Beispiel wurde aus den zunächst getrennt erstellten Teilmodellen ein Gesamtmodell gebildet. Man kann die Teilmodelle auch als solche belassen und mit Hilfe des Transfermechanismus (vgl. DEDUC-Handbuch 3.3) miteinander verkoppeln. Hierzu sind der Reihe nach in jeden der Moduln die in allen anderen Moduln generierten Konklusionen zu transferieren, um dort weitere Konklusionen zu erzeugen. Der Vorgang ist beendet, wenn auf diese Weise in keinem der Moduln mehr neue Konklusionen erzeugt werden können. Eine solche Vorgehensweise ist erforderlich, wenn die Menge der insgesamt benutzten Implikationen nicht mehr in einen Modul paßt. Normalerweise kann ein Modul 1000 Implikationen fassen; bei sehr komplexen Implikationen können es aber deutlich weniger sein.

Arbeitsvorschläge

(1) Bearbeiten Sie das hier besprochene Referenzbeispiel und überzeugen Sie sich, daß Sie die gleichen Konklusionen erhalten. Analysieren Sie mit dem **how**-Befehl die Gründe für den 'Waldverlust': Verfolgen Sie die Schlußfolgerungsketten bis zu den Prämissen!

(2) Entwerfen Sie andere Szenarien für die weitere Entwicklung und verändern Sie den Prämissensatz entsprechend. Erzeugen Sie die entsprechenden Konklusionen und überprüfen Sie ihre Plausibilität und Herkunft mit dem how-Befehl.

(3) Schätzen Sie die Gewißheit der Implikationen und der Prämissen ab, und versehen Sie ungewisse Implikationen und Prämissen mit entsprechenden Gewißheitswerten (zwischen 0 und 100). Wiederholen Sie die Schlußfolgerungsvorgänge, wobei Sie die Konklusionen mit Gewißheitswerten unter 20 'abschneiden'. Wie ändern sich die Konklusionen?

(4) Modifizieren Sie die Wissensbasis und/oder die Prämissen so, daß Sie Schlußfolgerungen über den Reisanbau und seine Folgen, nicht aber zum Maniokanbau bekommen.

(5) Modifizieren Sie die Wissensbasis so, daß sie alle die Umwelt betreffenden Folgen gezielt gemeinsam selektieren können.

(6) Ergänzen Sie die Wissensbasis, so daß Sie die Problematik des Anbaus von Zuckerrohr zur Treibstofferzeugung in Brasilien bearbeiten können.

6. Sechste Begegnung mit DEDUC: Folgenabschätzung und Folgenbewertung in der Entwicklungsplanung

(Verfahren zur systematischen Erstellung komplexer Wissensbasen für Folgenermittlung und Bewertung, Arbeitshilfen, Modellstruktur, Wörterbuch, Formalisierung, Gewißheitsfaktoren, Zeitdynamik, Orientoren und Orientormodul, Folgenermittlung und Bewertung alternativer Entwicklungsstrategien)

Die nächste Begegnung mit DEDUC führt zum Umgang mit einem mittelgroßen Modell (ca. 300 Implikationen). An diesem Beispiel soll der Prozeß systematischer Modellkonstruktion gezeigt werden. Die sechste Begegnung mit DEDUC führt uns nach Mexiko, wo in den siebziger Jahren der Aufbau einer Erdölindustrie große Hoffnungen geweckt hatte. Nach der Ölkrise von 1979 und dem Verfall der Ölpreise Anfang der achtziger Jahre muß Mexiko im Rahmen seiner Entwicklungsplanung über den sinnvollsten Einsatz seiner knappen Ressourcen entscheiden.

Im folgenden wird der Aufbau einer Wissensbasis beschrieben, die dazu dienen soll, die Auswirkungen verschiedener im mexikanischen Entwicklungsplan vorgesehener Maßnahmen abzuschätzen, z.B. eines Ausbaus des Bildungswesens, einer Verbesserung der Gesundheitsversorgung, einer weiteren Industrialisierung usw. Zu diesem Zweck wird ein möglichst alle relevanten Gesellschaftsbereiche abdeckendes Modell auf nationaler Ebene benötigt.

Die Wissensbasis zu diesem Modell, d.h. die Sammlung von Implikationen usw., befindet sich auf der Diskette in den Dateien MEXPREM (Prämissen), MEXSA (Sachimplikationen und Objektstrukturen), MEXOR (Sach-Wert-, Wert-Wert-Implikationen und Objektstrukturen). Nach einem Kopieren in Dateien, die unmittelbar von DEDUC gelesen werden können, z.B. in DEDF.1, DEDF.2 und DEDF.3, können der Sachmodul MEXSA und der Orientormodul MEXOR aufgebaut werden. Auf diese Moduln beziehen sich die in diesem Kapitel aufgeführten Beispiele. Ein Wörterbuch zu den im Mexiko-Modell verwendeten Abkürzungen findet sich im Anhang (6.7.3).

Die folgende Arbeitsanleitung[1] (siehe Anmerkungen in 6.7.5) für das praktische Vorgehen bei der Konstruktion eines DEDUC-Modells, die von der Formulierung der Problemstellung bis zum dokumentierten, lauffähigen Modell führt, ist nicht als verbindliche Vorschrift zu verstehen. Sie ist vielmehr ein Hinweis und Vorschlag, wie man den Arbeitsprozeß rationell gestalten kann. Sie basiert jedoch auf langjährigen Erfahrungen mit verschiedenen Verfahren der Modellkonstruktion. Dennoch muß vieles dabei offen bleiben. Jeder Einzelfall ist immer wieder anders gelagert. Bestimmte Arbeitsschritte müssen sich sehr stark an solchen Besonderheiten orientieren, während andere eigentlich nur in einer Weise vernünftig und effizient durchgeführt werden können.

6.1 Wissensbasen und Konzeptsysteme als Planungsinstrumente

6.1.1 Die Bedeutung der Informationsqualität für die Wissensverarbeitung

Ein in der Datenverarbeitung allgemein bekanntes Prinzip, das auch für wissensbasierte Systeme gilt, ist das GIGO-Prinzip: Garbage In, Garbage Out. Es erfährt in diesem Bereich aber eine besondere Zuspitzung, wenn es nicht um rein technische oder rein naturwissenschaftliche Systeme geht, sondern, wie z.B. in der Entwicklungsplanung oder Technologiefolgenabschätzung, um soziale oder sozio-technische Systeme.

Bei quantitativen Daten besteht das Problem in der adäquaten Operationalisierung und Validierung einer Variablen und der korrekten Erhebung der dazugehörigen Quantitäten. Im Fall von qualitativen Wissensbasen verschärft sich das Problem, weil es nicht ausreichend ist, die betreffenden Variablen qualitativ zu definieren und zu validieren. Dies ist vielmehr für jede einzelne Ausprägung einer Variablen erforderlich, da sich nicht nur die Variablen, sondern auch die Ausprägungen qualitativ unterscheiden. Die Variable 'Gesundheit' hat in unserem Modell z.B. u.a. die Ausprägungen 'Gesundheitszustand der Bevölkerung', 'Lebenserwartung', 'Geburtenkontrolle' und 'Fertilität'.

Hinzu kommt bei der Modellbildung, daß auch die Verknüpfungen zwischen den Variablen, und das bedeutet bei Wissensbasen zwischen den einzelnen konkreten Ausprägungen der Variablen, nicht nur sachlich, sondern auch in ihren zeitlichen Relationen zutreffend bestimmt werden müssen. Nur dann kann erwartet werden, daß ein dynamisches Modell eine richtige Aussage über die Realität oder über mögliche Realitäten machen kann.

Es reicht also nicht aus, eine zutreffende Beschreibung eines Systems zu konstruieren. Vielmehr muß die Funktionsweise, der Mechanismus des Systems, rekonstruiert werden. Zu überprüfen, inwieweit dies gelingt, ist bei quantitativen, numerischen Modellen höchst problematisch. Bei qualitativen Modellen verschärft sich diese Schwierigkeit, da im Prinzip Ergebnisse nur wahr oder falsch sein können. Bei quantitativen Modellen hingegen gibt es Fehlergrenzen, ein Mehr oder Weniger und ein Ungefähr.

Das Konzept der Wissensbasis weist darauf hin, daß das Wissen immer das Wissen von jemand ist. Dieser Gesichtspunkt wird bei einer naturwissenschaftlichen Betrachtungsweise leicht mißachtet. Die Wissensbasis eines DEDUC-Modells enthält niemals eine absolut objektive, sondern immer nur eine subjektive Wahrheit. Im Falle wissenschaftlicher Erkenntnisse ist sie intersubjektiv, d.h. sie wird von einer wissenschaftlichen Gemeinschaft derzeit für zutreffend gehalten[2]. Im ungünstigsten Fall ist es lediglich die subjektive Wahrheit des Modellkonstrukteurs. Aber auch diese hat, je nach Verwendungszweck eines Modells, durchaus ihre Berechtigung. Letztlich werden Entscheidungen, seien sie politisch, kollektiv oder ganz persönlich und individuell, niemals aufgrund objektiver Tatsachen getroffen, sondern immer auf der

Grundlage dessen, was ein Entscheider, sei es ein kleines Kind, ein Wissenschaftler oder die mexikanische Regierung, über solche Tatsachen subjektiv weiß.

Diese Subjektivität kommt in DEDUC-Modellen in unterschiedlicher Weise zur Geltung, je nachdem, in welchen der Anwendungsbereiche von DEDUC die jeweils konkret zu behandelnde Fragestellung fällt:

1) **Simulation von Problembereichen**: Erkenntnisse über die Kausalsysteme der Realität.

2) **Simulation von Entscheidern** als empirischen Objekten: der Benutzer entwickelt eine Wissensbasis über das Wissen Anderer zu einem Problembereich.

3) **Theorieentwicklung**, z.B. über Bewertungsprozesse: der Benutzer entwickelt eine Wissensbasis über sein wissenschaftliches Wissen zu einem Problembereich mit dem Ziel weiterer Erkenntnis über die wissenschaftliche Theorie.

4) **Planungsunterstützung**: der Benutzer entwickelt eine Wissensbasis über sein eigenes Wissen oder das anderer Personen zu einem Problem, in der Absicht eine Entscheidungsgrundlage zu schaffen.

5) **Didaktisches Instrument**: der Benutzer entwickelt zu einem Problem eine Wissensbasis, die als Katalysator für seine eigenen Lernprozesse oder die Lernprozesse anderer Personen wirken soll.

In allen diesen Fällen wird Wissen dynamisch verarbeitet, d.h. es geht um Lernprozesse beim Aufbau und der Weiterentwicklung von Wissensbasen wie auch um die Veränderung und Transformation von Wissen im Laufe des Arbeitsprozesses selbst. Das Mexiko-Modell fällt in die Anwendungsbereiche 1 und 4, d.h. es wird ein Kausalmodell zur Situation in Mexiko konstruiert, das für Planungszwecke dienen soll. In diesem Modell werden aber nicht nochmals kognitive Systeme von Akteuren, z.B. von wirtschaftlichen oder politischen Gruppen in Mexiko, modelliert.

Damit entfällt hier eine Reihe von Problemen, die entstehen, wenn die kognitiven Systeme anderer Akteure modelliert werden (Anwendungsgebiet 2). Im letzteren Fall ist zunächst zu prüfen, ob das kognitive System eines zu untersuchenden Akteurs überhaupt sinnvoll in einer Wissensbasis zu erfassen ist. Ein solcher Akteur kann eine Einzelperson oder ein Kollektiv, z.B. eine Organisation[3] sein. Es ist sinnvoll, wenn folgende Voraussetzungen gegeben sind:

- eine subjektiv rationale Argumentation,
- ein einheitliches kognitives System im Falle von Kollektiven (z.B. Organisationen),
- eine relative Konstanz des kognitiven Systems in dem für die Untersuchung relevanten Zeitraum.

Sind diese Voraussetzungen gegeben, ist bei der Untersuchung kollektiver Akteure, z.B. von politischen Parteien, zu beachten, daß:

- in Dokumenten oft Vorstellungen ihren Niederschlag finden, die nicht unbedingt verhaltensrelevant sein müssen;
- diejenigen, die bestimmte Konzepte vertreten, möglicherweise relativ weit von den Entscheidungszentren entfernt sind;
- insbesondere politische Äußerungen unter Umständen sehr viel mehr Mittel zum Zweck sind als Ausdruck der tatsächlichen, verhaltensrelevanten Überzeugungen;
- sich, auch wenn die tatsächlichen Überzeugungen dargestellt werden, die Frage stellt, welches Gewicht problembezogene Sachargumente im Verhältnis zu parteipolitischen und machtpolitischen Interessen etc. haben.

6.1.2 Entwicklungsplanung und Strategieentwicklung mit DEDUC-Modellen

Planung und die damit einhergehende Entwicklung von Strategien ist eine intellektuelle, kognitive Tätigkeit. In ihrem Verlauf wird Wissen verwendet, um zu einer Entscheidung über die Durchführung einer Maßnahme oder Strategie zu kommen. Dies beinhaltet den Vergleich mehrerer Alternativen und ihre Bewertung. Daher müssen verschiedene Arten von Wissen verarbeitet werden, die auch in einem DEDUC-Modell unterschiedlich repräsentiert sind.

Die vier Hauptphasen des Planungsprozesses, die in der Realität mehrfach iterativ durchlaufen werden, bis eine zufriedenstellende Lösung gefunden ist, sind in Abb. 6.1 schematisch dargestellt.

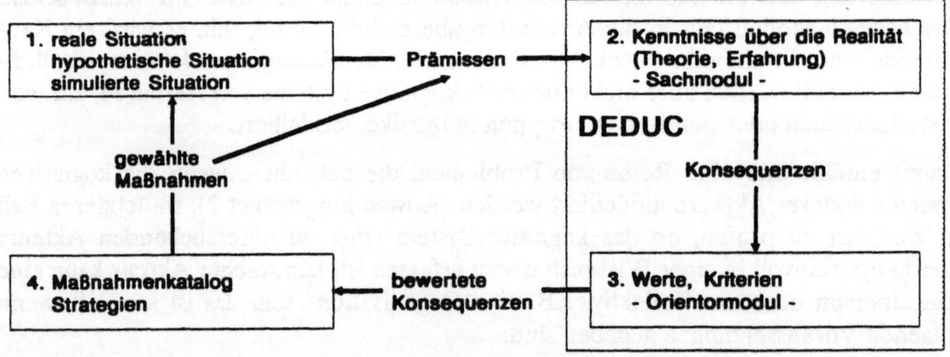

Abb. 6.1 Die vier Hauptphasen des Planungsprozesses

Die Maßnahmenauswahl wurde in den bisher realisierten DEDUC-Anwendungen stets vom Benutzer geleistet. Sie ist entweder willkürliche Entscheidung im Sinne von Versuch und Irrtum, oder aber Ergebnis des vom Benutzer in Interaktion mit DEDUC zu leistenden analytischen Prozesses.

Im Prinzip ist es aber durchaus denkbar, einen 'Maßnahmenmodul' aufzubauen. Ein solcher Modul wäre analog zu dem betreffenden Sachmodul. Statt einer Vorwärtsverkettung müßte aber eine Rückwärtsverkettung erfolgen, bzw. die **if...** und **then...** Teile der Implikationen des Sachmoduls müßten vertauscht werden. Damit könnten dann, ausgehend von besonders stark negativen oder positiven Wertberührungen im Orientormodul, all diejenigen Prämissen bzw. Maßnahmen identifiziert werden, die zu einem besonders guten oder schlechten Ergebnis führen können. Nebenwirkungen können allerdings so nicht erfaßt werden. Die gefundenen Maßnahmen müßten daher erneut mittels Vorwärtsverkettung im Sachmodul getestet und im Orientormodul bewertet werden.

Bis zu diesem Punkt ist es aber noch ein sehr weiter Weg. Die wichtigsten Schritte auf diesem Weg sind in der folgenden Übersicht aufgelistet. Sie ist das Programm für den weiteren Verlauf der 6. Begegnung mit DEDUC:

- Festlegung und Formulierung der **Problemstellung**
- Auswahl eines der unten beschriebenen Verfahren zur **Modellkonstruktion** und Durchführung der jeweils erforderlichen Arbeitsschritte
- Erhebung der **Rohdaten**
- Formulierung und Formalisierung von **Implikationen**
- Festlegung von **Gewißheitsfaktoren**(CF)
- Auswahl konkreter, problemspezifischer **Bewertungskriterien**
- Zuordnung der Bewertungskriterien zu jeweils übergeordneten Kriterien: Aufbau einer **Orientorenhierarchie**
- Festlegung der **Ladefaktoren** (LF)
- Festlegung der Standard-**Wertgewichte** zumindest auf der obersten und der untersten Ebene der Hierarchie
- **Zuordnung** von Sachverhalten zu konkreten Bewertungskriterien (Zuordnung auf der Ebene der Variablen und Implikationen)
- Festlegung der von Sachverhalten verursachten **Betroffenheiten** (LF)
- Festlegung von **Schnittfaktoren** (OF)
- **Überprüfung der Implikationen**
- **Überprüfung des Gesamtmodells**
- **Arbeitsphase**

6.2 Strategien der Modellkonstruktion

Aufgrund der praktischen Erfahrungen mit DEDUC-Modellen haben sich drei grundlegende Strategien der Modellkonstruktion herauskristallisiert. Jede hat ihre speziellen Stärken und Schwächen. Es hängt vom konkreten Fall ab, welches der drei Verfahren am geeignetsten erscheint, und zwar von:

- der **Zielsetzung** des Modells,
- der **Größe** des Modells,

- dem vorhandenen **Ausgangsmaterial**, und zwar:
- der Menge der **Rohinformationen** (Überfluß bzw. Mangel),
- dem Grad der bereits vorhandenen **Strukturiertheit** der Rohinformation (systematische verbale Beschreibung eines Problems vs. nicht aufeinander bezogene Einzelinformationen),
- der relativen **Homogenität** der Rohinformationen hinsichtlich ihres Abstraktions- und Aggregationsgrades (annähernd gleiche Ebene vs. Mischung von sehr konkreten und sehr allgemeinen Informationen).

Die drei im folgenden beschriebenen Strategien beinhalten unterschiedliche Methoden, um eine kohärente und konsistente Wissensbasis zu erhalten. Dabei heißt kohärent, daß die einzelnen Aussagen stimmig und ausreichend miteinander verknüpft sind, und konsistent, daß die Begriffe eindeutig definiert und stets in der gleichen Bedeutung gebraucht werden.

6.2.1 Bottom-up: die Sammlerleidenschaft

Dies ist das intuitiv naheliegendste Verfahren. Aussagen zu einem Problem werden einfach gesammelt und wahllos in einen Topf geworfen. Sie werden formalisiert, und die mehr oder weniger offensichtlichen Lücken in der Wissensbasis werden bei dem Versuch, mit der jeweils vorliegenden Sammlung von Implikationen zu arbeiten, nach und nach geschlossen.

Damit ist bereits die entscheidende Schwäche dieser Vorgehensweise genannt. Eine solche Sammlung von Aussagen ist inhaltlich nicht durchstrukturiert. Das kann sowohl bedeuten, daß viele oder sogar alle Implikationen zunächst zusammenhanglos nebeneinanderstehen, als auch, daß sie auf völlig unterschiedlichen Abstraktionsniveaus liegen können.

Beispiel: Die folgenden Aussagen bilden keine zusammenhängende Implikationskette und betreffen ganz verschiedene Bereiche und Ebenen. Fertilität betrifft z.B. das Individuum, Produktion die gesamtwirtschaftliche Situation.

```
Bevölkerungszunahme  ---> Mehr junge Leute
Mehr Produktion      ---> Mehr Investitionen
Geburtenkontrolle    ---> Weniger Fertilität
```

Dies bedeutet, daß zwar zunächst mit geringem Aufwand formalisierte Implikationen geschaffen werden können, daß dann aber ein erhebliches Maß an konzeptueller Arbeit im Verlauf eines Prozesses von Versuch und Irrtum nachgeliefert werden muß. Aus isolierten und heterogenen Einzelteilen wird dann allmählich ein kohärentes Modell herausgearbeitet.

Bei den anderen beiden Vorgehensweisen hingegen wird zunächst die konzeptuelle Arbeit geleistet. Sie steuert dann die Zusammenstellung und Aufarbeitung der Rohdaten. Der spätere Arbeitsschritt der Überprüfung der Implikationen ist daher in diesen Fällen mehr formaler als konzeptueller Natur. An Hand des bereits vorliegenden Modellgerüsts können Lücken und Inkompatibilitäten relativ schematisch identifiziert werden (s.u.).

Die Sammler-Strategie erscheint als geeignet wenn:

- empirische kognitive Systeme analysiert werden sollen, und eine vorliegende Dokumentation möglichst unverändert und direkt in eine Wissensbasis umgesetzt werden soll;
- es sich um eine kleine, überschaubare Wissensbasis handelt (bis ca. 50-60 Implikationen im Sachmodul);
- das Ausgangsmaterial ohnehin bereits gut strukturiert, relativ homogen und weder sehr lückenhaft noch sehr redundant oder von der Menge her unübersichtlich ist.

6.2.2 Graphisches Design: der große Wurf

Ein zweites Verfahren der Modellkonstruktion kann als graphisches Design bezeichnet werden, da es auf einem Wirkungsdiagramm beruht. Es ist in der Vorgehensweise wesentlich systematischer als die zuerst beschriebene Strategie und betont stärker die konstruktive Leistung des Modellbauers.

Wirkungsdiagramme oder gerichtete Graphen sind geradezu ideale Ausgangspunkte für die Formalisierung eines Modells und für die Überprüfung seiner Vollständigkeit und Konsistenz. Die Erstellung eines Wirkungsdiagramms erfordert jedoch eine intensive Vorarbeit, bevor an die Formalisierung von Implikationen gegangen werden kann. Das Wirkungsdiagramm eines DEDUC-Modells stellt die gerichteten (Kausal)-Beziehungen zwischen den Variablen des Modells dar. Das bedeutet, daß zunächst diese Variablen und die Beziehungen zwischen ihnen identifiziert und festgelegt werden müssen.

Dies kann aufgrund theoretischer Überlegungen oder empirischer Erhebungen, z.B. im Rahmen von Expertenbefragungen, erfolgen. Zu beachten ist dabei, daß es sich im Falle von DEDUC-Modellen um qualitative Variablen, d.h. um Variablen auf Nominalskalenniveau, handelt. Deren Ausprägungen sind nicht Quantitäten, d.h. ein Mehr oder Weniger wie bei quantitativen Variablen, sondern Aussagen, die wahr oder falsch sein können. Solche Aussagen sind die elementaren Prädikatenausdrücke, aus denen eine Implikation zusammengesetzt ist.

Beispiel: Die Variable 'Regierungspolitik' hat z.B. Ausprägungen in Bezug auf 'Gesundheitswesen', 'Geburtenkontrolle', 'Import von Technologien', 'Infrastruktur-Investitionen', usw.:

Ausprägung einer Variablen ist also **nicht** die Implikation insgesamt und auch nicht das Prädikat oder ein Objekt, sondern immer ein elementarer Prädikatenausdruck!

Die Variable selbst taucht demzufolge in den Implikationen gar nicht explizit auf, es sei denn, der Modellkonstrukteur versieht jeden elementaren Prädikatenausdruck mit einem Objekt, das die Zugehörigkeit zu einer bestimmten Variablen explizit angibt. Das ist aus praktischen Gründen unbedingt empfehlenswert, rein technisch aber nicht erforderlich.

Ist ein Wirkungsdiagramm der Modellstruktur entwickelt, und liegen Rohimplikationen vor, so werden die elementaren Prädikatenausdrücke den entsprechenden Variablen zugeordnet. Da eine Implikation mindestens zwei Prädikatenausdrücke verbindet, repräsentiert jede Implikation zumindest einen Pfeil zwischen zwei Größen bzw. Variablen. Es ist sicherzustellen, daß jedem im Diagramm vorhandenen Pfeil mindestens eine, im allgemeinen jedoch mehrere Implikationen entsprechen. Die Wissensbasis enthält damit wesentlich mehr und differenziertere Informationen als das entsprechende Wirkungsdiagramm.

Eine graphische Darstellung ist eine ideale Arbeitsgrundlage für die Zusammenstellung und Strukturierung von Rohinformationen sowie für die Formalisierung im engeren Sinne. Sie wird jedoch mit zunehmender Zahl der Variablen rasch unhandlich. Auch in Fällen, in denen die Modellstruktur erst aus der Analyse der Rohimplikationen selbst gewonnen werden kann oder soll, ist dieses Vorgehen nicht praktikabel.

Graphisches Design erscheint als eine geeignete Strategie der Modellkonstruktion wenn:

- empirische Kausalsysteme analysiert werden sollen, deren Grundstrukturen an Hand theoretischer oder sonstiger Überlegungen konzipiert werden können, und bei denen es darum geht, die vom Modellkonzept her erforderlichen Daten (Rohimplikationen) möglichst vollständig aufzufinden und zusammenzustellen;
- es sich um ein mittelgroßes Modell handelt (ca. 10-20 Variablen, ca. 200-300 Implikationen im Sachmodul);
- das Ausgangsmaterial (Rohimplikationen) unstrukturiert und unvollständig ist, und nicht eine vorgegebene Grundgesamtheit von Rohdaten (Implikationen) vorliegt, die als solche möglichst unverändert in eine Wissensbasis umgesetzt werden soll, sondern wenn zunächst offen ist, welche Rohdaten Verwendung finden sollen.

6.2.3 Top-down: die Buchhaltermethode

Im Grunde handelt es sich hierbei um eine systematisierte und formalisierte Variante des graphischen Designs ohne die Graphik, da diese bei großen Modellen nicht mehr realisierbar ist.

Das Verfahren geht davon aus, daß zu dem zu untersuchenden Problembereich zunächst eine Liste der relevanten Variablen zu erstellen ist. Die Auswahl dieser Variablen, wie auch im nächsten Schritt die Auswahl der sie verbindenden Relationen, kann theoretisch begründet sein, anderen bereits vorliegenden empirischen Untersuchungen entnommen werden, im Gespräch mit Experten entwickelt werden oder anderen, bereits vorliegenden allgemeineren Modellen entstammen. Für sozialwissenschaftliche Problemstellungen kann z.B. auf ein allgemeines funktionales Gesellschaftsmodell zurückgegriffen werden, von dem aus mit Hilfe eines Computerprogramms problemspezifische Modelle entwickelt werden können[4]. Die Listen der entsprechenden Variablen und Orientoren finden sich im Anhang (6.7.1 und 6.7.2).

Nachdem die Variablen ausgewählt sind, müssen die sie verbindenden gerichteten (Kausal-)Beziehungen ausgewählt bzw. festgelegt werden. Falls dabei nicht auf ein bereits existierendes Modell zurückgegriffen werden kann, muß zunächst für die erste Variable überlegt werden, auf welche anderen Variablen der Liste sie einwirkt. Dann muß der Einfluß der zweiten Variablen auf alle anderen geprüft werden usw.

Dies geschieht am Besten mit Hilfe von Checklisten, auf denen die einzelnen Variablen abgehakt werden können. Das Ergebnis der Auswahl der Relationen wird am günstigsten in Gestalt einer dreispaltigen Input-Output-Liste festgehalten (s. unten Formular 4).

Eine solche Darstellung ermöglicht zwar nicht einen ebenso guten Gesamtüberblick über die Modellstruktur wie ein Wirkungsdiagramm, sie zeigt aber doch recht gut die Einbindung der einzelnen Variablen in den Gesamtzusammenhang des Systems. Sie ist eine wertvolle Checkliste für zahlreiche Arbeitsschritte.

Gegebenenfalls müssen die so ausgewählten Variablen und Relationen in einem weiteren Arbeitsschritt nochmals an die spezielle Problemstellung des Modells angepaßt und entsprechend umformuliert werden. Wie beim Verfahren des graphischen Designs kann die so entwickelte Modellstruktur dazu verwendet werden, die Vollständigkeit und Konsistenz des Datenmaterials (der Rohimplikationen) zu überprüfen und systematisch Leerstellen und Lücken aufzudecken. Auf diese Weise kann gezielt nach Implikationen gesucht werden, mit denen diese Lücken gefüllt werden können. Bei der Buchhaltermethode wird während des gesamten Konstruktionsprozesses genau festgehalten, zu welchen Punkten Aussagen vorliegen sollten und zu welchen sie bereits tatsächlich vorliegen.

Das Top-down Verfahren erscheint als besonders geeignet wenn:

- zu einem Problembereich bis zu einem gewissen Grade bereits eine Theorie oder ein konzeptueller Rahmen existiert;
- es sich um eine große, komplexe Wissensbasis handelt (mehr als 20 Variablen, mehr als 300 Implikationen im Sachmodul);
- eine große Menge an vielfältigem, heterogenem, lückenhaftem und unstrukturiertem Material vorliegt.

6.2.4 Phasen der Modellkonstruktion

Die beschriebenen drei Strategien der Modellkonstruktion sind unterschiedliche Möglichkeiten, bei der Entwicklung eines Modells vorzugehen. Im Vordergrund steht dabei zunächst die Konstruktion eines Sachmoduls. Sinngemäß gelten die Ausführungen jedoch auch für den Entwurf des Orientormoduls.

Die drei Strategien beziehen sich nur auf die erste Phase der Modellkonstruktion. Die folgenden Phasen verlaufen bei allen dreien im wesentlichen gleich. Insgesamt sind bei der Entwicklung eines DEDUC-Modells fünf Phasen zu unterscheiden:

Phase I - Datenaufbereitung und Modellstruktur: Die Rohdaten werden erhoben und gesammelt und in Implikationen umgeformt. Diese sind zunächst noch in normaler Sprache formuliert (Protokollsätze). Sofern nicht die Sammlerstrategie verwendet wird, dient diese Phase ferner dem Entwurf der Modellstruktur, d.h. der Struktur eines Sachmoduls und eines Orientormoduls, die zusammen ein komplettes DEDUC-Modell bilden.

Phase II - Formalisierung: Die Protokollsätze werden in vorläufige, formal korrekte Implikationen umgesetzt. Auf der Basis dieser vorläufigen Implikationen werden die für die Prädikate und Objekte zu verwendenden Bezeichnungen und Abkürzungen gewählt. Weiterhin werden die Objektstrukturen festgelegt.

Phase III - Überprüfung von Syntax und Semantik: Die formalisierten Implikationen werden auf ihre semantische und syntaktische Richtigkeit kontrolliert. Die Einheitlichkeit der verwendeten Abkürzungen und des Aufbaus der elementaren Prädikatenaussagen wird überprüft.

Phase IV - Validierung des Gesamtmodells: Die Struktur des Gesamtmodells wird analysiert und hinsichtlich ihrer Vollständigkeit und Kohärenz überprüft. Bei Modellen, die mit Hilfe des graphischen Designs oder des Top-down Verfahrens konstruiert werden, ist diese Phase mit Computerunterstützung relativ einfach zu bewältigen.

Phase V - Experimente: Durchführung der Experimente, die zu mehr oder weniger umfassenden Änderungen des Modells führen können.

In Abb. 6.2 sind die in diesen Phasen im Einzelnen durchzuführenden Arbeitsschritte aufgeführt. Der Arbeitsschritt der Entwicklung des Modellkonzepts ist in Abb. 6.3 weiter aufgegliedert.

6.3 Entwicklungsplanung für Mexiko

6.3.1 Problemstellung

1981 fand in Mexico City der 5th International Congress of Cybernetics and Systems zum Thema Entwicklungsprobleme statt. In einem Workshop, an dem Wissenschaftler verschiedener Länder und Disziplinen sowie Vertreter mexikanischer Institutionen teilnahmen, sollte die Frage der Einkommensungleichheit und ihrer Reduzierung im Rahmen der nationalen Entwicklungsplanung analysiert werden. Dieser Workshop stellte die Phase I der Entwicklung des Mexiko-Modells dar[5].

Aufgrund des zeitlichen und organisatorischen Rahmens sowie der interdisziplinären Zusammensetzung der Teilnehmer war nur die Konstruktion eines kleinen bis mittleren Modells zu leisten. Da die Vielfalt der vorhandenen Kenntnisse und Meinungen genutzt werden sollte, ohne aber auf einen einigermaßen systematischen Zugang zu verzichten, kam nur das graphische Design auf der Grundlage von Brain-storming und Gruppendiskussion als Strategie der Modellkonstruktion in Frage.

Die Ergebnisse einer Workshop-Sitzung wurden jeweils in ein Wirkungsdiagramm umgesetzt, das dann als Grundlage weiterer Diskussionen in der nächsten Sitzung diente.

Die in dem Modell abzubildende und mit seiner Hilfe zu analysierende Fragestellung war, mit Hilfe von welchen entwicklungspolitischen Maßnahmen oder Maßnahmenkombinationen die Einkommensungleichheit in Mexiko am besten verringert werden könnte. Dies bei gleichzeitiger Optimierung des allgemeinen Entwicklungsstandes.

Daraus ergaben sich zwei Besonderheiten des Mexiko-Modelles, die bei anderen Modellen und Fragestellungen nicht in gleicher Weise vorliegen müssen. Auf der einen Seite gibt es mit der 'Einkommensungleichheit' eine eindeutige Zielvariable, die minimiert werden soll. Auf der anderen Seite gibt es mit den politischen Maßnahmen eine eindeutige Schlüsselvariable, von der Veränderungen im System ausgelöst werden.

Von der Fragestellung her muß es sich um ein Modell auf nationaler Ebene handeln, das diese Ebene aber nicht erschöpfend abdecken muß. Vielmehr müssen die in Bezug auf die beiden zentralen Punkte, Einkommensungleichheit und entwicklungspolitische Maßnahmen, relevanten Aspekte erfaßt werden, und zwar insbesondere die direkten und indirekten Verbindungen zwischen diesen beiden zentralen Variablen.

6.3.2 Entwicklung der Modellstruktur

Bei der Entwicklung der Modellstruktur kann beim Top-down Verfahren und beim graphischen Design im Prinzip die gleiche, im folgenden für das Mexiko-Modell beschriebene Arbeitstechnik angewendet werden. Die im Falle des Top-down Verfahrens sauber getrennten und sukzessive durchzuführenden Arbeitsschritte (s. Abb. 6.2) gehen jedoch im graphischen Ansatz stark ineinander über und laufen eher gleichzeitig ab.

In beiden Fällen ist es sinnvoll, als Dokumentations- und Arbeitsgrundlagen die im folgenden beschriebenen Formblätter zu verwenden.

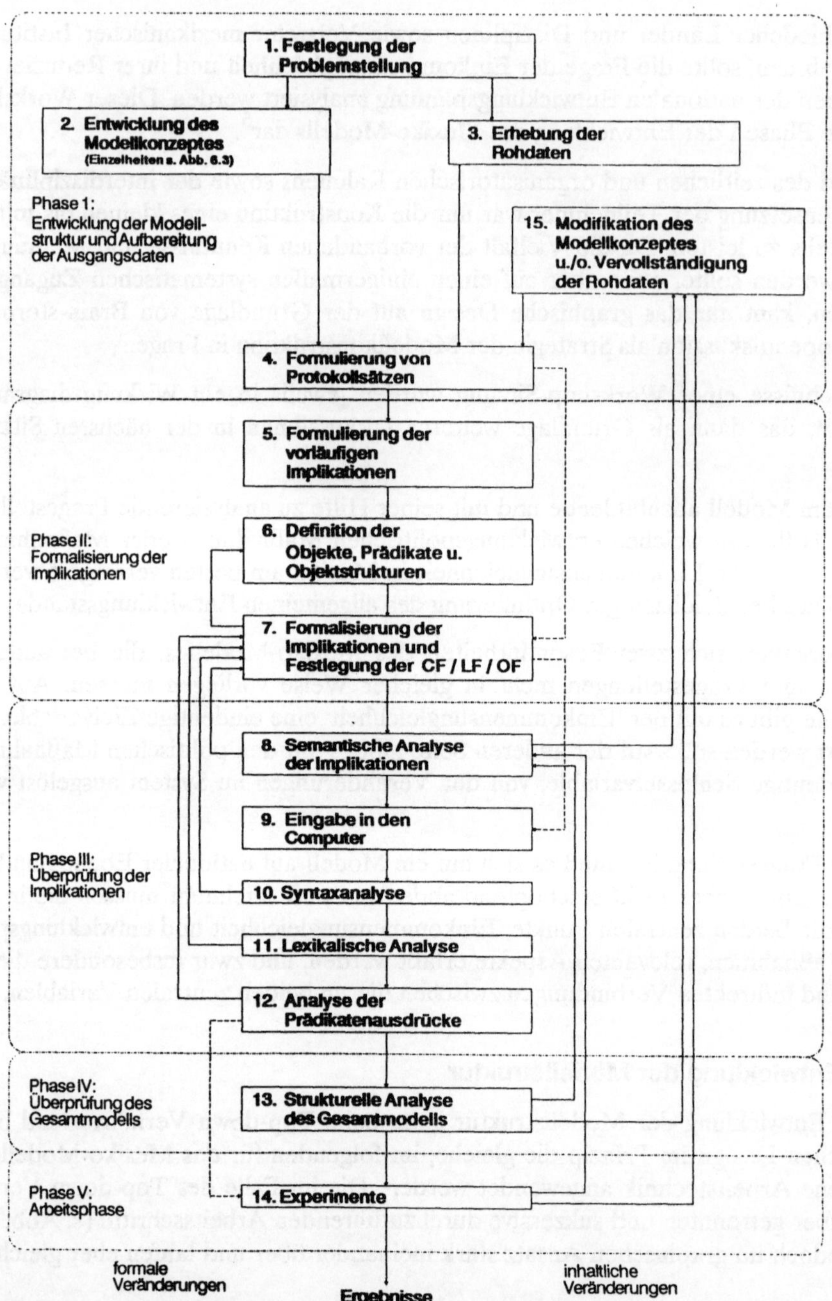

Abb. 6.2 **Der Arbeitsprozeß der Modellkonstruktion.** (Nach Hornung 1982: Qualitative Systems Analysis ..., op.cit., S. 192)

Sachmodul		Orientormodul	
1.	Auswahl der Variablen	1.	Auswahl der Orientoren
2.	Auswahl der Relationen	2.	Zuordnung der Orientoren zu übergeordneten Orientoren (Aufbau der Hierarchie)
3.	Projektspezifische Anpassung der Variablen	3.	Zuordnung der Sachverhalte zu Orientoren auf der Ebene a) Variablen b) Implikationen
4.	Projektspezifische Anpassung der Relationen	4.	Festlegung der Wertgewichte (WT.)
5.	Aufbau einer kohärenten Modellstruktur	5.	Aufbau einer kohärenten Orientorenhierarchie

Abb. 6.3 Arbeitsschritt 2 - Entwicklung des Modellkonzepts

Beim Mexiko-Modell wurde aufgrund der ersten Workshop-Sitzung eine vorläufige Liste von zu berücksichtigenden Variablen erstellt. Diese haben in den folgenden Beispielen die Bezeichnung ORGV... Die Diskussion darüber ergab, daß die zunächst ausgewählten Variablen für die Fragestellung des Modells von unterschiedlicher Bedeutung waren und zum Teil umformuliert werden mußten, so daß sich eine zweite Liste mit den endgültigen Variablen ergab. Diese haben in den folgenden Beispielen die Bezeichnung VAR....

Beispiel: Die ursprünglichen Variablen: 'Nahrung', 'Gesundheit', 'Gesundheitsdienste' wurden unter 'Gesundheit' zusammengefaßt. Ferner wurden umdefiniert: 'Arbeitslosigkeit' zu: 'Beschäftigungssituation'; 'menschliche Ressourcen' zu: 'Arbeitskräfte', 'Sozialer Stress' zu: 'Politische Unruhe'.

Das Top-down Verfahren unterscheidet sich an diesem Punkt lediglich dadurch, daß die anfängliche Liste von Variablen (und Relationen) aus einer bereits vorliegenden Theorie, z.B. dem funktionalen Gesellschaftsmodell hervorgehen[6].

In jedem Fall muß zunächst jede vorgeschlagene Variable daraufhin beurteilt werden, ob sie für das zu bearbeitende Thema relevant ist. Jeder zunächst vorgeschlagenen Variablen wird dann ein Zahlenwert zugewiesen. Hierfür kann das Formular 1 verwendet werden.

In ähnlicher Weise wird nun mit Hilfe von Formular 2 festgelegt, welche gerichteten Verbindungen (Relationen) zwischen den letztlich beizubehaltenden Variablen existieren. Im vorliegenden Fall werden die Variablen der Prioritätengruppen 1 bis 3 beibehalten. Bei Verwendung des graphischen Designs kann bereits die anfängliche Variablenliste Ergebnis eines ersten Wirkungsdiagramms sein. Dieses wird dann verfeinert. Dabei ist zu überlegen, welche Relationen (Pfeile) zwischen den Größen (Variablen) existieren. Beim Top-down Verfahren hingegen wird ausschließlich mit den dargestellten Formularen oder einem diese ersetzenden Computerprogramm[4] gearbeitet. Die jeweils betrachtete Variable wird dabei als 'Bezugsvariable' bezeichnet und die Variablen, auf die sie einwirkt, als 'Zielvariablen'. Nach diesem Schritt wird mit Formular 3 weitergearbeitet.

Form1

Ausgewählte Variablen zur Konstruktion eines Modells

Vorgehensweise

Gehen Sie ihre Liste der Variablen durch, und beurteilen Sie jede einzelne Variable, wie relevant sie für Ihr Thema ist. Weisen Sie hierzu jeder Variablen einen Zahlenwert, eine Priorität, zu:

1 - betrifft unmittelbar das zu behandelnde Problem
2 - gehört zum direkten Umfeld des Problems
3 - gehört zum weiteren Umfeld des Problems
4 - ist für das Problem überhaupt nicht relevant.

Tragen Sie die den Gruppen 1 bis 3 zugeordneten Variablen in dieser Reihenfolge in die folgende Liste ein. Notieren Sie unter der Rubrik 'Modifikation' ggf. ob die betreffende Variable für das zum gegenwärtigen Thema zu erstellende Modell:

* - umdefiniert
Z - mit anderen Variablen zusammengefaßt
D - weiter differenziert werden muß.

Prior.	Modif.	Var.Nr.	Var.Bezeichnung	Bemerkungen
1	*,D	ORGV08	ARBEITSLOSIGKEIT	JOBS+BESCHÄFT
..	...	...	...	...

Erläuterung: So hat z.B. unter den ursprünglich vorgeschlagenen Originalvariablen die Variable mit der Var. Nr. ORGV08 und der Var. Bezeichnung 'Arbeitslosigkeit' die Priorität 1. Sie betrifft also unmittelbar das zu bearbeitende Problem. Sie soll sowohl umdefiniert als auch differenziert werden (Modif. = *,D). In der Rubrik 'Bemerkungen' wird daher eine Aufteilung in 'Jobs' (Arbeitsplätze) und 'Beschäftigte' vorgeschlagen. Für die anderen ursprünglich vorgeschlagenen Variablen werden in dieser Liste entsprechende Einträge gemacht.

Form2

Ausgewählte Relationen zur Konstruktion eines Modells

Vorgehensweise

1) Wählen Sie an Hand der Liste von Formular 1 die Prioritätengruppen, mit denen Sie weiterarbeiten wollen, und betrachten Sie im folgenden nur noch die zu diesen Gruppen gehörigen Variablen.

Falls Sie nicht das Top-down Verfahren in Verbindung mit dem allgemeinen funktionalen Gesellschaftsmodell[6] anwenden, weiter mit Punkt 3).

2) Markieren Sie bei Verwendung des Top-down Verfahrens in der Übersicht 'Relationen zwischen den Variablen des allgemeinen Modells' (Anhang III in: Hornung 1988, Grundlagen, op. cit. S. 611ff) diejenigen Bezugsvariablen, die Sie für die Weiterarbeit gewählt haben. Gehen Sie diese nacheinander durch, und prüfen Sie bei jeder einzelnen, welche der Zielvariablen, auf die die jeweilige Bezugsvariable einwirkt, von Ihnen gemäß Punkt 1 nicht mehr bearbeitet werden sollen; streichen Sie diese.

3) Überprüfen Sie nun die Relationen der Bezugsvariablen zu den verbleibenden Zielvariablen, bzw. bei Verwendung des graphischen Designs zu allen anderen Variablen, daraufhin, wie wichtig sie für Ihr Thema sind. Legen Sie zu diesem Zweck beim graphischen Design eine Variablenmatrix an. Ordnen Sie den Relationen Zahlenwerte für ihre Wichtigkeit zu:

1 - unverzichtbar
2 - sehr wichtig
3 - wichtig
4 - nicht so wichtig
5 - irrelevant.

4) Tragen Sie die ausgewählten Relationen in die nachfolgende Liste und, falls graphisch gearbeitet wird, in Ihr Wirkungsdiagramm ein; in der Liste wird unter der Bezeichnung BVarO die Bezugsvariable (Original) und unter ZVarO die Zielvariable (Original) eingetragen.

Arbeiten Sie dann zunächst mit Formular 3 weiter.

Bearbeitungsphase 1

BVarO	ZVarO	BVarM	ZVarM	StatusM	RelM Nr.
ORGV08	ORGV13 ORGV09				
...	...	...	...	...	...
....					

Erläuterung: Die Variablen aus Formular 1 werden als Bezugsvariablen (Original) mit ihren Kurzbezeichnungen in die Spalte BVarO eingetragen, z.B. ORGV08 (Arbeitslosigkeit). In die zweite Spalte werden die Nummern der Zielvariablen (Original) (ZVarO) eingetragen, d.h. derjenigen Variablen, auf die die Bezugsvariablen einwirken. So beeinflußt z.B. die Variable ORGV08 (Arbeitslosigkeit) die Variablen ORGV13 (Wirtschaftliche Produktion/Bruttosozialprodukt) und ORGV09 (Mehrwertabschöpfung). Sind alle Beziehungen zwischen den Originalvariablen in dieser Weise in den Spalten BVarO und ZVarO eingetragen, so wird zunächst mit Formular 3 weitergearbeitet. Die Variablen werden dort, soweit erforderlich, modifiziert.

Bearbeitungsphase 2

BVarO	ZVarO	BVarM	ZVarM	StatusM	RelM Nr.
ORGV08		VAR06	VAR07	ok/D-8	
	ORGV13		VAR12	ok	
	ORGV09	VAR07	VAR08	ok	
...	...	...	...	...	...

Erläuterung: Nachdem in Formular 3 die Originalvariablen zum Teil umformuliert wurden, und sich dadurch im allgemeinen auch die Numerierung ändert, werden nun hier neben den bereits vorhandenen ursprünglichen Beziehungen (zwischen den ORGV...) die entsprechenden Beziehungen für die modifizierten Variablen (VAR...) in die Spalten BVarM und ZVarM eingetragen. Die Originalvariable ORGV08 ist durch Differenzierung zu den beiden modifizierten Variablen VAR06 (Existierende Jobs) und VAR07 (Beschäftigungssituation) geworden. Die Variable ORGV13 (Wirtschaftliche Produktion) wurde zu VAR12 (Wirtschaftliche Produktion) und ORGV09 (Mehrwertabschöpfung) wurde zu VAR08 (Materielle Situation) (vgl. Formular 3). Neben den im ersten Arbeitsgang in den Spalten BVarO und ZVarO bereits eingetragenen Relationen werden daher nun in den Spalten BVarM und ZVarM die sich für die modifizierten Variablen ergebenden entsprechenden Beziehungen zu VAR12 und VAR08 eingetragen. Diese gehen nun allerdings sowohl von der Variablen VAR06 als auch von der Variablen VAR07 aus. Da diese Beziehungen auch für die modifizierten Variablen nach wie vor gültig sind, erhalten sie den StatusM = ok. Durch das Differenzieren der Variablen ORGV08 haben sich inhaltlich keine wesentlichen Änderungen ergeben.

Da die Originalvariable ORGV08 (Arbeitslosigkeit), jedoch nun in 'ExistJobs' (VAR06) und 'Beschäftigungssituation' (VAR07) differenziert worden ist, muß zusätzlich die Beziehung VAR06 (Existierende Jobs) --> VAR07 (Beschäftigungssituation) hergestellt werden (StatusM = ok/D-8).

Form3

Problemspezifische Anpassung der Variablen-Definitionen

Vorgehensweise

Die in einem ersten Schritt des Modellentwurfs gewonnenen Original-Variablen (VarO) und -Relationen (RelO) sind nun, soweit von der Sache her erforderlich, an Hand der Liste aus Formular 1 für die spezielle zu behandelnde Fragestellung nochmals zu überprüfen und zu modifizieren.

Tragen Sie die modifizierten und die unverändert beizubehaltenden (Modell)-Variablen (VarM) mit einer neuen fortlaufenden Numerierung in einer sinnvollen Reihenfolge (z.B. nach Subsystemen gruppiert) in die ersten beiden Spalten der folgenden Liste ein. Dokumentieren und begründen Sie dann in den letzten beiden Spalten die Herkunft der modifizierten Variablen.

VarM Nr.	Bezeichnung für VarM	hervorgeg. aus VarO	Bemerkungen
VAR06	ExistJobs	ORGV08-Arb.los	Differenzierg.
VAR07	Beschaeftig	ORGV08-Arb.los	Differenzierg.
VAR08	MatSituat	ORGV09-Mehr-wertabschöpf.	umdefiniert
VAR12	WirtProd	ORGV13-WirtProd	neue Nr.
...	...	...	...
....			

Erläuterung: In Formular 1 wurde vorgesehen, die Originalvariable ORGV08 (Arbeitslosigkeit) in 'Jobs' und 'Beschäftigungssituation' zu zerlegen. Diese neuen Variablen werden in die Spalte 'Bezeichnung für VarM' als 'Existierende Jobs' und 'Beschäftigungssituation' eingetragen. Die Ursprungsvariable (ORGV08) wird unter der Rubrik 'hervorgeg. aus VarO' eingetragen. Unter 'Bemerkungen' wird hier erläutert, daß es sich um eine Differenzierung (nämlich in Angebot und Nachfrage) handelt. Die ORGV09 (Mehrwertabschöpfung) wird lediglich umdefiniert und erhält die Bezeichnung 'Materielle Situation', was unter 'Bemerkungen' festgehalten wird. Sind alle Variablen eingetragen, wird in Spalte 1 (VarM Nr.) für die endgültigen Variablen ein neues Kürzel bzw. eine neue Nummer vergeben. Aus der ursprünglichen Variablen (ORGV08) werden nun z.B. die neuen Variablen VAR06 und VAR07. Mit diesen kann in Formular 2 weitergearbeitet werden.

Durch die Modifikation von Variablen kann es dazu kommen, daß die zunächst festgelegten Relationen nicht mehr alle gültig sind und ebenfalls modifiziert werden müssen. Dies geschieht mit Hilfe des Formulars 2 oder anhand des modifizierten Wirkungsdiagramms. Wird das Formular verwendet, so ist neben der ursprünglich festgelegten Relation zwischen der Original-Bezugsvariablen (BVarO) und der Original-Zielvariablen (ZVarO) die entsprechende Relation zwischen der modifizierten Bezugsvariablen (BVarM) und der modifizierten Zielvariablen (ZVarM) einzutragen. Am sinnvollsten ist es, dies zunächst für alle Relationen, die modifizierte Variablen betreffen, durchzuführen. Dann ist zu überprüfen, ob die entsprechenden Relationen auch angesichts der modifizierten Formulierung der Variablen beibehalten werden sollen.

Das Ergebnis kann in der Spalte 'MStatus' (Status der Relation bei modifizierten Variablen) festgehalten werden. Zur einfacheren Identifizierung der Relationen kann ferner in der letzten Spalte von Formular 2 eine Relationsnummer oder Kurzbezeichnung vergeben werden. Diese Möglichkeit wurde hier nicht genutzt.

Das zweistufige Vorgehen bei der Festlegung der Relationen mag auf den ersten Blick als unnütze Verdoppelung der Arbeit erscheinen. Es ist jedoch so, daß häufig erst bei dem Versuch, Beziehungen zwischen Variablen festzulegen, deutlich wird, daß Variablen anders definiert werden müssen und sich erst dabei auch Hinweise ergeben, wie sie sinnvollerweise formuliert werden müßten. Die zweite Phase - die Überprüfung der Relationen angesichts von modifizierten Variablen - kann zudem meist ziemlich rasch durchgeführt werden.

Die Ergebnisse dieser Arbeit werden in das Wirkungsdiagramm übertragen, wo dann erneut die Konsistenz des Modells zu überprüfen ist. Wird die Darstellung in einem solchen Diagramm zu komplex und zu unübersichtlich, so kann, wie beim Top-down Verfahren, direkt mit Formular 4 weitergearbeitet werden.

Damit ist die Grundstruktur des Modells festgelegt (Abb. 6.4). Es kann nun dazu übergegangen werden, die eigentlichen Informationen zu diesem Modell zu erheben, aufzubereiten und zu formalisieren.

6.3.3 Erhebung und Aufbereitung von umgangssprachlicher Information

Eine Stärke des DEDUC-Verfahrens ist zweifellos, daß für den Aufbau eines Modells Informationen unterschiedlichster Art und aus den unterschiedlichsten Quellen Verwendung finden können. Diese Informationen müssen jedoch letztlich in Form von Implikationen so zusammengefügt werden, daß sie nicht nur formal, sondern auch inhaltlich miteinander kompatibel und konsistent sind. Sie müssen ein zusammenhängendes Netzwerk bilden, in dem Deduktionsprozesse tatsächlich ablaufen können.

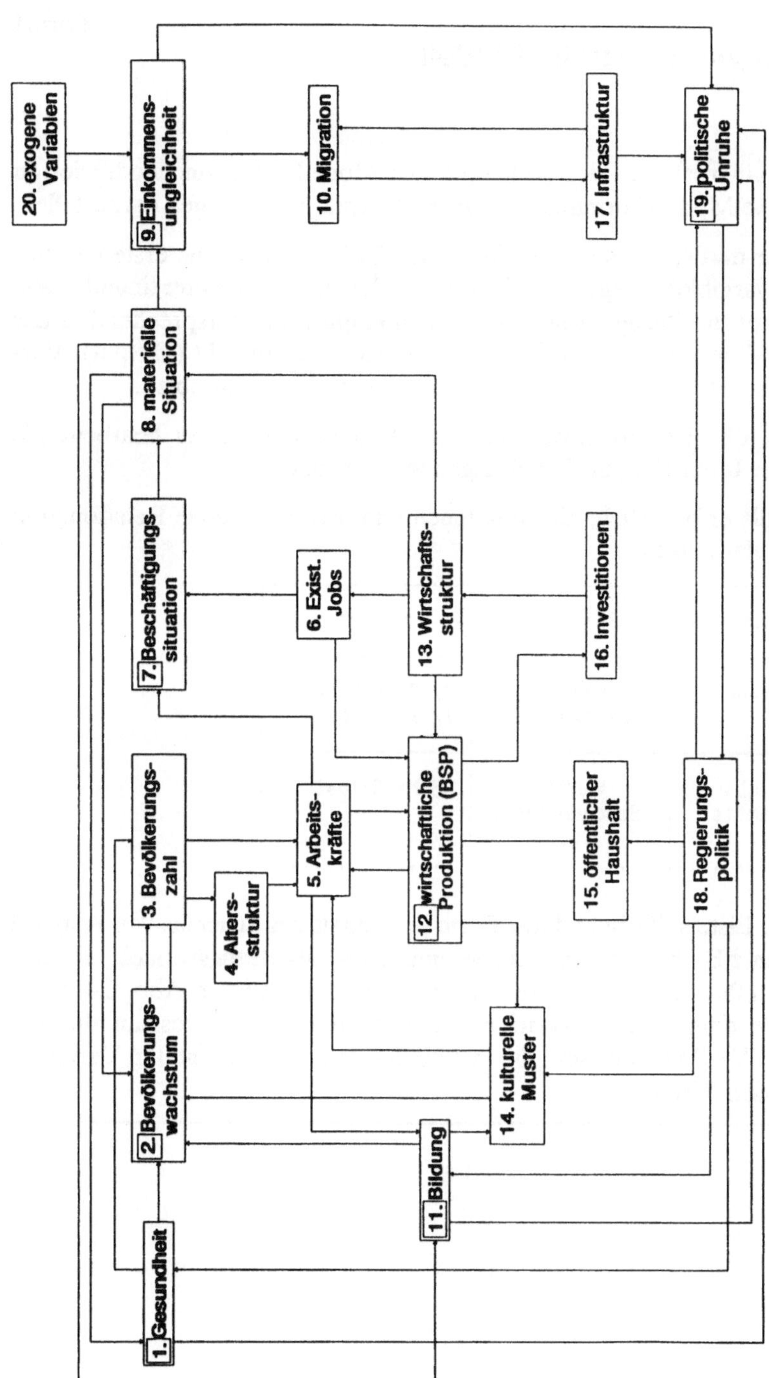

Abb. 6.4 Grundstruktur des Mexiko-Modells. (Nach Hornung 1982: Qualitative Systems Analysis ..., op.cit., S. 209) (Variablen, die zu Orientoren in Beziehung gesetzt werden, sind durch kleine Kästchen gekennzeichnet.)

Form4

Input-Output-Beziehungen im Modell

Vorgehensweise

Zum Zwecke der Überprüfung der Kohärenz des Modells sind die modifizierten Modellrelationen (RelM) aus Formular 2 als Input-Output-Beziehungen darzustellen.

1) Tragen Sie in der mittleren Spalte der folgenden Liste zunächst die erste der Variablen ein (Bezugsvariable). Tragen Sie dann in der linken Spalte untereinander alle Variablen ein, die auf die Bezugsvariable einwirken (Input) und entsprechend in der rechten Spalte alle Zielvariablen, auf die die Bezugsvariable einwirkt (Output). Verfahren Sie dann entsprechend der Reihe nach mit allen anderen Variablen.

2) Überprüfen Sie, ob alle Modellvariablen im Hinblick auf das zu bearbeitende Thema adäquat über Input-Output-Beziehungen vernetzt sind.

3) Ergänzen Sie, falls erforderlich, die Relationen und tragen Sie neue Relationen in der Liste von Formular 2 nach.

Input von ----->	Bezugsvar. ----->	Output nach
13 WirtStruk	VAR06 ExistJobs	07 Beschaeftig 12 WirtProd
06 ExistJobs 05 Arbkraefte	VAR07 Beschaeftig	08 MatSituat .....
.....	.....	.....

Erläuterung: Diese Liste stellt in anderer Form den Inhalt des Schemas von Abb. 6.4 dar. Betrachtet man z.B. die VAR06 (Existierende Jobs) als Bezugsvariable, so wird diese Variable beeinflußt (Input von) durch die VAR13. Dies ist in Abb. 6.4 durch ankommende Pfeile dargestellt. Auswirkungen (Output nach) gibt es auf die Variablen VAR07 und VAR12. Dies sind die in Abb. 6.4 von der betrachteten Variablen VAR06 wegführenden Pfeile.

Grundlage für ein DEDUC-Modell können Primärdaten in Form von schriftlichen Dokumenten, Tonbandaufzeichungen, Beobachtungen usw. sein. Ebenso kann es sich aber auch um bereits aufgearbeitete Primärdaten in Gestalt wissenschaftlicher Fachliteratur oder daraus entwickelter Theorien handeln.

Grundsätzlich kann zur Erhebung der relevanten Information das gesamte methodische Instrumentarium der empirischen Forschung eingesetzt werden[7]:

- Literatur- und Dokumentenanalyse
- Fragebogen
- Interview
- Panel-Befragung
- Gruppendiskussion
- Experiment
- Beobachtung
- biographische Methode/Fallstudie
- Inhaltsanalyse
- statistische Auswertung
- Soziometrie etc.

In der ersten Phase der Modellkonstruktion, in der es insbesondere um die Erhebung der Zusammenhänge, und zwar hier zwischen entwicklungspolitischen Maßnahmen und Einkommensungleichheit in Mexiko, geht, sind diese Erhebungsinstrumente im allgemeinen mehr explorativ einzusetzen. Es sind also vor allem unstrukturierte Tiefeninterviews, Gruppendiskussionen, Fragebögen mit einem hohen Anteil an offenen Fragen usw. angebracht. In späteren Phasen der empirischen Überprüfung und Validierung eines bereits existierenden Modells hingegen sind im allgemeinen die Erhebungsinstrumente sehr gezielt zur Hypothesenprüfung einzusetzen. Dies bedeutet die Verwendung von Fragebögen mit geschlossenen Fragen, stark strukturierten Interviews usw.

In jedem Fall wird in der ersten Phase der Modellkonstruktion der Dokumentenanalyse eine erhebliche Bedeutung zukommen, da diese relativ einfach einen ersten Grundstock für eine Wissensbasis liefern kann. Die Verwendung der übrigen Erhebungsinstrumente hingegen richtet sich weitgehend nach den Zielsetzungen, Möglichkeiten und organisatorischen Randbedingungen des jeweiligen Forschungsprojekts.

Im Falle des Mexiko-Modells wurde aufgrund der bereits genannten Rahmenbedingungen zunächst die Gruppendiskussion mit Experten dazu verwendet, das Modellkonzept zu erstellen. Die Rohimplikationen gingen zum Teil ebenfalls aus diesen Diskussionen hervor. Zum Teil wurden sie aber auch an Hand von Dokumentenanalysen, insbesondere des mexikanischen Entwicklungsplanes[8], ergänzt.

Allen genannten Erhebungsverfahren ist gemeinsam, daß sie zunächst normalsprachliche Informationen liefern. Auch bei einer systematischen Darstellung eines Sachverhalts im Hinblick auf die Konstruktion einer Wissensbasis und der z.B. bei einer Gruppendiskussion vorhandenen Möglichkeit gezielten Nachfragens seitens des Modellkonstrukteurs unterscheidet sich eine normalsprachliche Darstellung grundlegend von einer computergerecht formalisierten Darstellung desselben Sachverhalts. Eine normalsprachliche Beschreibung stützt sich hochgradig auf das Alltagswissen und das Fachwissen, das beim Leser vorausgesetzt wird. In einem Computermodell hingegen muß alles explizit festgelegt und gesagt werden.

Eine normalsprachliche Beschreibung kann sich demzufolge auf zentrale Punkte mit Neuigkeitswert beschränken. Sie kann vieles implizit lassen, was vom Leser dann fast unbemerkt und automatisch rekonstruiert wird. Dieses Hinzukonstruierte, einschließlich vieler Selbstverständlichkeiten, über die sonst niemand spricht, muß jedoch im Falle einer Wissensbasis explizit gemacht und in Form von Implikationen gesagt werden.

Deshalb ist es im allgemeinen zwar relativ einfach, aus Dokumenten (z.B. Diskussionsprotokollen), die hier stellvertretend für alle anderen normalsprachlichen Quellen einer Wissensbasis stehen sollen, z.B. die Variablen und Konzepte (formalisiert: elementaren Prädikatenausdrücke) zu erhalten. Es ist aber wesentlich schwieriger, Aussagen über die Beziehungen zwischen solchen Konzepten zu gewinnen. Insbesondere wenn es sich um rein deskriptive Darstellungen handelt, läßt sich oft kaum ein Hinweis auf die Existenz, die Richtung, die Art und die Stärke eines Zusammenhangs zwischen zwei Konzepten gewinnen. Dies gilt noch mehr für die in einem DEDUC-Modell zu verwendenden Gewißheits- und Ladefaktoren. Bezüglich der Wertgewichte hingegen sind durchaus Anhaltspunkte zu gewinnen.

Um eine deskriptive Beschreibung handelt es sich beim folgenden Beispiel[9]:

"Mexiko hat sich auf allen Ebenen gewandelt: es hat eine industrielle Entwicklung bis zu einem intermediären Stadium durchlaufen, mit einer vorwiegend städtischen Bevölkerung, die Gesellschaft ist reicher und komplexer geworden, der Staat hat sich modernisiert, die Bildungs- und Ausbildungsinfrastruktur wird zunehmend diversifizierter, und es hat in der Befriedigung der Nachfrage nach Wohlstandsgütern Fortschritte gegeben...".

Die Präzisierungen hinsichtlich der Gewißheits- und Ladefaktoren usw. macht man am besten in einer zweiten Phase der empirischen Überprüfung einer Wissensbasis. Diese Informationen können dann mit Hilfe eines Fragebogens gezielt erhoben werden. Das birgt allerdings die Gefahr, daß der Befragte einer Aussage zwar voll zustimmt, wenn sie ihm vorgelegt wird, daß er aber womöglich von sich aus die betreffende Aussage nicht aktiv als Argument verwenden würde. Dieser Aspekt kann vor allem dann von großer Bedeutung sein, wenn ein Modell das kognitive System eines empirischen Akteurs repräsentieren soll[10]. Beim Mexiko-Modell ist das allerdings nicht der Fall.

Da das Mexiko-Modell zu einem wesentlichen Teil im Rahmen einer Gruppendiskussion entstanden ist, in der sich die Beiträge und Aussagen der Teilnehmer an dem orientieren konnten, was bereits vorlag, zeigten sich einige Schwierigkeiten weniger deutlich als bei einem weitgehend auf Dokumentenanalyse aufbauenden Vorgehen.

Die normalsprachliche Beschreibung eines Sachverhalts, wurde gesagt, verläßt sich in erheblichem Maße auf das implizite Vorwissen des Lesers und auf seine darauf basierende Interpretations- und Konstruktionsleistung, mit deren Hilfe er mehr oder weniger unbewußt den kompletten Sachverhalt aus den expliziten Bruchstücken konstruiert. Dieser komplette Sachverhalt muß dann gewissermaßen vom Leser, dem Modellkonstrukteur, seinerseits vollständig zu Papier gebracht werden, um eine kohärente und konsistente Wissensbasis zu erhalten. Damit werden dann aber Aussagen aufgestellt, die z.B. in einer Diskussion nur bei Bedarf, beispielsweise bei Rückfragen, expliziert werden. Damit läuft man Gefahr, Aussagen zu formulieren, die von einem Diskussionsteilnehmer oder Verfasser eines Dokuments in Wirklichkeit vielleicht doch nicht oder zumindest nicht in derselben Weise für zutreffend gehalten werden.

Lücken und Diskrepanzen zwischen normalsprachlichen Aussagen, die durch Interpretation und Vorwissen beseitigt werden müssen, sind darauf zurückzuführen, daß eine normalsprachliche Darstellung im allgemeinen in mehreren Dimensionen nicht völlig konsistent ist:

Abstraktionsniveau. Beispiel:

Die mexikanischen Firmen schaffen Wohlstand.
Die mexikanische Industrie schafft Wohlstand.
Der mexikanische Produktionsapparat schafft Wohlstand.
Das mexikanische Wirtschaftssystem schafft Wohlstand.

Aggregationsniveau. Beispiel:

Armut im Land Mexiko ....
Armut im mexikanischen Bundesstaat Coahuila ....
Armut in ländlichen Regionen ....

Präzision. Beispiel:

Mexiko möchte sich entwickeln ....
Wer? - die mexikanische Bundesregierung?
- die tonangebende Oberschicht?
- die mexikanische Landbevölkerung?

Selbstverständlichkeiten. Beispiel:

Wenn die Bevölkerung schnell wächst, dann trifft auch zu, daß sie wächst !

Synonyme/Mehrdeutigkeiten. Beispiel:

Wirtschaftswachstum
Zunehmende Produktion (von was?, sektoral oder gesamtwirtschaftlich?)
Vermehrte wirtschaftliche Aktivität

Implizite und kurzschlüssige Verbindungen. Beispiel:

Bevölkerungswachstum ---> soziale (Un)Sicherheit[11]

Der eigentliche Zusammenhang ist:

Bevölkerungswachstum ---> Arbeitslosigkeit ---> soziale Unsicherheit.

In solchen Fällen ist es notwendig, aufgrund der eigenen Interpretation und Sachkenntnis zusätzliche Konzepte und Verbindungen zu verwenden. Im hier behandelten Fall wurde auf eine große Vorlagentreue im Sinne einer bloßen Wiedergabe dessen, was explizit in den Quellen zu finden ist bzw. bei den Diskussionen gesagt wurde, verzichtet. Die Möglichkeit, auf der Basis von Interpretation und Sachkenntnis zusätzliche Implikationen zu formulieren, wurde im Interesse der Erstellung einer voll funktionsfähigen Wissensbasis durchaus genutzt.

Die Vorlagentreue ist unter drei Gesichtspunkten zu beurteilen:

- der sprachlichen Formulierung
- der empirischen Gültigkeit des Modells
- der Praktikabilität im Rahmen einer Wissensbasis.

Die Formulierung und die semantische Interpretation der Vorlage sind rein sprachliche Probleme. Das Vorhandensein oder Nichtvorhandensein von Konzepten und von Verbindungen zwischen Konzepten hingegen wirft zudem die Frage nach der empirischen Gültigkeit der Wissensbasis einerseits und nach ihrer Funktionsfähigkeit andererseits auf. Hier stellt sich dann die Frage, inwieweit es zulässig ist, aus pragmatischen Gründen im Interesse der Funktionsfähigkeit und der Handhabbarkeit der Wissensbasis Zusammenhänge zu konstruieren, wenn z.B. aufgrund einer zu globalen oder einer kurzgeschlossenen Formulierung ein Dokument die Information nicht unmittelbar liefert, die von der Wissensbasis her erforderlich ist.

Hier hat sich gezeigt, daß ein gewisses Maß an relativ freier Konstruktion unumgänglich ist. Nur dann kann sichergestellt werden, daß nicht aus formalen Gründen eine Vielzahl von Verbindungen zwischen Konzepten entfällt. Andererseits können aber kaum allgemeine Kriterien dafür gefunden werden, was noch tolerierbar ist und was nicht. Es muß weitgehend dem Empfinden des Modellkonstrukteurs überlassen bleiben, was als eine noch legitime Konstruktion im Hinblick auf das Ziel der Erstellung der Wissensbasis zu betrachten ist.

6.4 Entwicklungsfolgen - Aufbau eines Sachmoduls

6.4.1 Formulierung von Rohimplikationen

Nachdem nun die Problemformulierung, die Strukturierung des Untersuchungsbereiches bzw. die Entwicklung eines Modellkonzepts und die Datenerhebung durchgeführt sind, beginnt mit dem letzten Schritt der ersten Arbeitsphase, der Formulierung von Rohimplikationen, die DEDUC-spezifische Arbeit (s. Abb. 6.2).

Aufgrund der Datenerhebung (Expertendiskussion, Dokumentenanalyse usw.) liegen zunächst normalsprachliche Aussagen und Konzepte zum Thema Einkommensungleichheit und Entwicklungsplanung in Mexiko vor. Diese haben in vielen Fällen noch nicht die Form von Wenn-dann-Aussagen (Implikationen). Sie müssen daher zunächst einmal in Implikationen umgesetzt werden.

Wie bereits gesagt wurde, müssen Arbeitsschritte unter Umständen mehrfach iterativ wiederholt werden. Implikationen müssen gegebenenfalls mehrfach umformuliert und ergänzt werden etc. All dies erfordert einen einfachen Zugriff auf die einzelnen Implikationen, so daß sie für verschiedene Zwecke nach jeweils unterschiedlichen Gesichtspunkten gruppiert, sortiert und verglichen werden können. Da also die einzelne Implikation im Verlauf der Modellkonstruktion vielfachen Transformationen unterliegen kann, entsteht ein Dokumentationsproblem, da solche Transformationen nachvollziehbar bleiben sollten.

Unter beiden Gesichtspunkten, der physischen Handhabung der Implikationen und der lückenlosen Dokumentation von Umformungen, erwies es sich als sinnvoll, bei mittleren und großen Modellen zunächst mit Karteikarten zu arbeiten und unter Umständen mehrere Sätze von Karteikarten anzulegen. Zunächst sollte eine Inventarliste des Quellenmaterials aufgestellt werden. In dieser wird jeder Quelle eine feste, eindeutige Identifikationsnummer zugeordnet. Quellen in diesem Sinne sind nicht nur Literaturquellen, sondern auch Diskussionsprotokolle, Gesprächsnotizen, Interviews usw. (s.o.). Die daraus zu entnehmenden Aussagen und Konzepte sind als Protokollsätze (die noch nicht unbedingt die Form einer Implikation haben müssen) auf Karteikarten zu schreiben.

Diese Karteikarten sind, z.B. bei einer Literaturanalyse, jeweils mit dem Titel, der Identifikationsnummer der betreffenden Quelle sowie mit der Seitenzahl zu versehen. Es erwies sich als sinnvoll, Literatur zunächst in dieser Weise im Hinblick auf Zusammenhänge zu untersuchen, die in Wenn-dann-Form dargestellt werden können. Solche Beziehungen werden zunächst in normalsprachlicher oder abgekürzter normalsprachlicher Form auf den Karteikarten festgehalten. Dazu können auch teilweise graphische Darstellungen unter Verwendung gerichteter Graphen benutzt werden. Mit ihrer Hilfe kann z.B. ein kleines Beziehungsgeflecht auf jeweils einer Karteikarte dargestellt werden.

Entscheidend ist, daß in möglichst knapper Form alle Informationen auf die Karteikarte übertragen werden, die für die endgültige Formalisierung voraussichtlich von Bedeutung sein werden. Diese Darstellungen, die hier als 'Protokollsätze' bezeichnet werden, bilden die eigentliche Ausgangsbasis für die Formalisierung. Die Karteikarten mit den Protokollsätzen sollten den verwendeten Quellen entsprechend geordnet und ihrerseits fortlaufend numeriert sein. Eine durchlaufende Numerierung aller Karten mit Protokollsätzen kann für die Identifizierung der Herkunft der später zu formulierenden Rohimplikationen und der endgültigen Implikationen verwendet werden. Damit ist dann ein Rückgriff auf das Ausgangsmaterial ohne weiteres möglich.

Beispiel: Eine Aussage aus dem Dokument Plan Nacional de Desarrollo, Mexico[12] kann zunächst wie in Abb. 6.5a gezeigt als Protokollsatz notiert werden und erhält die laufende Nr. 26.

Wenn zu einer Fragestellung das Material in Form solcher Protokollsätze aufbereitet ist, läßt sich auf dieser Basis von der empirischen Seite her ein Überblick über die thematische Gliederung des Modells auf der Ebene der Implikationen, über die inhaltliche Ausprägung der Variablen und über mögliche Objektstrukturen gewinnen.

```
Dok.: Plan Nacional Mex.                                  Lfd.Nr.: 26
  S.: 86

"...das hohe (Bevölkerungs-)Wachstum der Vergangenheit schlägt
sich in der gegenwärtigen Nachfrage nach Arbeit, Dienstleistungen,
Wohnungen und Gütern aller Art nieder."
```

```
Herkunft: 26                                              Lfd. Nr.: 48

Schnell(Zunahme,Zahl,:Bevoelkerung)
--->Mehr(:Arbeitskraefte,+Zeit)
```

```
Herkunft: 48                                              Lfd. Nr.: 16
        VAR03 BevZahl ---> VAR05 Arbkraefte

IF   StarkeVg(Zahl,:Bevoelkerung,Mexiko,Zeit,VAR03BevZahl)
THEN Mehr(:Arbeitskraefte,Mexiko,+Zeit,VAR05Arbkraefte).
```

Abb. 6.5 a,b,c Schrittweise Entwicklung von Implikationen aus Protokollsätzen

Hierzu sind die Karteikarten mit den Rohimplikationen entsprechend thematisch zu ordnen. Die Protokollsätze können nun in einzelne Wenn-dann-Beziehungen zerlegt werden. Diese werden mit Hilfe einer vorläufig gewählten Terminologie und mit vorläufigen Prädikaten und Objektstrukturen formalisiert. Solche Rohimplikationen werden auf einen zweiten Satz von Karteikarten geschrieben.

Auf den Karteikarten dieses zweiten Satzes ist die Herkunft der Implikationen durch Angabe der laufenden Nummer der jeweiligen Karteikarte, die den Protokollsatz enthält, vermerkt. Anders als bei den Protokollsätzen ist jedoch bei den Rohimplikationen und auch bei den späteren Versionen der Implikationen darauf zu achten, daß immer nur eine einzige Implikation auf einer Karte steht.

Beispiel: Aus dem im vorigen Beispiel gezeigten Zusammenhang geht z.B. die in Abb. 6.5b gezeigte Rohimplikation hervor. Als Herkunft weist sie die laufende Nr. des Protokollsatzes, nämlich Nr. 26, auf. Als Rohimplikation erhält sie ihrerseits die laufende Nr. 48. Diese Rohimplikation besagt: "Eine starke Zunahme der Bevölkerung (Aggregat) führt zu mehr Arbeitskräften (Aggregat) in der darauffolgenden Zeitperiode".

Die Rohimplikationen bzw. ihre einzelnen elementaren Prädikatenausdrücke werden nun den Variablen der Wissensbasis zugeordnet. Das bedeutet, daß auf den Karteikarten die jeweilige Variable mit einem Kürzel anzugeben ist. Derartige Kürzel für Variablennamen können als Objekte und Objektstrukturen später in die formalisierte Wissensbasis übernommen werden. Auf diese Weise können auch im Computermodell Prämissen, Implikationen und Konsequenzen gemäß den Variablen, zu denen sie gehören, selektiert werden. Das erleichtert eine systematische Modellkonstruktion.

Beispiel: Die rechte und die linke Seite der Implikation aus dem vorigen Beispiel sei den Variablen VAR03BevZahl bzw. VAR05Arbkraefte zuzuordnen. Es werden dementsprechend die beiden Objekte VAR03BevZahl und VAR05Arbkraefte eingeführt (Abb. 6.5c). Auf der Karte wird im Kopfteil die in dieser Implikation vorhandene Beziehung zwischen den beiden Variablen notiert. Herkunft ist die Rohimplikation Nr. 48. Die endgültige Implikation erhält hier die laufende Nr. 16. Jetzt wird auch die endgültige Terminologie verwendet (z.B. StarkeVg = starke Vergrößerung). Neben der Variablenzugehörigkeit wird überall der Zeit- und Raumbezug (Mexiko) angegeben, und es wird auf syntaktische Korrektheit geachtet.

6.4.2 Entstehung eines Wörterbuchs

Um zu einer Vereinheitlichung der in den Rohimplikationen verwendeten Abkürzungen zu gelangen, müssen zunächst die Implikationen, oder besser die elementaren Prädikatenaussagen, thematisch geordnet werden, z.B. anhand der Zuordnung zu Variablengruppen wie beim Mexiko-Modell. Zu einer Variablen nach der anderen sind dann die dazugehörigen Prädikatenaussagen zusammenzustellen. So kann festgestellt werden, inwieweit ähnliche Aussagen das Gleiche besagen und identisch formalisiert werden müssen, und inwieweit ähnliche Aussagen tatsächlich Unterschiedliches besagen und entsprechend als unterschiedliche Aussagen zu formalisieren sind.

Bei einer solchen Durchsicht der thematisch zusammengehörigen und den gleichen Variablen zugeordneten Aussagen läßt sich nun ein begrenztes Vokabular zusammenstellen. Mit diesem Vokabular müssen dann sämtliche Implikationen formuliert werden. Dabei können Fragen und Probleme auftauchen, die eine mehrfache Wiederholung dieses Arbeitsschrittes erfordern. Das Ergebnis sollte sich dann in einem Wörterbuch, d.h. einer alphabetischen Auflistung der Abkürzungen und ihrer normalsprachliche Definition niederschlagen. Das Wörterbuch für das Mexiko-Beispiel ist in Anhang 6.7.3 wiedergegeben.

Bei der Festlegung der Abkürzungen sind sowohl die formalen Erfordernisse von DEDUC her wie auch eine Reihe von Gesichtspunkten, die sich aus der Praxis als sinnvolle Konventionen ergeben haben, zu beachten.

Wahl der Abkürzungen

Im Sinne der Verständlichkeit und Lesbarkeit der Wissensbasis sollte sich die gewählte Terminologie möglichst an normalsprachliche Wörter anlehnen. Komplexe normalsprachliche Begriffe sollten möglichst nicht zu völlig unverständlichen Kürzeln zusammengezogen werden, sondern gegebenenfalls lieber durch mehrere DEDUC-Abkürzungen ausgedrückt werden.

Beispiel: Der Begriff 'Zunahme der Einkommensungleichheit in Mexiko' sollte z.B. nicht als

```
ZUNEINUNG(MEX....)
```

formalisiert werden, sondern als:

```
Zunahme(Einkommen,Ungleichheit,Mexiko,...)
```

Ferner ist zu beachten, daß im Interesse der leichten Verständlichkeit möglichst einheitliche Abkürzungen verwendet werden sollten. Viele DEDUC-Worte können aus den gleichen Bausteinen zusammengesetzt werden. So sind sie auch ohne Erklärung leicht verständlich, sofern die Bausteine dazu bekannt sind.

Allerdings steigt mit der Verwendung einer nur wenig differenzierten Terminologie unter Umständen sehr rasch der Bedarf an Rechenzeit. Bei einer sehr ähnlichen Terminologie muß der Rechner sehr viel mehr überprüfen, bevor festzustellen ist, ob z.B. zwei Prädikatenausdrücke tatsächlich gleich sind oder nicht.

Als Konvention werden z.B. folgende Vorsilben verwendet:

```
Vg    = Vergrößerung, Zunahme
Vr    = Verringerung, Abnahme
Vbess = Verbesserung
```

Daraus läßt sich z.B. konstruieren:

```
VgInvestitionen   = Zunahme der Investitionen
VrInvestitionen   = Verringerung der Investitionen
VbessMatSituat    = Verbesserung der materiellen Situation
```

Daher empfiehlt es sich, insbesondere bei den Prädikaten Kernbegriffe ('Kernprädikate'), z.B. 'Investitionen', mit möglichst wenigen Zeichen abzukürzen. Dies gibt die Möglichkeit, solche Grundbegriffe mit anderen zu kombinieren. Eine in dieser Hinsicht völlig konsistente Sprachkonstruktion ist allerdings bei sehr großen Wissensbasen kaum ohne erheblichen Aufwand und Verlust an Verständlichkeit zu erreichen. Eine solche Konsistenz ist letztlich aber auch nicht erforderlich. Die Bildung zusammengesetzter Begriffe aus einheitlichen Kürzeln im Interesse der leichten Verständlichkeit ist also nur in dem Maße zu empfehlen, in dem sie mit relativ geringem Aufwand erfolgen kann.

Unterscheidung von Prädikaten und Objekten

Was als Prädikat und was als Objekt zu behandeln ist, geht im allgemeinen kaum aus der normalsprachlichen Fassung der Protokollsätze hervor.

Grundsätzlich kann gesagt werden, daß alle Konzepte, die inhaltlich sinnvoll in eine (eventuell schon bestehende) Objektstruktur eingebunden werden können (als Ober- oder Unterklasse), als Objekte zu behandeln sind. Nur dann werden die Möglichkeiten von DEDUC optimal genutzt. Umgekehrt gilt jedoch nicht, daß alles andere automatisch zum Prädikat wird. Objekte, die nicht in Objektstrukturen eingebunden sind, können durchaus sinnvoll sein. Die Vorstellung, die mit einem Konzept verbunden ist, seine Beziehung zu anderen Begriffen (Prädikaten und Objekten), aber auch die Tatsache, daß jeweils nur ein Prädikat, aber mehrere Objekte in einem elementaren Prädikatenausdruck möglich sind, können es nahelegen, bestimmte Konzepte als Einzelobjekte zu behandeln. Dies muß jedoch von Fall zu Fall entschieden werden.

Objektstrukturen ergeben sich von der inhaltlichen Seite des Modells her. Dabei kann es erforderlich werden, eine Reihe von Objekten unter mehreren Gesichtspunkten zu klassifizieren. Dies ist vom Programm her durchaus möglich. Es kann aber zu recht komplizierten Strukturen führen.

Im Mexiko-Modell liegt ein solcher Fall nur bei der Objektstruktur 'Zeit' vor. In ihr ist die 'nahe Vergangenheit' den beiden Oberbegriffen 'Vergangenheit' und 'Planzeit' (gegenwärtiger Zeitraum) zugeordnet. Entsprechend ist die 'nahe Zukunft' der 'Planzeit' und der 'Zukunft' zugeordnet (siehe Abb. 6.6).

Klassen und Aggregate

Oft finden sich in normalsprachlichen Äußerungen zu bestimmten Objekten allgemein klingende Aussagen, die aber nicht im strengen Sinne der Logik allgemein für die ganze Klasse dieser Objekte gelten. Wenn z.B. von steigendem Einkommen "in Mexiko" gesprochen wird, gilt eine solche Aussage oft zwar 'im großen und ganzen' für Mexiko, nicht aber unbedingt für jede einzelne Bevölkerungsgruppe und jedes einzelne Individuum.

Es ist deshalb notwendig, bei der Formalisierung zwischen einer Objektklasse und einem Objektaggregat zu unterscheiden. Bei der Formulierung einer Implikation oder Prämisse muß darauf geachtet werden, ob die Aussage im strengen Sinne für die ganze Objektklasse und damit für alle ihre Teilklassen und Exemplare gilt, oder aber ob sie eben nur 'im großen und ganzen' für das 'Aggregat' der Objekte gilt. Im letzteren Fall darf der Objektname selbst bei der Formalisierung nicht verwendet werden, weil das Programm sonst nach der Logik des Deduzierens die Aussage auch auf alle Teilklassen dieses Objekts überträgt. Aus diesem Grund muß eine abweichende Bezeichnung verwendet werden. Als Konvention wurde daher eingeführt, vor den ansonsten zu verwendenden Objektnamen einen Doppelpunkt zu setzen, also ':Bevoelkerung' (Aggregat) statt 'Bevoelkerung' (Oberklasse).

Eine Aussage 'VgEinkommen(:Bevoelkerung)' bedeutet also, daß zwar nicht bei jeder einzelnen in der Objektstruktur 'Bevoelkerung' definierten Bevölkerungsgruppe das Einkommen steigt, daß es aber bei einigen Gruppen oder der Mehrzahl der Gruppen steigt. Es nimmt daher insgesamt zu, betrachtet man die ganze Bevölkerung zusammengenommen.

In der horizontalen Dimension der Implikationen ist die Behandlung dieser Teil-Ganzes Beziehung analog zu der Behandlung aller anderen Beziehungen zwischen Objekten. Die Verbindung zwischen dem Ganzen und seinen Teilen muß explizit und nur für die Fälle hergestellt werden, in denen sie tatsächlich existiert.

Wird dem Modell eine Variablenstruktur zugrundegelegt, so können die Rohimplikationen leicht nach den Variablen sortiert werden. Innerhalb dieser Gruppen, oder bei Verwendung des Sammlerverfahrens auch generell, kann zudem nach den vorläufigen Kernprädikaten sortiert werden. Eine solche Ordnung der Rohimplikationen erleichtert deren Analyse, um die endgültigen Abkürzungen und Objektstrukturen zu gewinnen. Dabei ist es oft sinnvoll, auf bereits vorliegende Wörterbücher aus anderen Modellen zurückzugreifen.

Ist eine Wissensbasis soweit, daß sie in DEDUC eingelesen werden kann, liefern die Befehle **sort pred** und **sort obj** mühelos entsprechende Listen des alphabetisch geordneten Vokabulars. In diese müssen dann lediglich die normalsprachlichen Bedeutungen eingetragen werden. Ein solches Wörterbuch befindet sich im Anhang (6.7.3).

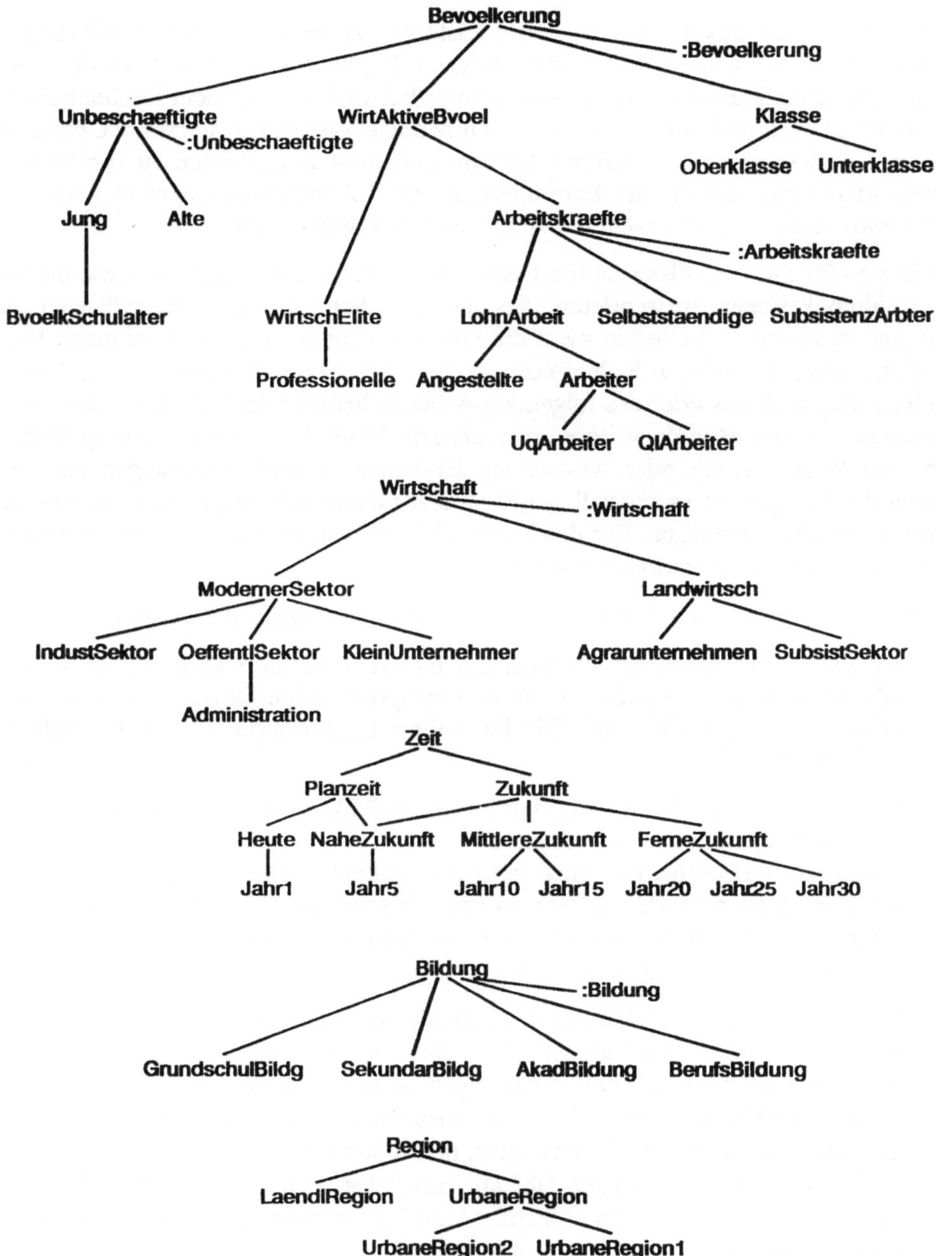

Abb. 6.6 Objektstrukturen im Mexiko-Modell

6.4.3 Formalisierung von Implikationen und Objektstrukturen

Da mit den Rohimplikationen eine erste Liste der zu verwendenden Abkürzungen vorliegt, kann eine erste Version formalisierter Implikationen erstellt werden. Bei kleinen Modellen kann dies nun bereits in einer Editor-Datei auf dem Rechner erfolgen. Bei mittleren und vor allem bei großen Modellen ist es vor allem für Ungeübte ratsam, für diese erste formalisierte Version nochmals Karteikarten zu verwenden, insbesondere wenn bereits die Formulierung der Rohimplikationen nicht glatt und problemlos verlief, sondern weitere Modifikationen erwarten läßt.

Die Karten für die formalisierten Implikationen sehen formal genauso aus, wie die für die Rohimplikationen verwendeten. Sie sind lediglich als neuer Karteikartensatz kenntlich zu machen. Weiterhin weist die Herkunftsangabe nun nicht auf einen Protokollsatz, sondern auf eine Rohimplikation (z.B. lfd. Nr.: 16 Herkunft: R48). Erfolgen im Rahmen dieses oder des folgenden Arbeitsschrittes oder bei der strukturellen Gesamtanalyse des Moduls weitere nennenswerte Modifikationen an einer größeren Zahl von Implikationen oder wesentliche Ergänzungen und Änderungen am Gesamtmodul (s.u.), so ist es sinnvoll, gegebenenfalls einen oder sogar mehrere weitere Karteikartensätze anzulegen. Für das Mexiko-Modell wurde nur ein Karteikartensatz mit formalisierten Implikationen angelegt.

Bei den formalisierten Implikationen ist eine Reihe von Dingen zu beachten:

- Sie sollten auf möglichst allgemeinem Niveau formuliert sein, d.h. es sollten Objekte verwendet werden, die in den entsprechenden Objektstrukturen möglichst hoch angesiedelt sind. Die Formulierung muß jedoch auf jeden Fall inhaltlich valide sein !

- Es muß sichergestellt werden, daß gleiche Prädikatenaussagen die gleiche Anzahl von Objekten und die gleichen Objekte (bzw. Vertreter der gleichen Objektstrukturen) enthalten. Auch muß die Reihenfolge der Objekte die gleiche sein. Bei großen Modellen kann es sinnvoll sein, eine Liste der Prädikate und ihrer Stelligkeit anzulegen. Damit kann jederzeit überprüft werden, wieviele Objekte zu einem bestimmten Prädikat gehören.

- Die Reihenfolge der Objekte in einer elementaren Prädikatenaussage ist im Prinzip beliebig, solange sie innerhalb einer Wissensbasis konsistent ist. Es haben sich aber aufgrund der Erfahrungen bestimmte Konventionen als sinnvoll herauskristallisiert. Diese folgen dem Grundsatz, daß für den Inhalt der Aussage sehr spezifische und informative, und damit bei Betrachtung der Wissensbasis insgesamt sehr variable Objekte, möglichst vorn, d.h. beim Prädikat, stehen sollten. Inhaltlich relativ stabile, vom Informationsgehalt her eher sekundäre Objekte hingegen sollten hinten stehen.

- Bei Modellen von der Art des Mexiko-Modells, deren Implikationen einen raum-zeitlichen Aspekt haben, und die auf Variablen bezogen sind, bedeutet dies z.B. folgende Reihenfolge (maximal 8 Objekte):

1) Objekt, das das Prädikat ergänzt, spezifiziert o.ä.,
2) Objekt, das eine Aktion ausdrückt,
3) Akteur, der die Aktion ausführt,
4) geographisch-räumlicher Bezug,
5) Zeit,
6) Variable bzw. Variablenbereich.

Beispiel:

```
Politik(Stimulation,Investition,Wirtschaft,Mexiko,Zeit,VAR18RegPolitik)
           1 .         2.          3.         4.     5.    6.
```

Während die Gestaltung der ersten zwei oder drei Objekte je nach Inhalt der Implikation von diesem Schema oft erheblich abweichen kann, gilt die angegebene Reihenfolge für die letzten drei Objekttypen praktisch für den gesamten Sachmodul.

Bei den **and** und **or** Gliedern im **if**-Teil einer Implikation und bei mehrfachen Konsequenzen im **then**-Teil sollte die Reihenfolge möglichst die Bedeutung der entsprechenden elementaren Prädikatenaussagen für die Gesamtaussage der Implikation widerspiegeln. Im **if**-Teil sollte daher die zentrale Aussage, um die es geht, an erster Stelle stehen, gefolgt von den wichtigsten und dann den weniger wichtigen Randbedingungen. Entsprechend sollte im **then**-Teil die Hauptkonsequenz an erster Stelle stehen, gefolgt von den weniger wichtigen Konsequenzen. Diese Reihenfolgen sind eine Erleichterung für den Leser der Implikationen. Sie haben jedoch technisch für DEDUC keine Relevanz. Falls eine Reihenfolge der Aussagen nicht ohne weiteres festzulegen ist, sollte man sich daher kein großes Kopfzerbrechen machen.

6.4.4 Konsistenz und Vollständigkeit des Konzeptsystems

Bevor die nun vorliegenden Implikationen in eine Editor-Datei geschrieben und mit DEDUC bearbeitet werden, sollte an Hand der Karteikarten noch eine erste gründliche inhaltliche Überprüfung der Implikationen, eine semantische Analyse, erfolgen. Sie kann unter Umständen an dieser Stelle nochmals zu größeren Veränderungen bei den einzelnen Implikationen wie auch in der Gesamtstruktur des Sachmoduls führen.

Ziel einer solchen Analyse ist es, jede einzelne Implikation sorgfältig nochmals daraufhin zu prüfen, ob das, was sie inhaltlich besagt, der inhaltlichen Aussage, die zugrundeliegt, tatsächlich entspricht. Eine Implikation kann dann als korrekt gelten, wenn sie die Ausgangsdaten adäquat wiedergibt, und, soweit erkennbar, auch voll in das bisher existierende Konzeptsystem paßt.

Beispiel: So ist, um die oben aufgeführte Implikation Nr. 16 (s. Abb. 6.5c) in das Gesamtsystem zu integrieren, eine weitere Implikation (Nr. 12) notwendig:

```
IF  NOT VrWachstum(Bevoelkerung,Mexiko,Zeit,VAR02BevWachst)
```

```
OR      VgWachstum(Bevoelkerung,Mexiko,Zeit,VAR02BevWachst)
THEN    StarkeVg(Zahl,Bevoelkerung,Mexiko,Zeit,VAR03BevZahl).
```

Wenn sich aus der semantischen Analyse, gegebenenfalls mit einer oder mehreren formalen Revisionen von Implikationen oder auch inhaltlichen Ergänzungen die endgültige Fassung der Implikationen ergibt, können diese in eine Editor-Datei eingegeben werden. In der vorliegenden Darstellung erfolgt die Eingabe zu einem sehr späten Zeitpunkt. Man könnte z.B. bereits die Rohimplikationen in eine Datei eingeben, und zur Festlegung und Vereinheitlichung der Terminologie bereits DEDUC heranziehen. In diesem Fall müßte allerdings die thematische Ordnung der Implikationen bereits anfangs hergestellt werden.

Beim Einlesen der Implikationen und Objektstrukturen in DEDUC erfolgt eine Syntaxanalyse mit Fehlermeldungen. Aufgrund der Fehlermeldungen können nun die Implikationen in der Editor-Datei korrigiert werden.

Wenn die Implikationen fehlerfrei eingelesen werden können, erfolgt eine lexikalische Analyse, d.h. eine Analyse der Einheitlichkeit und Konsistenz der Terminologie. Dabei können Unstimmigkeiten aufgedeckt werden, die vorher übersehen wurden, oder solche, die bei der Eingabe durch Schreibfehler entstanden sind. Die Befehle **sort obj** und **sort pred** liefern alphabetisch geordnete Listen aller verwendeten Prädikatnamen und Objekte. In diesen Listen zeigt sich dann z.B. daß für das Konzept 'Arbeitsplatz' sowohl 'Arbpl' als auch 'Job' verwendet wurde, oder daß für das Konzept 'Land' sowohl 'Land' als auch 'Lnad' geschrieben wurde. Festgestellte Fehler müssen nun beseitigt werden.

An die Korrektur der Terminologie des eingegebenen Modells schließt sich eine Analyse der einzelnen elementaren Prädikatenausdrücke an (mit den Befehlen **pria** und **priaso**). Sie stellt sicher, daß gleiche Sachverhalte auch gleich formuliert sind, vor allem was die Zahl und Reihenfolge der Objekte betrifft (siehe Beispiel oben). Zudem dient sie der Vorbereitung einer Analyse des Gesamtsystems, bei der dieses Material dann weiterverwendet wird.

Zeigt sich, daß Korrekturen erforderlich sind, wird die Arbeit mit der entsprechenden Revision fortgesetzt. Ist sichergestellt, daß alle Prädikatenausdrücke einheitlich und richtig formuliert sind, so liegt damit ein Sachmodul vor, der zumeist von seiner Struktur her noch ergänzt werden muß. Eine Ergänzung kann erforderlich sein, weil entweder ganze Teilgebiete fehlen, weil Querverbindungen zwischen Konzepten fehlen, oder auch weil Implikationen teilweise auf unterschiedlichen Ebenen der Allgemeinheit liegen (s.o.), was möglicherweise vorher noch nicht festgestellt werden konnte.

Die Arbeitsphase 'strukturelle Analyse des Gesamtmodells' dient der Vervollständigung eines Modells durch Herstellen fehlender Querverbindungen und die Lokalisierung nicht abgedeckter Bereiche. Derartige Ergänzungen können notwendig sein, weil in einem DEDUC-Modell nur das verarbeitet werden kann, was explizit formuliert ist. Es kann sich jedoch auch um inhaltliche Lücken im Ausgangsmaterial handeln. Auch wenn das Ausgangsmaterial in manchen Fällen aufgrund der Problemstellung möglichst unverändert nachgebildet werden soll, ist es dennoch erforderlich, das Gesamtsystem auf seine Konsistenz zu überprüfen, um die Funktionsfähigkeit sicherzustellen. Gegebenenfalls muß es sowohl bezüglich einzelner Implikationen mehr formal als auch strukturell inhaltlich revidiert werden.

Fehlende explizite Verbindungen zwischen Konzepten können entstehen durch:

- das Fehlen von selbstverständlichen inhaltlichen Verbindungen zwischen unterschiedlichen Konzepten (z.B. verschlimmert sich die Beschäftigungssituation, wenn mehr Arbeitskräfte auf den Arbeitsmarkt kommen, dies gilt aber nur unter der Zusatzbedingung, daß die Zahl der Arbeitsplätze nicht zunimmt!);
- das Fehlen von implizit vorhandenen Beziehungen z.B. zwischen Teil und Ganzem (z.B. führt eine Zunahme bei einer Gruppe von Arbeitskräften nur dann zu insgesamt mehr Arbeitskräften in der Wirtschaft, wenn nicht gleichzeitig in einer anderen Gruppe ein kompensierender Rückgang zu verzeichnen ist);
- das Fehlen offensichtlicher formallogischer Beziehungen zwischen unterschiedlich formulierten Prädikaten, z.B. 'VgWachstum(Bevoelkerung)' und 'not VrWachstum(Bevoelkerung)'; es ist offensichtlich, daß wenn z.B. 'VgWachstum' gilt, zugleich 'not VrWachstum' gilt. Implikationen mit den beiden Prädikaten müssen aber über eine explizite Verbindung zwischen 'VgWachstum' und 'not VrWachstum' miteinander in Beziehung gesetzt werden.

Um solche Lücken, aber gegebenenfalls auch inhaltliche Leerstellen systematisch lokalisieren zu können, müssen die tatsächlich vorhandenen Implikationen mit denen verglichen werden, die theoretisch eigentlich vorhanden sein müßten. Wird bei der Modellkonstruktion rein nach der Sammler-Strategie gearbeitet, so ist die einzige Möglichkeit, eine Reihe von Deduktionen durchzuführen und die Ergebnisse sorgfältig auf der Basis des vorhandenen Wissens des Benutzers zu analysieren. Formal bedingte Lücken können auf diese Weise zwar erkannt werden, es handelt sich aber um einen Prozeß von Versuch und Irrtum auf gut Glück. Ein solcher bietet erst nach vielfacher Wiederholung und probeweiser Bearbeitung einer Vielzahl von Inputs (Prämissen, Szenarien) einigermaßen die Gewähr, nicht allzuviel übersehen zu haben.

Verwendet man hingegen eines der beiden anderen Verfahren, oder legt man zumindest eine grobe thematische Gliederung zugrunde, so bietet die thematische Gliederung, die Einteilung nach Variablen oder die entsprechende Zuordnung zu den Komponenten eines Wirkungsdiagramms die Grundlage für eine systematische Analyse. Während bei einem Wirkungsdiagramm und bei einer Variablenstruktur die Soll-Verbindungen beispielsweise von der Theorie her vorgegeben sind, müssen diese bei einer lediglich thematischen Gliederung erst festgelegt werden. Das kann auf die Weise erfolgen, daß die Themenbereiche als Matrix angeordnet werden. In dieser Matrix werden diejenigen Verbindungen herausgesucht und festgelegt, die von inhaltlichen Überlegungen her wirklich existieren sollten. In die Zellen der Matrix können dann die Nummern der vorhandenen Implikationen eingetragen werden. Damit entsteht eine Übersicht über die Besetzung der Zellen. Daraufhin muß jede besetzte oder noch zu besetzende Zelle mit den zugehörigen Implikationen inhaltlich sorgfältig analysiert werden, so daß notwendige Ergänzungen der Wissensbasis festgestellt und durchgeführt werden können.

Bei Verwendung von Wirkungsdiagrammen oder Variablenstrukturen ist das Verfahren analog. Von der praktischen Seite her ist die Sache in diesen Fällen allerdings wesentlich einfacher. Bei der Verwendung des Top-down Verfahrens liegen zu Beginn der Analyse des Gesamtsystems die Variablen mit ihren Soll-Verbindungen vor. Ferner kann für die Gesamtanalyse in diesem Falle auf die Implikationen und die elementaren Prädikatenausdrücke mit Angaben über ihre Variablenzugehörigkeit zurückgegriffen werden.

Mit Hilfe des **priaso**-Befehls ist es keine Schwierigkeit, die elementaren Prädikatenausdrücke gemäß ihrer Variablenzugehörigkeit zu sortieren, wenn diese in Form eines Objekts jeweils in den Prädikatenausdruck aufgenommen ist. Damit stehen dann zu jeder Variablen die vorhandenen inhaltlichen Angaben zur Verfügung. Daraus läßt sich zunächst ersehen, ob eine bestimmte Variable im Rahmen des Modells tatsächlich in allen relevanten Aspekten erfaßt ist. In einem zweiten Schritt sind alle Implikationen zu finden, die von der betreffenden Variablen ausgehen, d.h. in ihrem **if**-Teil den betreffenden Variablennamen als Objekt enthalten. Aus den Angaben in den **then**-Teilen dieser Implikationen wird ersichtlich, wohin Verbindungen existieren. Bei den entsprechenden Zielvariablen ist dann zu überprüfen, ob Implikationen mit entsprechenden **if**-Teilen existieren, die es gegebenenfalls ermöglichen, die Deduktionskette weiterzuführen. Daraus und aus dem Vergleich z.B. mit theoretischen Überlegungen ergeben sich schließlich die notwendigen Ergänzungen.

Da die Vervollständigung des Konzeptsystems in dieser Phase sowohl rein formale Ergänzungen als auch eine echte inhaltliche Erweiterung bedeuten kann, führt die Analyse oft dazu, daß der gesamte Prozeß erneut von vorne durchlaufen wird. Da jedoch bei einem zweiten Durchlauf sehr viel Vorarbeit bereits geleistet ist, kann der Arbeitsprozeß verkürzt werden. Eine solche Verkürzung wird in Abb. 6.2 durch die gestrichelten Pfeile vorgeschlagen. Je nach Problemstellung, Umfang der Wissensbasis und auftretenden Schwierigkeiten müssen der gesamte Prozeß oder einzelne Teile davon mehrfach voll oder verkürzt durchlaufen werden. Dabei bestimmt einerseits die bereits geleistete Formalisierung der Implikationen die Gesamtstruktur des Konzeptsystems und die sich daraus ergebenden Korrekturen. Andererseits kann auch die Gesamtstruktur eine Revision einzelner Implikationen erforderlich machen.

Nun kann die Phase der eigentlichen Experimente mit dem Modell beginnen. Sie kann möglicherweise nochmals zu Korrekturen und inhaltlichen Veränderungen des Modells führen.

6.4.5 Die Verwendung von Gewißheiten

In den Ausführungen über die Datenerhebung und die Umsetzung normalsprachlicher Aussagen wurde klar, daß die einzelnen Implikationen im Hinblick auf ihre Gültigkeit aus den verschiedensten Gründen einen sehr unterschiedlichen Status haben können. Mit anderen Worten ist die Gewißheit, daß bestimmte Implikationen tatsächlich gelten und valide sind, sehr unterschiedlich. Dies wurde bei der bisherigen Darstellung der Formalisierung der Implikationen zunächst nicht weiter berücksichtigt. Mit den Gewißheitsfaktoren steht jedoch ein Instrument zur Verfügung, mit dessen Hilfe dieser Aspekt sehr differenziert in die Wissensbasis einbezogen werden kann.

Der Gewißheitsfaktor stellt eine Aussage über die Gültigkeit der Implikation dar, nicht aber über die Stärke des Zusammenhangs von **if**- und **then**-Teil. Die Gewißheit einer Implikation darf also auf keinen Fall mit der Stärke (Quantität), der Wahrscheinlichkeit oder der subjektiven Wahrscheinlichkeit, mit der die Konsequenz eintritt, verwechselt werden. Sie besagt nichts über den in einer Implikation ausgedrückten Sachverhalt oder Kausalzusammenhang selbst, sondern nur etwas über die Aussage, die darüber formuliert wird.

Eine Gewißheit von 100 bedeutet also, daß eine Implikation absolut valide, absolut gültig ist. Das ist vor allem bei Definitionen, logischen Aussagen, naturgesetzlichen oder quasi-naturgesetzlichen Zusammenhängen der Fall. Eine Gewißheit von 0 hingegen bedeutet, daß es keinerlei Hinweise auf einen Zusammenhang zwischen **if**- und **then**-Teil einer Implikation gibt. DEDUC behandelt eine solche Implikation als nicht existent.

Gewißheitsfaktoren, soweit sie dem Datenmaterial zu entnehmen sind, werden am besten zunächst mit den Protokollsätzen dokumentiert. Eine Zuordnung zu den formalisierten Implikationen erfolgt sinnvollerweise erst, wenn diese in einer relativ endgültigen Form vorliegen. Einigermaßen zuverlässige Informationen zu den Gewißheitsfaktoren, die nicht lediglich auf Schätzungen des Modellkonstrukteurs beruhen, werden sich zumeist erst nach Abschluß der Modellkonstruktion mit Hilfe einer gezielten Befragung gewinnen lassen[13].

Vom Modellkonstrukteur festgelegte Gewißheitsfaktoren sind jedoch insofern legitim, als sie seine Einschätzung der Validität der verwendeten Aussagen widerspiegeln. Letztlich gibt der Wissenschaftler wie auch der Entscheidungsträger sein Urteil aufgrund dessen ab, was er subjektiv für gültig und gewiß hält.

Bei der Verarbeitung der Implikationen im Deduktionsprozeß sind drei Fälle zu unterscheiden:

- einfache Implikationen
- **and**-Verknüpfungen
- **or**-Verknüpfungen.

Die Gewißheitsfaktoren der Konklusionen oder Prämissen, die den if-Teil einer Implikation bewahrheiten, werden in den drei Fällen jeweils unterschiedlich verrechnet. Wichtig ist jedoch, im Auge zu behalten, daß sich der Gewißheitsfaktor immer auf die gesamte Implikation bezieht. Da aber die einzelnen Aussagen, z.B. in einer and-Verknüpfung, durchaus nicht immer gleich gewiß sind, liegt es im Interesse einer möglichst differenzierten Angabe von Gewißheiten, die Implikationen möglichst einfach zu halten. Komplexe Aussagen sind daher möglichst weit zu zerlegen.

Eine Konsequenz in einer Deduktionskette kann aufgrund der Verrechnungsweise der Gewißheitsfaktoren maximal die gleiche Gewißheit wie früher erzeugte Konklusionen haben. Da in sehr vielen Fällen Implikationen eine Gewißheit haben, die kleiner als 100 ist, haben im Deduktionsprozeß später erzeugte Konklusionen im allgemeinen geringere Gewißheiten als früher erzeugte. Die Verstärkung einer Wirkung, wie sie bei quantitativen Größen vielfach auftritt, kann also mit Hilfe der Gewißheitsfaktoren keinesfalls erfaßt werden. Die Gewißheit einer Konklusion hängt vor allem von der Länge der Argumentationskette ab.

Je mehr Zwischenglieder zwischen einer ersten Prämisse und einer Konklusion liegen, desto fragwürdiger ist die Gültigkeit dieser Konklusion. Ihre Gewißheit kann nicht höher sein, als die des schwächsten Gliedes in der Kette. Daher erreicht jede Deduktionskette früher oder später ein Abbruchkriterium, das bei DEDUC vom Benutzer festgelegt wird. Er kann z.B. angeben, daß er eine Weiterführung der Deduktion für nicht mehr sinnvoll hält, wenn die Konklusionen nur noch eine Gewißheit von z.B. 10 Punkten erreichen, da sie dann in bloße Spekulation münden.

Gewißheiten als Aussagen über die Gültigkeit eines Konzepts und Aussagen über Quantitäten der im Konzept ausgedrückten Sachverhalte sind also streng auseinanderzuhalten. Es gibt jedoch Umstände, die eine gewisse Korrelation nahelegen. Sehr starke quantitative Beziehungen sind von einem Beobachter meist deutlicher wahrzunehmen als mittlere oder schwache Beziehungen. Von daher können Aussagen über quantitativ starke Beziehungen oft auch mit einer größeren Gewißheit gemacht werden als Aussagen über schwache Beziehungen. Weiterhin kann von einem negativen Zusammenhang zwischen Gewißheit und Allgemeinheitsgrad einer Aussage ausgegangen werden. Je allgemeiner eine Aussage ist, desto größer das Risiko, daß sie nicht stimmt. Desto geringer ist also die Gewißheit, mit der sie gemacht werden kann.

6.4.6 Die Zeitdynamik

Bei Kausalmodellen vom Typ des Mexiko-Modells spielt die zeitliche Abfolge der Ereignisse eine wichtige Rolle. In DEDUC existiert ein (allerdings nicht sehr ausgefeilter) Zeitmechanismus, der es bis zu einem gewissen Grade erlaubt, die zeitliche Dynamik der modellierten Zusammenhänge zu erfassen.

Zeit als Objektstruktur

Zeit ist im DEDUC-Modell, wie die anderen Konzepte auch, ein qualitatives Konzept. Es kann sich demzufolge bei Zeitangaben lediglich um diskrete Zeitpunkte oder Zeitabschnitte handeln. Diese werden als Objekte in den elementaren Prädikatenausdrücken aufgeführt.

Solche Zeitobjekte können abstrakte Zeitangaben wie T1, T5 oder Jahr1, Jahr5 usw. sein. Sie können auch historische Zeitangaben wie z.B. die Jahreszahlen 1985, 1990 usw. sein, oder es können diffusere qualitative Zeitbegriffe wie 'heute', 'nahe Zukunft', 'mittlere Zukunft' usw. sein. Je nach Darstellungsform ist es sinnvoll, eine mehr oder weniger stark untergliederte Objektstruktur aufzubauen, die in geeigneter Weise die elementaren Zeitschritte, d.h. die Zeitschritte der untersten Ebene der Objektstruktur, zu größeren Zeitintervallen zusammenfaßt. Auf jeden Fall erforderlich ist zumindest ein Oberbegriff über alle Zeiteinheiten, da es immer Implikationen geben wird, die für alle Zeiteinheiten gelten.

Dies kann auf einfache Weise z.B. mit dem Oberbegriff 'Zeit' (als 'Top Object') ausgedrückt werden. Zeitangaben müssen in der gesamten Wissensbasis durchgängig entweder als Zeitpunkte, oder, was meist wohl sinnvoller ist, als Zeitperioden aufgefaßt und interpretiert werden. Im Mexiko-Modell bezeichnen die elementaren Zeitangaben (Jahr5, Jahr10, Jahr15, ...) jeweils etwa 5 Jahresperioden. Nur die erste Angabe, Jahr1, bezeichnet einen Zeitpunkt, die Gegenwart. Jahr5 bezeichnet dann die jeweils nächste Fünfjahresperiode (siehe Abb. 6.6).

Maximal können in DEDUC zehn Zeitschritte verwendet werden. Wie lang die einzelnen Schritte sein sollten, hängt von den inhaltlichen Aspekten der Wissensbasis ab. Die Objektstruktur 'Zeit' muß darauf abgestimmt sein. Bei den in den Objektstrukturen enthaltenen Angaben handelt es sich um absolute (historische) Zeitangaben.

Zeit in den Implikationen

In allgemein gültigen Implikationen, die in Abhängigkeit von den Prämissen für verschiedene absolute Zeitpunkte aktiviert werden können, muß es möglich sein, die relative zeitliche Beziehung zwischen **if**-Teil und **then**-Teil anzugeben.

Beispiel:

```
IF   StarkeVg(Zahl,:Bevoelkerung,Mexiko,Zeit,VAR03BevZahl)
THEN Mehr(:Arbeitskraefte,Mexiko,+Zeit,VAR05Arbkraefte).
```

Hierzu werden die folgenden Präfix-Zeichen bei den Zeitobjekten verwendet:

+	-	im nächsten Zeitschritt
++	-	im übernächsten Zeitschritt
#	-	von diesem Zeitschritt an
#+	-	vom nächsten Zeitschritt an
#++	-	vom übernächsten Zeitschritt an.

Implikationen sollten bezüglich der Zeit, ebenso wie auch hinsichtlich der anderen Objekte, möglichst allgemein formuliert werden. Das heißt, es sollten Zeitobjekte auf einer möglichst allgemeinen Ebene der Zeit-Objektstrukturen verwendet werden.

Die Zeitkette (Time Chain)

Damit das Programm mit den relative Zeitverschiebungen angebenden Präfixen bei den Zeitobjekten, die ja bei jeder Wissensbasis anders lauten können, arbeiten kann, muß ihm mitgeteilt werden, welches die elementaren Zeitschritte (Objekte) im jeweiligen Modul sind. Auch muß ihre Reihenfolge festgelegt werden. Dies geschieht mit Hilfe des Befehls **time**. Er dient dazu, die Zeitkette zu definieren.

Beispiel: Im Mexiko-Modell findet die folgende Zeitkette Verwendung (vgl. Abb. 6.6):

```
Jahr1, Jahr5, Jahr10, Jahr15, Jahr20, Jahr25, Jahr30
```

Zeitkette und Zeit-Objektstruktur müssen in Sachmodul und Orientormodul identisch sein.

Zeit in Prämissen und Konklusionen

Da die Wissensbasis selbst möglichst allgemeingültig formuliert sein sollte und damit auch relativ zeitunabhängig ist, kommt der konkrete, absolute (historische) Zeitbezug durch die Prämissen in die Modelläufe. Prämissen können, soweit sie Zustände beschreiben, zwar auch über weitere Zeiträume gelten; Maßnahmen, Aktionen und Handlungen setzen jedoch zu konkreten Zeitpunkten ein. Sie haben mehr oder weniger verzögerte Auswirkungen zu entsprechend späteren konkreten Zeitpunkten. Die Evaluierung der Konsequenzen sieht folglich jeweils anders aus, je nachdem, zu welchem Zeitpunkt bzw. Zeitintervall man sie durchführt. Hierzu kann insbesondere der Befehl **eval g** genutzt werden.

Der vollständige Sachmodul des Mexiko-Modells (MEXSA) findet sich auf der DEDUC-Diskette.

6.5 Entwicklungsziele - Aufbau eines Orientormoduls

Ein ganz wesentlicher Schritt in der Entwicklungsplanung und bei der Entscheidungsunterstützung allgemein ist die Evaluierung von Sachverhalten an Hand von Bewertungskriterien. Hierzu stehen bei der Arbeit mit DEDUC Orientormoduln zur Verfügung, die eine Bewertung der in einem Sachmodul generierten Konsequenzen ermöglichen. Rein formal und syntaktisch ist ein Orientormodul genauso aufgebaut wie ein Sachmodul. Im Prinzip sind für den Aufbau eines solchen Moduls auch die gleichen Arbeitsschritte zu durchlaufen (s. Abb. 6.2).

Es ergeben sich jedoch mehrere Besonderheiten von der inhaltlichen Seite her, und auch weil bei den Orientormoduln stärker auf numerische Verfahren zurückgegriffen wird. Von der inhaltlichen Seite her handelt es sich bei einem Orientormodul um eine relativ klare, sich nach oben verjüngende Hierarchie. Es ist also eine wesentlich einfachere Struktur als das Netzwerk eines Sachmoduls. Ein Orientormodul ist daher rein technisch viel einfacher zu konstruieren als ein Sachmodul. Auf der anderen Seite bringt jedoch die stärkere Verwendung numerischer Größen vor allem bei komplexeren Orientorenhierarchien einen erhöhten Bedarf an sehr spezifischer Detailinformation. Dieser ist kaum zu decken, es sei denn, man geht den bereits für die Validierung des Sachmoduls skizzierten Weg einer gezielten, auf einem bereits vorliegenden Modul basierenden Befragung.

Der Orientormodul wird letztlich genau wie ein Sachmodul mit Hilfe von Implikationen gebildet. Dabei sind Implikationen, die Sachverhalte mit den Orientoren der untersten Ebene verbinden (Sach-Wert-Implikationen) von jenen zu unterscheiden, die Orientoren miteinander verbinden (Wert-Wert-Implikationen). Die ersteren stellen die eigentliche Bewertung dar. Sie bilden die Schnittstelle zwischen Implikationen des Sachmoduls und der Wertehierarchie im Orientormodul. Wert-Wert-Implikationen hingegen verbinden die verschiedenen Ebenen der Orientorenhierarchie miteinander. Sie dienen der Aggregation von Werten und ihren Betroffenheiten. Wert-Wert-Implikationen sorgen dafür, daß Wertbetroffenheiten auf einer unteren Ebene der Hierarchie auf eine höhere Ebene übertragen werden (vgl. Abb. 6.7).

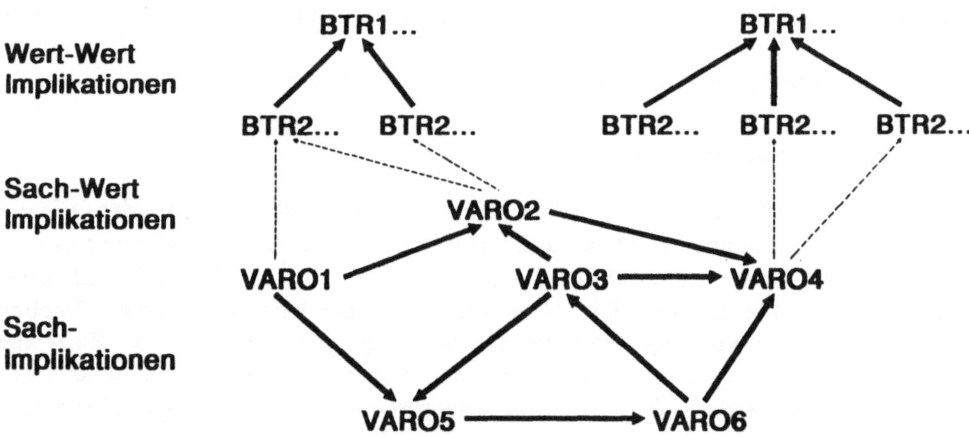

Abb. 6.7 Grundstruktur eines DEDUC-Modells

Unbedingt zu beachten ist, daß in einem Orientormodul auf gar keinen Fall Sachimplikationen stehen dürfen! Wegen der Art und Weise, wie die Zeitkette verarbeitet wird, kann es zu erheblichen Verfälschungen der Bewertungsergebnisse kommen, falls sich Sachimplikationen im Orientormodul befinden.

Festzulegen sind dementsprechend (vgl. Abb. 6.3):

- Orientoren,
- Zuordnung der Orientoren zu den Ebenen,
- Wertgewichte,
- Beziehungen zwischen den Orientoren (Wert-Wert-Beziehungen, Hierarchie),
- Beziehungen zwischen Sachkonzepten und Orientoren (Sach-Wert-Beziehungen),
- Intensität der Beziehungen (Ladefaktoren),
- Schnittfaktoren ('overlap factors' OF).

Welche Konzepte als Orientoren zu betrachten sind und welche als Sachkonzepte, geht zwar zum Teil aus den verwendeten Unterlagen hervor, zum Teil bleibt es aber auch ziemlich unklar. In vielen Fällen kann ein Konzept sowohl als Sachkonzept als auch als Orientor aufgefaßt werden. Das ist vor allem bei Orientoren der untersten Ebene oft der Fall (z.B. 'Gesundheit', s. Abb. 6.8). Die Schnittstelle zwischen Orientorenhierarchie und Sachmodul in Gestalt der Sach-Wert-Implikationen kann deshalb oft nicht ohne weiteres festgelegt werden. Es gibt hierfür keine abstrakten Kriterien. Vielmehr muß sie aus der inhaltlichen Fragestellung und den Funktionserfordernissen von DEDUC hervorgehen. Nur so kann von Fall zu Fall beurteilt werden, ob ein Konzept als Sachkonzept, als Orientor oder vielleicht sogar als beides in die Wissensbasis aufgenommen werden muß. 'Gesundheit' kann beispielsweise in einem Sachmodul als Teil sozialer und biologischer Kausalzusammenhänge betrachtet werden, während sie zugleich als ein erstrebenswertes Ziel in den Orientormodul aufgenommen werden kann. Das gleiche gilt z.B. für 'Wirtschaftswachstum'.

6.5.1 Auswahl der Orientoren

Die Anzahl der Ebenen einer Orientorenhierarchie wie auch die Anzahl der Orientoren auf den einzelnen Ebenen ist im Prinzip beliebig. Die unterste Ebene sollte jedoch in ihrem Umfang dem Umfang des Sachmoduls und der Art und Zahl seiner Variablen angemessen sein. Die Orientorenhierarchie kann weitgehend Ergebnis empirischer Analysen oder theoretischer Überlegungen, z.B. auf der Basis der Orientierungstheorie sein. Sie kann aber auch eine Mischung von beidem sein. Sie kann nämlich aus empirisch gefundenen Orientoren bestehen, die aufgrund theoretischer Gesichtspunkte strukturiert und ergänzt wurden.

Im allgemeinen empfiehlt es sich, eine strikte Hierarchie aufzubauen und gegebenenfalls Dummy-Orientoren zu verwenden, um die Lücken ausfüllen (vgl. Abb. 6.8). Dies ist aus programmtechnischen Gründen sinnvoll, um eine saubere Verrechnung der Ladefaktoren und ihre Zurückverfolgung mit Hilfe des **how**-Befehls zu gewährleisten. Eine saubere Hierarchisierung ist ferner nützlich, um die Bewertungsbilder auf den verschiedenen Ebenen der Hierarchie vergleichbar zu halten. Weiterhin trägt sie dazu bei, daß für den Benutzer die Übersicht erleichtert wird.

Dummy-Orientoren haben lediglich die Funktion von Platzhaltern. Sie sorgen dafür, daß eine Information, die auf Ebene 1 vorhanden ist, auch für Ebene 2 berücksichtigt wird. Sie stellen aber keine neuen, übergeordneten Orientoren dar. Solche Dummy-Orientoren werden durch die Angabe der Hierarchieebene beim Orientornamen (Objekt) gekennzeichnet und unterschieden. So bezeichnet z.B. 'Gesundheit' den Orientor 'Gesundheit' auf Ebene 3, während derselbe Orientor auf Ebene 2 (als Dummy-Orientor) mit 'Gesundheit2' bezeichnet wird. Da durch Dummy-Orientoren die Betroffenheiten nicht beeinflußt werden dürfen, sind in solchen Fällen grundsätzlich Ladefaktoren mit 100 einzusetzen.

Beispiel:

```
IF   Betroffen3(Gesundheit,Mexiko,Zeit)
THEN Betroffen2(Gesundheit2,Mexiko,Zeit). LF 100.
```

Erfahrungsgemäß sollte eine Orientorenhierarchie zumindest zwei Ebenen haben. Mehr als vier oder fünf Ebenen dürften selbst bei sehr großen Modellen nicht sinnvoll sein. Die Hierarchie wird dann auch unübersichtlich. Eine Hierarchie mit drei Ebenen hat sich bisher zumeist recht gut bewährt.

Grundlage für die im Mexiko-Modell verwendete Orientorenhierarchie ist ein für die Analyse gesamtgesellschaftlicher Entwicklung konzipiertes Kriteriensystem. Es ist auf das im Zusammenhang mit dem Top-down Verfahren erwähnte allgemeine funktionale Gesellschaftsmodell abgestimmt[14].

Analog zu dem letzteren kann auch das Kriteriensystem im Hinblick auf eine spezielle Fragestellung, hier die Entwicklungspolitik in Mexiko, spezifiziert und angepaßt werden. Gemäß der Orientierungstheorie, derzufolge die Leitwerte, nämlich physische Bedürfnisse, psychisch/informationelle Bedürfnisse, Sicherheit, Freiheit, Wandlungsfähigkeit und Effizienz, universale Bedürfnisse bzw. Ziele von lebenden Systemen sind, ist die Ebene der Leitwerte für jedes Modell die gleiche.

Anpassung betrifft daher vor allem die dritte Ebene des allgemeinen Kriteriensystems. Dieser kann, falls erforderlich, eine vierte, noch differenziertere Ebene hinzugefügt werden. Im Falle des Mexiko-Modells, dessen Sachmodul im Vergleich zur Struktur des allgemeinen Rasters des funktionalen Gesellschaftsmodells relativ einfach ist, wurde das allgemeine Kriteriensystem hingegen stark vereinfacht. Letztlich sind nur Kriterien sinnvoll, für die tatsächlich eine Beziehung zu den Implikationen des Sachmoduls hergestellt werden kann.

Die Einteilung der Orientoren nach ihrer Zugehörigkeit zu den Leitwerten bedeutet eine Gruppierung von jeweils zusammengehörigen Orientoren, die auch untereinander in Beziehung stehen. Vor allem Orientoren unterer Ebenen sind aber oft nicht nur einer einzigen Dimension zuzuordnen. Häufig bilden sie auf übergeordnete Orientoren ab, die zu verschiedenen Leitwerten gehören. Dadurch kommen Querverbindungen zwischen den Leitwertdimensionen zustande, die von der Orientorentheorie her allerdings auch zu erwarten sind. Die Leitwerte sind ja nicht voneinander völlig unabhängig, sondern es sind sich gegenseitig stützende und ergänzende allgemeinste Bedingungen der Lebenserhaltung und -entfaltung. Um die Auswirkungen solcher Querverbindungen möglichst frühzeitig deutlich zu machen, und um sie bereits auf einer Ebene zu erfassen, die noch so detailliert ist, daß nicht, wie auf der Ebene der Leitwerte, von vornherein alles mit allem in Verbindung gebracht werden kann, ist es angebracht, Querverbindungen auf einer möglichst niedrigen Ebene der Orientorenhierarchie zu formulieren.

Für die Zusammenstellung der Orientoren und ihre Zuordnung zu den Leitwerten und den verschiedenen Ebenen der Orientorenhierarchie kann das Formular 5 verwendet werden. Dort können zugleich die Wertgewichte eingetragen werden. Diese geben an, welche Bedeutung einem Orientor im Vergleich zu den anderen Orientoren der selben Ebene zukommt.

6.5.2 Verknüpfung der Orientoren: Struktur der Hierarchie, Betroffenheiten, Ladefaktoren und Wertgewichte

Sofern für diesen Arbeitsgang eine klare Hierarchie nicht bereits von den Rohdaten oder dem theoretischen Ansatz her vorliegt, kann auch hier die Verwendung einer Matrix zur Festlegung der relevanten Wertbeziehungen hilfreich sein. Eine thematische Gliederung der Reihenfolge der Implikationen ergibt sich aus der Unterscheidung der verschiedenen Hierarchieebenen. Innerhalb der Ebenen können sie aufgrund der Zuordnung der unteren Orientoren zu dem jeweils relevantesten übergeordneten Orientor sortiert werden.

Für die Festlegung der Zuordnung von untergeordneten Orientoren zu übergeordneten Orientoren kann das Formular 6 verwendet werden. In dieses können in einem nächsten Schritt zugleich die Ladefaktoren eingetragen werden.

Ist die Orientorenhierarchie konstruiert, so kann eine graphische Darstellung angefertigt werden, die gegebenenfalls auch Dummy-Orientoren berücksichtigt (siehe Abb. 6.8).

Anhand des ausgefüllten Formulars 6 können die Implikationen formalisiert werden. Da dies technisch unproblematisch ist und die bei Sachimplikationen beschriebenen Interpretations- und Modifikationsprobleme zu einem großen Teil entfallen bzw. bereits bei der Umsetzung von Protokollsätzen in Rohimplikationen auftreten, können weitere Karteikartensätze entfallen. Die Herkunft der Implikationen bzw. der Wert-Wert und der Sach-Wert-Beziehungen (lfd. Nr. des Protokollsatzes) kann auf For-

Form5

Auswahl und Festlegung von Orientoren

Vorgehensweise

An Hand des allgemeinen Kriteriensystems zur Bewertung gesamtgesellschaftlicher Entwicklung[6] oder aufgrund anderer Quellen sind zunächst auf der Ebene 3 oder auf einer noch konkreteren, neu zu definierenden Ebene Orientoren zur Bewertung des zu bearbeitenden spezifischen Problems auszuwählen oder neu zu formulieren.

1) Ordnen Sie die ausgewählten und die neu formulierten Orientoren der untersten Ebene jeweils einem Leitwertbereich (Physische Bedürfnisse, Psychische Bedürfnisse, Sicherheit, Adaptivität, Freiheit, Effizienz, und im Falle des Mexiko-Modells Einkommensgleichheit) zu, und tragen Sie sie entsprechend in die folgende Liste ein.

Ebene 3		Ebene 2		Ebene 1	
Orientor	WT.	Orientor	WT.	Orientor	WT.
Gesundheit Einkommen BruttoSozProd OeffentlHaush	80 75 70 50	Gesundheit2 Einkommen2 BruttoSozProd2 OeffentlHaush2		PhysBeduerfn	100
InnereSicherh	100	InnereSicherh2 VersorgSich		Sicherheit	80
BildungNiv Zufriedenheit	70 75	Bildung Zufriedenheit2		PsychBeduerfn	75
Lernfaehigkeit	50	Kompatibilit2 Flexibilitaet2 InnovatFaehigk2		Adaptivitaet	100
UnabhGesellsch InnereFreiheit	90 95	PersoenlFreih AeussereFreih		Freiheit	75
TechnEffiz	70	KontrollEffiz WirtschEffiz TechnEffiz2		Effizienz	60
EinkGleichheit3	100	EinkGleichheit2		EinkGleichheit	100
....					

2) Ergänzen und modifizieren Sie dann in geeigneter Weise die Orientoren der höheren Ebenen, mit Ausnahme derjenigen der Ebene 1, so daß eine konsistente Hierarchie entsteht.

3) Betrachten Sie die Orientoren jeweils einer Ebene. Ordnen Sie ihnen Wertgewichte (WT) zu (0-100).

Erläuterung: Das obige Beispiel enthält die vollständige Orientorenhierarchie des Mexiko-Modells. Auf der obersten Ebene (Ebene 1) sind hier 7 Orientoren mit ihren Gewichten (WT.) festgelegt. Der erste dieser Orientoren, physische Bedürfnisse (PhysBeduerfn), erhält ein Gewicht von 100, die anderen Orientoren sind zum Teil niedriger gewichtet. Den 'Physischen Bedürfnissen' z.B. sind auf der nächst tieferen Ebene vier niedrigere Orientoren zugeordnet: Gesundheit, Einkommen, Bruttosozialprodukt und ausgeglichene öffentliche Haushalte. An der Zahl 2 bei den Bezeichnungen für diese Orientoren ist zu erkennen, daß es sich um Dummy-Orientoren handelt. Da diese Ebene nicht zuletzt deshalb für eine Evaluierung relativ uninteressant ist, werden auf Ebene 2 keine Wertgewichte festgelegt. Die gleichen Orientoren wie auf Ebene 2 liegen im Bereich der physischen Bedürfnisse auf der untersten Ebene, Ebene 3, vor. Dort sind sie ohne eine Zahl (z.B. Gesundheit), und demzufolge keine Dummy-Orientoren.

Den anderen Orientoren der Ebene 1 werden in ähnlicher Weise Orientoren auf den niedrigeren Ebenen zugeordnet.

mular 6 als Id. Nr. vermerkt werden oder direkt in die Editor-Datei übernommen werden. Insbesondere bei nicht sehr umfangreichen Orientormoduln, wie z.B. dem des Mexiko-Modells, kann die Formalisierung direkt in einer Editor-Datei erfolgen.

Wegen der Verwendung der Ladefaktoren ist es sinnvoll, Wert-Wert-Implikationen immer nur für die Beziehung zwischen je zwei Orientoren zu formulieren. Als Prädikate sind z.B. die Bezeichnungen 'Betroffen1', 'Betroffen2', 'Betroffen3' zu verwenden. Die Zahl gibt die Ebene der Hierarchie an. Die oberste Ebene ist Ebene 1. Als Objekte sind zu verwenden:

1. Bezeichnung des Orientors,
2. ggf. Bezeichnung für das zu bewertende System,
3. ggf. Bezeichnung für den Entscheider,
4. Zeit, um im Rahmen der **eval**-Befehle bestimmte Zeitabschnitte bewerten zu können.

Beispiel: Der in diesem Beispiel aufgeführte Entscheider, die Regierung von Mexiko ('Regierung') wird im Modell selbst nicht ausdrücklich genannt.

```
IF   Betroffen2(Gesundheit2,Mexiko,Regierung,Zeit)
THEN Betroffen1(PhysBeduerfn,Mexiko,Regierung,Zeit). LF 80.
                     1.          2.       3.       4.
```

Form6a

Festlegung von Wert-Wert-Beziehungen und Ladefaktoren

Vorgehensweise

1) Tragen Sie rechts zunächst den übergeordneten Orientor ein. Prüfen Sie dann, welche Orientoren der nächsttieferen Ebene auf diesen übergeordneten Orientor 'laden'. Ein untergeordneter Orientor kann auf mehr als einen übergeordneten Orientor laden! Tragen Sie die entsprechenden untergeordneten Orientoren der Reihe nach links ein. Tragen Sie dann rechts den nächsten übergeordneten Orientor ein etc.

2) Ist jedem übergeordneten Orientor zumindest ein untergeordneter Orientor, ggf. ein Dummy-Orientor, zugewiesen, so betrachten Sie der Reihe nach die einzelnen so entstandenen Gruppen. Legen Sie innerhalb jeder Gruppe fest, wie stark jeder untergeordnete Orientor auf den betreffenden übergeordneten Orientor positiv oder negativ lädt (Zahlenwerte -100 bis +100). Die LF innerhalb dieser Gruppen müssen sich nicht auf den Wert 100 aufsummieren! Tragen Sie den entsprechenden Ladefaktor (LF) jeweils ein.

Erläuterung: Das Beispiel enthält alle im Mexiko-Modell vorliegenden Wert-Wert-Beziehungen. Bei den ersten vier Beziehungen (Id. Nr. 1-4) handelt es sich um Beziehungen zu Dummy-Orientoren. Daher haben diese alle einen Ladefaktor (LF) von 100. 'Lernfähigkeit' ist als untergeordneter Orientor mehrfach aufgeführt, da er sowohl auf Bildung als auch auf Flexibilität, Innovationsfähigkeit und Kompatibilität lädt. Auf die ersten drei lädt er mit LF 50 und auf Kompatibilität mit LF 30.

Entsprechend sind die weiteren aufgelisteten Beziehungen zu verstehen. Die Beziehungen mit den Id. Nr. 1 bis 24 verbinden die Ebenen 3 und 2, diejenigen mit den Id. Nr. 25 bis 41 die Ebenen 2 und 1. Die Ladefaktoren sind hier alle positiv, da die Orientoren entsprechend formuliert sind. Das erleichtert die Übersicht und das Nachvollziehen von Evaluierungen. Die Beziehungen zwischen den Orientoren sind in Abb. 6.8 schematisch in etwas übersichtlicherer Form dargestellt.

Die Bezeichnungen für den Entscheider und das zu evaluierende System sind nicht unbedingt erforderlich. Sie können aber ganz nützlich sein, wenn man mit mehreren Modellen oder Modellansätzen arbeitet.

Die einfache, stark schematisierte Struktur der Implikationen führt dazu, daß in diesem Arbeitsschritt (siehe Abb. 6.2) eigentlich nur die Bezeichnungen für die Orientoren festzulegen sind. Die Objektstrukturen müssen vollständig aus dem Sachmodul übernommen werden. Daher kann von der graphisch dargestellten Orientorenhierarchie unmittelbar zur Bildung der Implikationen übergegangen werden. Wegen der vergleichsweise simplen und klaren Struktur einer Orientorenhierarchie vereinfacht

Form6b

Id.Nr.	untergeordneter Orientor	LF	übergeordneter Or.
1	Einkommen	100	Einkommen2
2	Gesundheit	100	Gesundheit2
3	BruttoSozProd	100	BruttoSozProd2
4	OeffentlHaush	100	OeffentlHaush2
5	BildungNiv	100	Bildung
6	Lernfaehigkeit	50	Bildung
7	Lernfaehigkeit	50	Flexibilitaet
8	Lernfaehigkeit	50	InnovatFaehigk
9	Lernfaehigkeit	30	Kompatibilitaet
10	Zufriedenheit	100	Zufriedenheit2
11	InnereSicherh	100	InnereSicherh2
12	UnabhGesellsch	75	VersorgSich
13	UnabhGesellsch	20	PersoenlFreiheit
14	UnabhGesellsch	50	AeussereFreiheit
15	UnabhGesellsch	75	Flexibilitaet
16	UnabhGesellsch	75	KontrollEffiz
17	InnereFreiheit	15	VersorgSich
18	InnereFreiheit	75	AeussereFreiheit
19	InnereFreiheit	75	Flexibilitaet
20	InnereFreiheit	75	InnovatFaehigk
21	InnereFreiheit	50	WirtschEffiz
22	TechnEffiz	100	TechnEffiz2
23	EinkGleichheit3	100	EinkGleichheit2
24	EinkGleichheit3	75	PersoenlFreiheit
25	Einkommen2	80	PhysBeduerfn
26	Gesundheit2	100	PhysBeduerfn
27	BruttoSozProd2	75	PhysBeduerfn
28	OeffentlHaush2	40	PhysBeduerfn
29	Zufriedenheit2	75	PsychBeduerfn
30	Bildung	75	PsychBeduerfn
31	VersorgSich	70	Sicherheit
32	InnereSicherh2	100	Sicherheit
33	PersoenlFreiheit	70	Freiheit
34	AeussereFreiheit	80	Freiheit
35	Flexibilitaet	100	Adaptivitaet
36	InnovatFaehigk	100	Adaptivitaet
37	Kompatibilitaet	70	Adaptivitaet
38	TechnEffiz2	90	Effizienz
39	WirtschEffiz	95	Effizienz
40	KontrollEffiz	100	Effizienz
41	EinkGleichheit2	100	EinkGleichheit

....

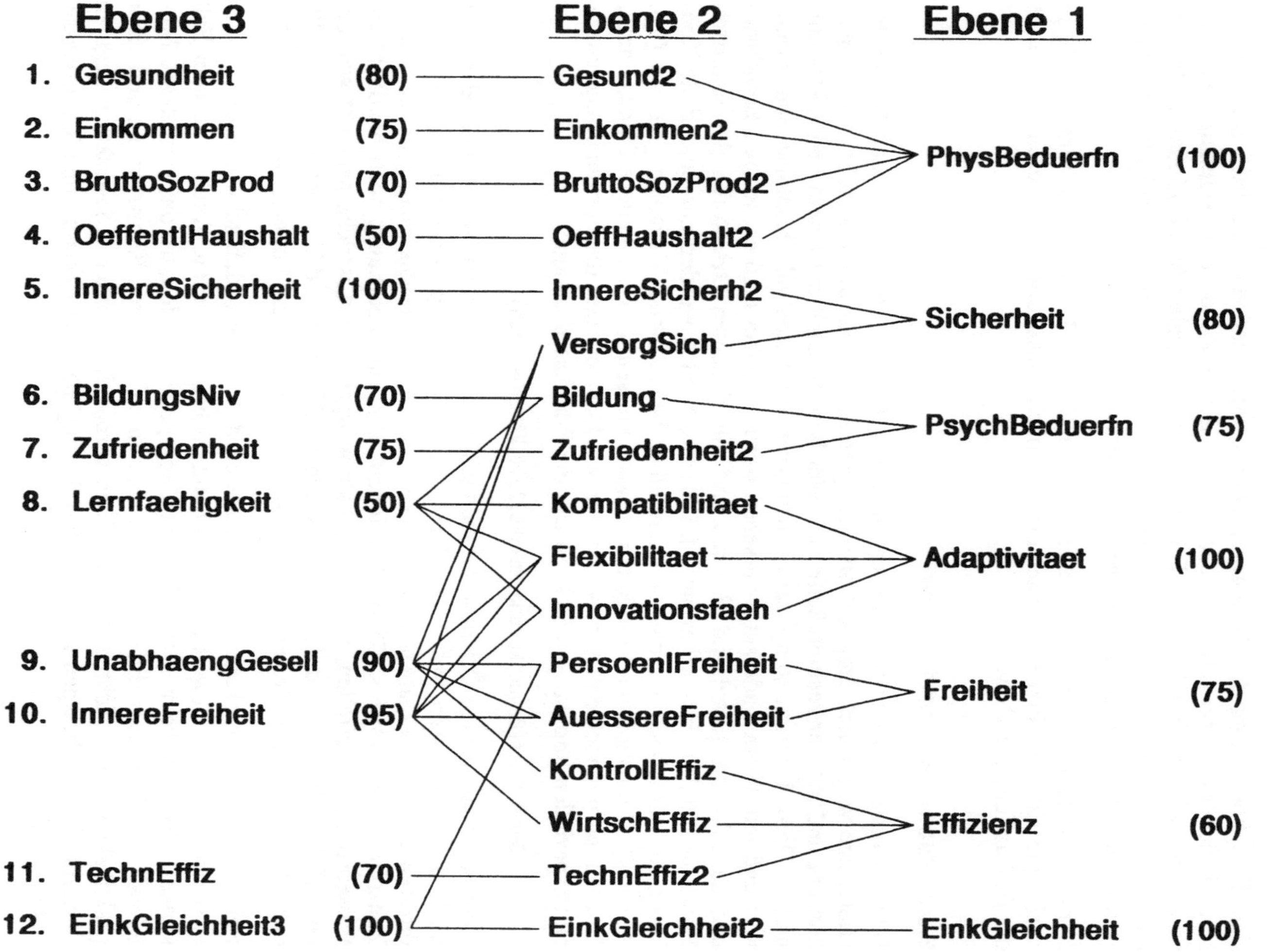

Abb. 6.8 Orientorenhierarchie des Mexiko-Modells

sich die Überprüfung des Orientorenmoduls, doch sind die einzelnen Schritte wie beim Sachmodul durchzuführen. Die Analyse der einzelnen Prädikatenausdrücke ist wegen der von vornherein einheitlichen Formulierung aller Implikationen recht einfach. Die Analyse der Gesamthierarchie kann entfallen bzw. ist bereits bei der Konzeption der Orientorenhierarchie vorweggenommen.

Formalisierungsprobleme dürfte es in diesem Bereich kaum geben. Was jedoch, je nach Fragestellung einer Untersuchung, erhebliche Schwierigkeiten bereiten kann, ist die Beschaffung der Rohdaten.

6.5.3 Sach-Wert-Beziehungen

Der Übergang von den Sachkonzepten zu den Orientoren der untersten Ebene der Hierarchie wird durch Implikationen hergestellt, die auf der linken Seite ein Sachkonzept und auf der rechten Seite eine Wertbetroffenheit mit einem Ladefaktor enthalten. Diese Übergangsimplikationen müssen für potentielle Konklusionen formuliert und mit einem Ladefaktor versehen werden. Dabei muß es sich um Konklusionen handeln, die jeweils im Hinblick auf die einzelnen Orientoren der untersten Ebene unmittelbar bewertbar sind. Im Mexiko-Modell wurden nur potentielle Konklusionen berücksichtigt, die zu unmittelbar bewertbaren Variablen gehören (vgl. Abb. 6.4). Die möglichen Prädikatenaussagen müssen für verschiedene Objekte unter Umständen unterschiedlich bewertet werden. Das bedeutet die Formulierung jeweils einer speziellen Implikation. So kann z.B. die Prädikatenaussage:

```
Gesundheit(Bevoelkerung,Mexiko,Zeit,VAR01Gesundh)
```

nicht pauschal auf den Orientor 'Gesundheit' bezogen werden. Würde man aber hier nach allen Teilklassen bzw. Exemplaren der Objektklassen 'Bevölkerung' und 'Zeit' differenzieren, so ergäben sich beispielsweise bei 13 Bevölkerungsgruppen und 7 Zeitstufen allein 13*7 = 91 Implikationen! Um eine überhaupt noch handhabbare Wissensbasis zu erstellen, müssen deshalb weitgehende Abstriche gemacht werden. Hinsichtlich der Zeit wurde überhaupt nicht differenziert, d.h. es wurde unterstellt, daß z.B. eine bessere Gesundheit in 30 Jahren noch genauso bewertet wird wie heute.

Bei den übrigen Objekten wurde nur soweit differenziert, daß schwerwiegende Unterschiede bei den Bewertungen nicht unterschlagen werden. Auch in diesem Fall können wiederum keine klaren Kriterien angegeben werden, wo das vertretbare Mittelmaß zwischen einer differenzierten, aber zu aufwendigen Konstruktion, und einer praktikablen, aber wichtige Unterschiede vernachlässigenden Konstruktion liegt. In dem angeführten Beispiel wird bei 'Bevölkerung' nach 'Oberklasse' und 'Unterklasse' unterschieden.

Beispiel:

```
IF   VgGesundheit(Obklasse,Mexiko,Zeit,VAR01Gesundh)
THEN Betroffen3(Gesundheit,Mexiko,Zeit). LF 25.
```

```
IF   VgGesundheit(Untklasse,Mexiko,Zeit,VAR01Gesundh)
THEN Betroffen3(Gesundheit,Mexiko,Zeit). LF 75.
```

Im Fall des Mexiko-Modells wurden fünfzig solcher Übergangsimplikationen formuliert.

Dieser Teil des Modells kann jedoch sinnvollerweise erst erstellt werden, wenn sowohl der Sachmodul als auch die Orientorenhierarchie vorliegen. Als Ausgangsmaterial für die Sach-Wert-Übergänge stehen die rechten Seiten der Sachimplikationen (**then**-Teile) zur Verfügung, die als **if**-Teile der Übergangsimplikationen Verwendung finden. Ferner sind auch die **then**-Teile der Übergangsimplikationen bereits vorhanden, und zwar in Gestalt der Prädikatenausdrücke, die sich auf die unterste Ebene der Orientorenhierarchie beziehen (bei drei Ebenen z.B. die Prädikatenausdrücke mit dem Prädikat 'Betroffen3'). Die Bereitstellung von Rohdaten und der anfängliche Entwurf des Orientorenmoduls beschränken sich darauf, festzustellen, welche Sachkonsequenzen überhaupt zu bewerten sind und zu welchen Orientoren der untersten Ebene sie in Beziehung gesetzt werden sollen.

Hierfür steht das Formular 7 zur Verfügung, das ganz entsprechend dem Formular 6 aufgebaut ist.

Ist diese Zuordnung getroffen, so müssen zur Vermeidung eines besonderen Problems noch sogenannte 'Schnittfaktoren' definiert werden. Für das Mexiko-Modell wurden Schnittfaktoren allerdings nicht verwendet.

Die mit den Übergangsimplikationen bewertbaren Sachverhalte sind hinsichtlich des jeweiligen Orientors nicht immer unabhängig voneinander. Da man aber nicht weiß, ob z.B. im Sachmodul 'VgGesundheit(UntKlasse, ...)' oder 'VgErwartung'(Leben, UntKlasse, ...) generiert wird, müssen bei den Übergängen beide Möglichkeiten vorgesehen sein. Werden aber dann beide Konklusionen tatsächlich gleichzeitig generiert, kommt es zu einer Doppelzählung bei der Bewertung. Die Bewertung der besseren Gesundheit ist bereits in der Bewertung der höheren Lebenserwartung enthalten.

Aus diesem Grund kann für alle Prädikatenaussagen, die auf ein und denselben Orientor bezogen sind, die Frage nach der gegenseitigen Abhängigkeit hinsichtlich dieses Orientors gestellt werden. Gegebenenfalls kann ein Schnittfaktor (in Prozent) angegeben werden, der diese Abhängigkeit ausdrückt. Die Schnittfaktoren können zusammen mit den Ladefaktoren durch den **rlf**.-Befehl aus einer Editor-Datei eingelesen und bei der Verarbeitung berücksichtigt werden. Im obigen Beispiel würde man zwischen den beiden Implikationen einen Schnittfaktor von z.B. 80 angeben. Werden dann beide Implikationen gleichzeitig angesprochen, so ergibt sich eine in Abhängigkeit vom Schnittfaktor reduzierte Gesamtbetroffenheit des Orientors 'Gesundheit'.

Der weitere Arbeitsverlauf gemäß Abb. 6.2 ist nun recht einfach. Die Festlegung von Prädikaten und Objekten entfällt. Für die Formulierung der Implikationen ist das be-

Form7

Festlegung von Sach-Wert-Beziehungen und Ladefaktoren

Vorgehensweise

Die Sach-Wert-Beziehungen werden zunächst (ggf. unter Heranziehung des Schemas 'Variablen und Kriterien', Anhang V in Hornung 1988, Grundlagen, op. cit. S. 643) auf der Ebene der Variablen hergestellt (sofern solche verwendet werden) und davon ausgehend in einem zweiten Schritt auf der Ebene der Implikationen. Die zu einer Variablen gehörenden Implikationen können mit dem Befehl '**priaso** <Variablen-name>.' aus der Wissensbasis herausgesucht werden. Dann wird jeder Sach-Wert-Beziehung ein Ladefaktor (LF) zugewiesen. Bei der Sammlerstrategie muß gleich auf der Ebene der Implikationen, beginnend mit Punkt 3, gearbeitet werden.

1) Tragen Sie rechts zunächst den betreffenden Orientor ein. Prüfen Sie dann, welche Variablen mit diesem Orientor zu bewerten sind. Eine Variable kann mehr als einen Orientor betreffen! Tragen Sie die entsprechenden Variablen der Reihe nach in die linke Spalte ein. Tragen Sie dann rechts den nächsten Orientor ein usw.

2) Stellen Sie für jede in die Liste aufgenommene Variable die dazugehörigen möglichen Konsequenzen des Sachmoduls (Konklusionen) zusammen (**then**-Teile der Implikationen).

3) Wiederholen Sie nun den unter Punkt 1 beschriebenen Vorgang unter Verwendung der möglichen Konklusionen, und erstellen Sie mit Hilfe des Formulars eine Liste der Konsequenzen und Orientoren, auf die sie abbilden.

4) Betrachten Sie nun der Reihe nach die einzelnen so entstandenen Gruppen von Sach-Wert-Beziehungen. Legen Sie bei jeder Gruppe fest, wie stark jede Konklusion den betreffenden Orientor positiv oder negativ betrifft (Zahlenwerte -100 bis +100). Die LF innerhalb der Gruppen müssen sich nicht auf den Wert 100 aufsummieren! Tragen Sie den entsprechenden Ladefaktor (LF) jeweils ein.

Id.Nr.	Variable/Konklusion	LF	Orientor
10	VAR07 Vbess Anstell :Arbeitskraefte	100	Einkommen
11	VAR07 Vbess Anstell Angestellte	50	Einkommen
12	VAR07 Vbess Anstell Arbeiter	60	Einkommen
13	VAR07 Vbess Anstell Selbstaendige	75	Einkommen
14	VAR07 Vbess Anstell SubsistArbter	90	Einkommen
15	VAR07 Vschlimm Anstell :Arbkraefte	-50	Einkommen
16	VAR07 Vschlimm Anstell Angestellte	-50	Einkommen
17	VAR07 Vschlimm Anstell Arbeiter	-60	Einkommen
18	VAR07 Vschlimm Anstell Selbstaend	-75	Einkommen
..	....	..	...

....

Erläuterung: Die Ausprägungen der VAR07, nämlich Prädikatenausdrücke, die etwas über die Beschäftigungssituation besagen, werden auf den Orientor 'Einkommen' abgebildet. Dies erfolgt je nachdem mit positivem oder mit negativem Vorzeichen und mit unterschiedlichen Ladefaktoren (LF) für die verschiedenen Gruppen von Beschäftigten und für die Arbeitskräfte insgesamt als Aggregat. Bei den Prädikatenausdrücken, die zu anderen Variablen gehören, verhält es sich entsprechend. Jede Beziehung bzw. Implikation ist durch eine Identifikationsnummer (Id. Nr.) gekennzeichnet.

reits formalisierte Material aus Sachmodul und Orientorenhierarchie zu verwenden. Die semantische Analyse kann entfallen, da auf bereits überprüftes Material zurückgegriffen wird. Mögliche Probleme mit den Objektebenen bei den zu bewertenden Sachkonzepten stellen sich schon am Anfang.

Die Überprüfungsschritte sind wie beim Sachmodul durchzuführen. Die Prädikatenausdrücke müssen nicht weiter überprüft werden, da sie aus Sachmodul und Orientorenhierarchie einfach übernommen werden. Eine Analyse des Konzeptsystems entfällt ebenfalls, da es sich hier nicht um ein System, sondern lediglich um eine einfache Verbindungsstruktur handelt.

Zur Festlegung der Schnittfaktoren dient das Formular 8.

Damit liegt nun ein komplettes, funktionsfähiges Modell vor, bestehend aus Sachmodul und Orientormodul. Nunmehr kann die inhaltliche Arbeit mit der geschaffenen Wissensbasis beginnen. Einige Beispiele und Aufgaben für Analysen und Evaluierungen mit dem Mexiko-Modell geben die folgenden Abschnitte.

Der vollständige Orientormodul des Mexiko-Modells (MEXOR) findet sich auf der DEDUC-Diskette.

6.6 Entwicklungsstrategien für Mexiko

Ein Land wie Mexiko, mit einer Vielzahl von sehr unterschiedlichen Problemen und sehr begrenzten Ressourcen, muß sich genau überlegen, wo es am sinnvollsten ist, Maßnahmen zur Förderung von Entwicklung zu ergreifen. Dabei tritt für die Regierung einerseits natürlich die Frage der Kosten auf. Andererseits müssen aber auch sorgfältig und umfassend die Auswirkungen einer Maßnahme oder einer ganzen Strategie abgeschätzt werden.

Folgenabschätzung und Wirkungsanalyse sind der eigentliche Einsatzbereich des Mexiko-Modells. Bei einer Strategie des Ausbaus des Gesundheitswesens, zum Beispiel, geht es zunächst um die vordergründige Frage: bringt das etwas oder nicht? Auf den ersten Blick könnte man meinen, daß ein aufwendiges Computer-Modell

Form8

Festlegung von Schnittfaktoren

Vorgehensweise

Sachaussagen (Konklusionen), die auf denselben Orientor laden, sind häufig auf der Sachebene bezüglich dieses Orientors nicht völlig disjunkt. Aufgrund einer solchen Abhängigkeit ist es beim gleichzeitigen Auftreten zweier solcher Konklusionen nicht gerechtfertigt, beide Betroffenheitswerte voll auf den Orientor anzurechnen. Daher sind Schnittfaktoren festzulegen, mit deren Hilfe eine solche Überschneidung (in %) bei der Berechnung der Betroffenheit eines Orientors berücksichtigt werden kann.

1) Betrachten Sie an Hand der Liste aus Formular 7 innerhalb der einzelnen Gruppen von Sach-Wert-Beziehungen der Reihe nach jede Sachaussage daraufhin, ob zwischen ihr und einer anderen der selben Gruppe eine Überschneidung besteht. Wenn ja, dann tragen Sie die beiden Sachaussagen in die folgende Liste ein, indem Sie die Nummern, die diese Sach-Wert-Implikationen in der Wissensbasis haben, angeben.

2) Schätzen Sie ab, inwieweit sich die betreffenden Sachaussagen jeweils überschneiden. Geben Sie den entsprechenden Prozentsatz als Schnittfaktor an (Werte 0-100).

Imp.A,lfd.Nr.	Imp.B,lfd.Nr.	Schnittfaktor
10	14	80
....	....	....
....	....	....

Erläuterung: Zwischen den beiden Implikationen des Orientormoduls, lfd. Nr. 10 und lfd. Nr. 14:

```
Nr. 10: IF Vbess(Anstellung,:Arbeitskraefte, ...)
        THEN Betroffen3(Einkommen, ...).
Nr. 14: IF Vbess(Anstellung,SubsistenzArbter, ...)
        THEN Betroffen3(Einkommen, ...). LF 90.
```

wird ein Schnittfaktor von 80 (%) festgelegt. Dies ist damit zu begründen, daß eine bessere Beschäftigungssituation generell (Aggregat ':Arbeitskräfte') nicht unbedingt auch eine vermehrte Beschäftigung von Personen aus der Gruppe der ansonsten subsistenzwirtschaftlich Tätigen umfaßt. Ist das jedoch der Fall, so ist das wegen der Größe und der besonderen Lage dieser Gruppe von großer Bedeutung. Es ist daher gerechtfertigt, das Zusammentreffen beider Konsequenzen im Hinblick auf den Orientor 'Einkommen' höher zu bewerten, als wenn sich nur die Beschäftigungssituation des Aggregats ':Arbeitskräfte' verbessert. Daher ist es angebracht, z.B. einen Schnittfaktor von 80% festzulegen.

nicht notwendig wäre, um hierauf eine Antwort zu erhalten. Wenn die zu treffenden Maßnahmen wirken, und diese Voraussetzung liegt ja auch unserer Wissensbasis zugrunde, ist mehr Gesundheit sicherlich gut.

Was sich aber nicht ohne weiteres beantworten läßt, und wo ein DEDUC-Modell weiterhelfen kann, ist einmal die Frage nach den langfristigen Auswirkungen auf die mexikanische Gesellschaft insgesamt und zum anderen die Frage nach beabsichtigten und vor allem nicht beabsichtigten Nebenwirkungen in unter Umständen ganz anderen Gesellschaftsbereichen. Um diese herausfinden und bewerten zu können, muß eine Vielzahl vernetzter Einzelinformationen verarbeitet werden, die ein Mensch nicht mehr ohne weiteres überschauen kann. Gerade darin liegt jedoch die Stärke von wissensbasierten Systemen auf Computern.

Weiterhin muß die Regierung Mexikos nicht nur die Folgen und Wirkungen möglicher Strategien abschätzen und bewerten, sondern zudem die Folgen so unterschiedlicher Strategien wie des Ausbaus des Gesundheitswesens, des Bildungswesens, der Infrastruktur des Landes oder der Förderung wirtschaftlicher Investitionen in verschiedensten Bereichen bewertend miteinander vergleichen. Das erfordert wiederum einen großen Aufwand an analytischer Arbeit, aber auch einen gemeinsamen Bezugsrahmen für die Bewertung. Einen solchen kann bei DEDUC ein Orientormodul liefern. Ein zusätzliches Problem, das bei einem Einsatz von DEDUC-Modellen ohne weiteres zu lösen ist, ist die exakte und vollständige Dokumentation und damit Nachvollziehbarkeit solcher Überlegungen, Untersuchungen und Bewertungen. Die folgenden zwei Beispiele zeigen die Konsequenzen und Bewertungen zweier Strategien, die der mexikanischen Regierung aufgrund des Entwicklungsplanes u.a. offenstehen. Die von DEDUC gelieferten Evaluierungsbilder ermöglichen einen direkten Vergleich der zu erwartenden Auswirkungen.

Um diese Beispiele nachvollziehen und weitere Analysen durchführen zu können (s.u.), müssen zunächst der Sachmodul MEXSA und der Orientormodul MEXOR aufgebaut werden. Hierzu sind die entsprechenden Dateien einzulesen, die jeweils auch die benötigten Objektstrukturen enthalten. Ferner muß in beiden Modulen die Zeitkette definiert werden (Jahr1, Jahr5, Jahr10, ..., Jahr30). In den Sachmodul müssen zudem die Prämissen eingelesen werden (Datei MEXPREM), und im Orientormodul müssen die maßgebenden Orientoren und Wertgewichte gemäß Abb. 6.8 eingegeben werden. Im vorliegenden Fall wird aus der Prämissendatei ein umfangreicher Satz von Prämissen eingelesen. Dieser umfaßt Randbedingungen (systemare Prämissen) wie auch Prämissen, die mögliche entwicklungspolitische Maßnahmen beschreiben (Szenarioprämissen). Hieraus sind dann durch Löschen die für einen Lauf jeweils beizubehaltenden Prämissen auszusuchen. Ein solches Vorgehen ist zweckmäßiger und weniger fehleranfällig, als immer wieder von Hand im Dialog Prämissen neu zu schreiben.

6.6.1 Ausbau des Gesundheitswesens

Sind diese Vorbereitungen durchgeführt, kann der Sachmodul aufgerufen werden. Dort sind zunächst alle Prämissen außer Prämisse 15 ('Ausbau des Gesundheitswesens') zu löschen. Danach wird die Zeitkette definiert. Mit der verbleibenden Prämisse

```
Politik(Gesundheit,Bevoelkerung,Mexiko,Jahr1,VAR18RegPolitik)
```

und einer Schwelle von 10 für den Gewißheitsfaktor ergeben sich nun eine Vielzahl von Konklusionen. Mit dem **pripso**-Befehl werden im folgenden beispielhaft die Konklusionen für das 'Jahr30' ausgewählt:

```
pripso Jahr30.
   20) CF: 75  VgGesundheit(Bevoelkerung,Mexiko,Jahr30,VAR01Gesundh)
   27) CF: 75  VgErwartung(Leben,Bevoelkerung,Mexiko,Jahr30,VAR01Gesundh)
   32) CF: 37  VgUnruhe(Politisch,Schnell,Mexiko,Jahr30,VAR19PolUnruhe)
   37) CF: 75  StarkeVg(Zahl,Bevoelkerung,Mexiko,Jahr30,VAR03BevZahl)
   43) CF: 37  VgUnruhe(Politisch,Mexiko,Jahr30,VAR19PolUnruhe)
   46) CF: 18  Wandel(Politik,Mexiko,Jahr30,VAR18RegPolitik)
   50) CF: 75  VgWachstum(Bevoelkerung,Mexiko,Jahr30,VAR02BevWachst)
   52) CF: 75  Mehr(:Arbeitskraefte,Mexiko,Jahr30,VAR05Arbkraefte)
   55) CF: 75  HoherAnteil(Jung,Mexiko,Jahr30,VAR04AltersStrk)
   59) CF: 75  NOT VrWachstum(Bevoelkerung,Mexiko,Jahr30,VAR02BevWachst)
   63) CF: 75  HoherAnteil(:Unbeschaeftigte,Mexiko,Jahr30,VAR05Arbkraefte)
   64) CF: 75  HoherAnteil(Intellekt,Formbar,Mexiko,Jahr30,VAR05Arbkraefte)
OK:
```

Das Ergebnis des Konklusionsprozesses zeigt nun nicht nur erwartete Auswirkungen auf die Gesundheit und Bevölkerungsentwicklung. Es liefert auch Hinweise auf politische Unruhe und politischen Wandel sowie auf eine zunehmende nicht arbeitstätige Bevölkerung. Diese Aussagen würde man auf Anhieb nicht mit einer Politik in Verbindung bringen, die eine bessere Gesundheit zum Ziel hat. Wie die entsprechenden Konklusionen zustande kamen, kann mit dem **how**-Befehl zurückverfolgt werden.

Die Konklusionen werden nun in den Orientormodul übertragen, wo erneut ein Deduktionsprozeß gestartet wird. Im folgenden ist das Protokoll des Übertragungsvorgangs wiedergegeben. Im Orientormodul werden zunächst die Zeitkette sowie die zwei Orientorenmengen definiert bzw. überprüft:

```
end.
 SAVE CURRENT MODULE ? (Y/N/BACK)
n
 TRANSFER PREMISES/CONCLUSIONS TO ANOTHER MODULE ? (Y/N/BACK)
y
 STORED MODULES ARE:
 mexsa          xtmexsa          mexor
 ENTER TARGET MODULE (OR BACK)
mexor
```

```
 ORIENTOR MODULE
 DEFINE PAIRS OF PREFIXES ? (Y/N)
fin
 TYPE YOUR COMMANDS
 OK:
prit.
 THE TIME CHAIN IS:
   Jahr1
   Jahr5
   Jahr10
   Jahr15
   Jahr20
   Jahr25
   Jahr30
 OK:

priv 1.
 VALUE SET  1 WITH WEIGHTS:
   PhysBeduerfn       100
   PsychBeduerfn       75
   Sicherheit          80
   Freiheit            75
   Adaptivitaet       100
   Effizienz           60
   EinkGleichheit     100

 THE PREDICATE KEY IS: Betroffen1
 OK:

priv 2.
 VALUE SET  2 WITH WEIGHTS:
   Gesundheit         100
   Einkommen           75
   BruttoSozProd       70
   OeffentlHaushalt    50
   InnereSicherheit   100
   BildungNiv          70
   Zufriedenheit       75
   Lernfaehigkeit      50
   UnabhGesellsch      90
   InnereFreiheit      95
   TechnEffiz          70
   EinkGleichheit3    100

 THE PREDICATE KEY IS: Betroffen3
 OK:
```

Die Liste der Konklusionen im Orientormodul ist nicht sehr informativ. Daher werden die **eval**-Befehle genutzt, um besser überschaubare Bewertungsbilder zu erzeugen. Im allgemeinen bietet das Bewertungsbild **eval e** den besten Einstieg. Wir führen zunächst eine Bewertung auf der unteren Ebene (Ebene 3) der gesellschaftlichen Werte durch. Diese Orientorenmenge wird mit **sev 2** ausgewählt:

```
sev 2.
 OK:
eval e.
 TIME OF INTEREST ? (IF TIME NOT RELEVANT, ENTER: NO)
no

 VALUE    |WT. |CF- |CF+ |  AGGREGATED EVALUATION (AGGEV)
 _________|____|____|____|
          |    |    |  -250 -200      -100       0        100      200  250
 _________|____|____|____|  |___|_________|_________|_________|_______|___|
 Gesundhe |100 |  0 | 75 |                          0+++++++++++
 Einkomme | 75 |    |    |
 BruttoSo | 70 |    |    |
 Oeffentl | 50 |100 |  0 |                        --0
 InnereSi |100 | 37 |  0 |                      ----0
 BildungN | 70 |    |    |
 Zufriede | 75 | 37 |  0 |                       ---0
 Lernfaeh | 50 |  0 | 75 |                          0+
 UnabhGes | 90 |    |    |
 InnereFr | 95 | 37 |  0 |                       ---0
 TechnEff | 70 |    |    |
 EinkGlei |100 |    |    |

 VALUES: 12    AFFECT. :   6 (= 50%)
               NEG.AFF.:   4 (= 33%)       POS.AFF.:  2 (= 17%)
 INTS.         NEG:  -87                   POS:   90
 INTS.*CF      NEG:  -37                   POS:   67
 INTS.*CF*WT.  NEG:  -29                   POS:   61

 BALANCE       NEG: -119 (= 49%)           POS:  123 (= 51%)
 OK:
```

Das Diagramm auf Ebene 3 unter Einbeziehung aller Zeitschritte (Antwort 'no' bei der Frage TIME OF INTEREST?) zeigt als Ergebnis massive positive Resultate für den Orientor 'Gesundheit'. Es gibt aber auch eine Reihe überraschender negativer Auswirkungen auf 'Innere Sicherheit' und 'Interne Freiheit der (mex.) Gesellschaft' sowie auf 'Zufriedenheit der Bevölkerung'. Hier sind zwar die Gewißheiten relativ niedrig (37 gegenüber 75 beim Orientor 'Gesundheit'), es ist jedoch ein deutlicher Hinweis darauf, daß auch eine Strategie des Ausbaus des Gesundheitswesens nicht ohne Risiken ist. An diesen Punkten müssen nun weitere Untersuchungen ansetzen.

Das Ergebnis läßt sich auch auf der Ebene der obersten Leitwerte abbilden. Hierzu wird die Wertemenge ausgetauscht (mit **sev 1**). Das folgende Bewertungsbild zeigt das Ergebnis.

```
sev 1.
 OK:
eval e.
 TIME OF INTEREST ? (IF TIME NOT RELEVANT, ENTER: NO)
no
```

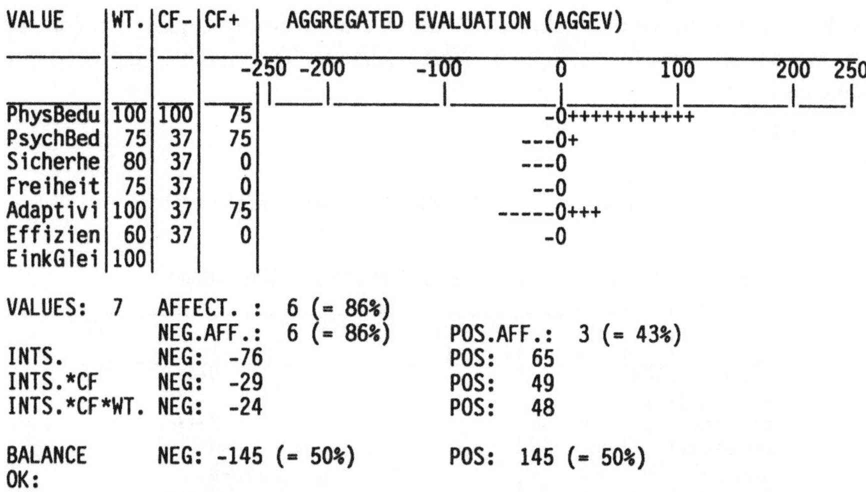

```
VALUE    |WT. |CF- |CF+ |  AGGREGATED EVALUATION (AGGEV)
                        -250 -200     -100       0        100       200 250
PhysBedu| 100| 100|  75|                        -0++++++++++
PsychBed|  75|  37|  75|                      ---0+
Sicherhe|  80|  37|   0|                      ---0
Freiheit|  75|  37|   0|                       --0
Adaptivi| 100|  37|  75|                    -----0+++
Effizien|  60|  37|   0|                        -0
EinkGlei| 100|    |    |

VALUES:  7     AFFECT. :  6 (= 86%)
               NEG.AFF.:  6 (= 86%)      POS.AFF.:  3 (= 43%)
INTS.          NEG:  -76                 POS:   65
INTS.*CF       NEG:  -29                 POS:   49
INTS.*CF*WT.   NEG:  -24                 POS:   48

BALANCE        NEG: -145 (= 50%)         POS:  145 (= 50%)
OK:
```

6.6.2 Ausbau des Grundschulwesens

Bei der Analyse einer zweiten Strategie, nämlich dem Ausbau der Schulbildung im Grundschulbereich, wird ganz entsprechend vorgegangen. Die Prämisse 17, Ausbau des Grundschulwesens,

```
Politik(GrundschulBildg,Mexiko,Jahr1,VAR18RegPolitik)
```

liefert eine ganze Reihe von Konklusionen, die u.a. eine höhere berufliche Qualifikation, vor allem im Bereich der Unterschicht, erwarten lassen. Das ist noch relativ naheliegend. Langfristig zieht diese Strategie Wirtschaftswachstum nach sich und höhere Einnahmen für die öffentlichen Haushalte. Ein anderer Effekt, der von einem Ausbau des Grundschulwesens nicht ohne weiteres zu erwarten ist, ist auf lange Sicht eine Verbesserung der Gesundheitssituation. Auch bei einem Ausbau des Grundschulwesens ist letztlich mit politischen Unruhen zu rechnen. Im folgenden Ausdruck wurden wiederum beispielhaft nur die Konklusionen für das 'Jahr30' ausgewählt:

```
pripso Jahr30.
   38) CF: 23  VrWachstum(:Bevoelkerung,Mexiko,Jahr30,VAR02BevWachst)
   42) CF: 21  VgQualifikation(:Arbeitskraefte,Mexiko,Jahr30,
               VAR05Arbkraefte)
   43) CF: 21  VgQualifikation(Arbeiter,Mexiko,Jahr30,VAR05Arbkraefte)
   48) CF: 23  VgErwartung(Leben,UntKlasse,Mexiko,Jahr30,VAR01Gesundh)
   50) CF: 11  VgUnruhe(Politisch,Schnell,Mexiko,Jahr30,VAR19PolUnruhe)
   61) CF: 23  VgProduktion(:Wirtschaft,Mexiko,Jahr30,VAR13WirtStruk)
   64) CF: 11  VgUnruhe(Politisch,Mexiko,Jahr30,VAR19PolUnruhe)
   65) CF: 23  Wachstum(WirtProduktion,Mexiko,Jahr30,VAR12WirtProd)
   66) CF: 23  NOT Abnahme(WirtProduktion,Mexiko,Jahr30,VAR12WirtProd)
   69) CF: 17  VgEinkommen(Regierung,Mexiko,Jahr30,VAR15OeffHaush)
   71) CF: 17  NOT VrEinkommen(Regierung,Mexiko,Jahr30,VAR15OeffHaush)
OK:
```

Nach Übertragung der Ergebnisse in den Orientormodul ergibt sich (mit eval e) auf der Ebene der gesellschaftlichen Werte (Ebene 3) zunächst das folgende Bewertungsbild:

```
sev 2.
 OK:
eval e.
 TIME OF INTEREST ? (IF TIME NOT RELEVANT, ENTER: NO)
no

 VALUE     |WT. |CF- |CF+ |  AGGREGATED EVALUATION (AGGEV)
 ________  |___ |___ |___ |________________________________________________
                          -250 -200      -100        0        100      200  250
           |    |    |    ||____|_________|__________|_________|________|____|
 Gesundhe  |100 |   0|  23|                          0+++
 Einkomme  | 75 |    |    |
 BruttoSo  | 70 |   0|  42|                          0+++
 Oeffentl  | 50 | 100|  31|                        --0
 InnereSi  |100 |  11|   0|                         -0
 BildungN  | 70 |   0|  67|                          0++++
 Zufriede  | 75 |  11|   0|                         -0
 Lernfaeh  | 50 |    |    |
 UnabhGes  | 90 |    |    |
 InnereFr  | 95 |  11|   0|                         -0
 TechnEff  | 70 |    |    |
 EinkGlei  |100 |    |    |

 VALUES: 12    AFFECT. :   7 (= 58%)
               NEG.AFF.:   4 (= 33%)        POS.AFF.:   4 (= 33%)
 INTS.         NEG:   -87                   POS:   83
 INTS.*CF      NEG:   -16                   POS:   34
 INTS.*CF*WT.  NEG:   -11                   POS:   25

 BALANCE       NEG:   -44 (= 30%)           POS:  101 (= 70%)
 OK:
```

Das Evaluierungsdiagramm eval e (über den gesamten Zeitraum) zeigt auch hier ein positives Ergebnis für den Orientor 'Gesundheit'. Es ist allerdings wesentlich schwächer ausgeprägt und hat auch eine geringere Gewißheit als bei der Strategie eines Ausbaus des Gesundheitswesens. Die Gesamtbilanz fällt positiver aus als bei der Gesundheitsstrategie (man betrachte die Prozentangaben bei 'BALANCE'), das aber mit geringeren Gewißheiten auf der positiven wie auch auf der negativen Seite.

Auf der Ebene der obersten Leitwerte sieht das Bewertungsergebnis wie folgt aus:

```
sev 1.
 OK:
eval e.
 TIME OF INTEREST ? (IF TIME NOT RELEVANT, ENTER: NO)
no
```

```
VALUE    |WT.|CF-|CF+ |  AGGREGATED EVALUATION (AGGEV)
_________|___|___|____|
         |   |   |  -250 -200    -100      0       100     200  250
         |   |   |    ||___|_______|_______|________|_______|___|
PhysBedu |100|100|  42|                  -0+++
PsychBed | 75| 11|  67|                  -0+++
Sicherhe | 80| 11|   0|                  -0
Freiheit | 75| 11|   0|                   0
Adaptivi |100| 11|   0|                 --0
Effizien | 60| 11|   0|                   0
EinkGlei |100|   |    |

VALUES:  7     AFFECT. :  6 (= 86%)
               NEG.AFF.:  6 (= 86%)       POS.AFF.:  2 (= 29%)
INTS.          NEG:  -76                  POS:   71
INTS.*CF       NEG:   -9                  POS:   37
INTS.*CF*WT.   NEG:   -8                  POS:   32

BALANCE        NEG:  -48 (= 43%)          POS:   64 (= 57%)
OK:
```

Der hier dargestellte erste Ansatz zu einer Analyse verschiedener Handlungsmöglichkeiten der mexikanischen Regierung und zu einem bewertenden Vergleich der zu erwartenden Folgen zeigt an Hand der Evaluierungsdiagramme relativ klar, daß (der hier verwendeten Wissensbasis zufolge) ein Ausbau des Grundschulwesens langfristig bessere Erfolge erwarten läßt als ein Ausbau des Gesundheitswesens. Er zeigt jedoch auch, daß bei der ersteren Strategie die Ungewißheit größer ist, ob tatsächlich alles erwartungsgemäß verlaufen wird.

Die hier beschriebene kurze Analyse kann nur ein erster Einstieg in die Erarbeitung einer Entwicklungsstrategie für Mexiko sein. Für eine tiefergehende Beschäftigung mit der Entwicklungsproblematik in Mexiko sollen die folgenden Arbeitsvorschläge weitere Anregungen bieten.

Arbeitsvorschläge

1) Spielen Sie das Szenario 'Ausbau des Gesundheitswesens' in der oben beschriebenen Weise durch, und analysieren Sie mit Hilfe des **how**-Befehls die Gründe für die zu erwartende politische Unruhe.

2) Benutzen Sie **eval e**, um die Auswirkungen des Ausbaus des Gesundheitswesens in den einzelnen Zeitabschnitten zu analysieren und zu vergleichen. Verwenden Sie dann **eval g**, um die Auswirkungen einer unterschiedlichen Gewichtung der einzelnen Zeitschritte zu betrachten.

3) Spielen Sie als zweites Szenario den Ausbau der Grundschulbildung durch, und vergleichen Sie mit Hilfe der Befehle **stoc** und **coc 1**, inwieweit bei beiden Szenarien dieselben Konklusionen auftreten.

4) Vergleichen Sie die Ergebnisse, die sich aus der Prämisse 'Ausbau des Gesundheitswesens' ergeben, mit jenen, die Sie erhalten, wenn Sie die Randbedingungen als Prämissen mitberücksichtigen (P1-P14).

5) Vergleichen Sie auch die Auswirkungen der verschiedenen anderen Entwicklungsstrategien (P16 - P25) mit den obigen zwei Ergebnissen und untereinander.

6) Versuchen Sie durch Experimente eine optimale Kombination von drei Strategien zu finden.

7) Untersuchen Sie die Sach-Wert-Beziehungen auf Überschneidungen, und führen Sie gegebenenfalls Schnittfaktoren ein. Wie verändern sich dadurch die Evaluierungsergebnisse ?

6.7 Anhang

6.7.1 Variablen des Gesellschaftssystems
(nach Hornung 1988: Grundlagen ..., op.cit. S. 345)

SOZIALES INTERAKTIONSSYSTEM		
S1 Soziale Struktur	a) Gesellschaftstyp	b) Soziale Einheiten
S2 Informations-kanäle	a) Medien c) Informationsempfang	b) Informationsstil
S3 Demographie	a) Natalität c) Migration	b) Mortalität d) Bevölkerung
S4 Sozialisation	a) Sozialisation	b) Bildung
S5 Rollenzuweisung	a) Zugangskanäle c) Soziale Mobilität	b) Zuweisungsmechanismen
S6 Sozialer Status	a) Statuskriterien c) Soziale Ungleichheit	b) Status von Akteuren
S7 Soziale Adaptation	a) Strukturaufbau c) Strukturabbau	b) Strukturerhaltung
S8 Soziale Koordination	a) Soziale Integration c) Mitgliedschaften	b) Interaktionsmuster d) Institutionen
S9 Soz. Verhalten	a) Transaktionen	b) Kommunikationen
WIRTSCHAFTSSYSTEM		
W1 Wirtschafts-struktur	a) Wirtschaftstyp c) Unternehmen	b) Wirtschaftszweige d) Landwirtschaft
W2 Transportwesen	a) Transportmittel	b) Güterfluß
W3 Ressourcen	a) Ressourcenverfügbarkeit	b) Rohstoffeinsatz
W4 Kapital	a) Produktionsmittel	b) Finanzkapital
W5 Arbeit	a) Arbeitskräfteangebot c) Arbeitsplatzangebot	b) Arbeitskräftequalifikation d) Art der Arbeitsplätze
W6 Technologie	a) Innovation c) Produktivität	b) Technologieeinsatz
W7 Allokation wirt. Ressourcen	a) Sparen c) Kredit	b) Investitionen d) Steuern, Subventionen
W8 Wirtschaftliche Koordination	a) Regelmechanismen c) Angebot und Nachfrage e) Gewinne und Verluste	b) Finanzwesen d) Preise, Kosten und Konditionen
W9 Wirtschafts-Handeln	a) Wirtschaftslage c) Betriebsführung e) Transaktionen	b) Unternehmensstrategie d) Faktoreneinsatz f) Verbraucherverhalten
W10 Produktion	a) Wertschöpfung	b) Güterproduktion
W11 Einkommen	a) Einkommen c) Öffentliche Haushalte	b) Besitz
W12 Konsum	a) Güterverbrauch b) Nutzen von Gütern c) Abfall	

	POLITISCHES SYSTEM
P1 Polit. Struktur	a) Politische Ordnung b) Politische Gruppen
P2 Politische Integration	a) Politische Stabilität b) Politische Beziehungen zwischen Akteuren
P3 Partizipation	a) Partizipationsmuster b) Partizipationsgrad c) Interessenartikulation
P4 Konsensbildung	a) Interessenaggregation b) Politischer Wettbewerb
P5 Entscheidungsfindung	a) Entscheidungsträger b) Problemlösungsfähigkeit c) Entscheidungen
P6 Legitimitation	a) Legitimation der Bürger b) Legitimation politischer Instanzen c) Akzeptanz des pol. Outputs
P7 Implementierung	a) Implementierungsmechanismen b) Macht c) Implementierungsmethoden
P8 Politisches Handeln	a) Inputs in das politische System b) Einwirkung pol. Instanzen auf Inputs c) Entscheidungsbeeinflussung d) Pol. Maßnahmen
	PSYCHO-KULTURELLES SYSTEM
K1 Kult. Struktur	a) Sprache b) Kulturbereiche
K2 Perzeption	a) Wahrnehmen und Erfahren
K3 Wertwissen	a) Werte b) Einstellungen und Normen c) Recht
K4 Sachwissen	a) Grundorientierungen b) Sachwissen c) Erwartungen d) Fähigkeiten
K5 Identität	a) Identität b) Identifikation
K6 Motivation	a) Motivationale Zustände b) Emotionen c) Interessen d) Sanktionen
K7 Verhaltensentscheidung	a) Verdecktes Verhalten b) Offenes Verhalten c) Informationsverarbeitung
	BEZIEHUNGEN ZUR SOZIALEN UMWELT
SU1 Soziale Beziehungen	a) Strukturelle Beziehungen b) Soziale Interaktionen c) Kultureller Austausch
SU2 Güteraustausch	a) Weltwirtsch. Situation b) Importe c) Exporte
SU3 Kapitaltransfer	a) Kapitalimporte b) Kapitalexporte
SU4 Technol. Transf.	a) Technologieimporte b) Technologieexporte
SU5 Pol. Beziehungen	
	BEZIEHUNGEN ZUR NATÜRLICHEN UMWELT (ÖKOSYSTEM)
NU1 Geographie	a) Habitat b) Lithosphäre c) Hydrosphäre d) Klima
NU2 Biosphäre	a) Gesundheit des Menschen b) Fauna c) Flora
NU3 Rohstoffe	a) nicht regenerierb. Rohst. b) regenerierb. Rohst.
NU4 Umweltbelastung	a) Luftverschm. b) Wasserverschm. c) Bodenbeschädigung d) Schäd.biol.Systeme e) Schäd.ökol.Kreisläufe

6.7.2 Orientoren gesellschaftlicher Entwicklung

(nach Hornung 1988: Grundlagen ..., op.cit., S.247)

1) Konsumgüter
2) Sachkapital
3) Verfügbarkeit von Ressourcen
4) Preisstabilität
5) Einkommen der Bevölkerung
6) Einkommen der öffentl. Haushalte
7) Minim. wirtschaftl.Kosten
8) Minim. sozialer Kosten
9) Minim. ökologischer Kosten
10) Nahrung
11) Gesundheitsversorgung
12) Intakte Kulturwelt
13) Intakte natürliche Umwelt

1) Materieller Wohlstand
2) Einkommen
3) Kostenminimierung
4) Gesundheit
5) Lebensfreundliche Umwelt

1) PHYSISCHE BEDÜRFNISSE

14) Identität
15) Wissen
16) Überschaubarkeit
17) Lernfähigkeit
18) Sinn/Relevanz
19) Validität
20) Konsistenz
21) Ästhetik
22) Wohlbefinden
23) Geborgenheit
24) Autonomiegefühl
25) Gestaltungsfreude
26) Kompetenzgefühl

6) Realitätskontakt
7) Orientierung
8) Affektiv-emotionale Erfüllung

2) INFORMATIONS- UND PSYCH. BEDÜRFNISSE

27) Diversifizierung von Inputs
28) Erhaltung von Ressourcen
29) Internationaler Friede
30) Militärische Stärke
31) Ungefährliches Leben
32) Soziale Sicherheit
33) Rechtssicherheit
34) Störungssicherheit
35) Solidarität
36) Gerechtigkeit

9) Versorgungs-sicherheit
10) Nationale Sicherheit
11) Gefährdungs-sicherheit
12) Empfindlichkeit

3) SICHERHEIT

37) Mitbestimmung
38) Selbstbestimmung
39) Chancengleichheit
40) Autonomie von Subsystemen
41) Innere Freiheit der Gesellsch.
42) Äußere Freiheit der Gesellsch.
43) Unabhängigkeit von Importen
44) Unabhängigkeit von Exporten
45) Politische Unabhängigkeit

13) Freiheit des Individuums
14) Freiheit der Gesellschaft
15) Unabhängigkeit der Gesellschaft

4) HANDLUNGS-FREIHEIT

46) Vielseitigkeit
47) Vielfalt
48) geringe Strukturmasse
49) Kreativität

16) Kompatibilität
17) Flexibiliät
18) Innovations-fähigkeit

5) ADAPTIVITÄT

50) Polit. Steuerungseffizienz
51) Koordinationseffizienz
52) Wettbewerbsfähigkeit
53) Wirtschaftliche Effizienz
54) Technologische Effizienz
55) Ökologische Effizienz
56) Arbeitsproduktivität

19) Steuerungs-effizienz
20) Kompetitivität
21) Transformations-effizienz

6) EFFIZIENZ

6.7.3 Wörterbuch zum Mexiko-Modell

Abnahme	
Adaptivitaet	
Administration	- Administration, Verwaltung
AeussereFreiheit	- äußere Freiheit der Gesellschaft
Agrarunternehmen	- Agrarunternehmen, landwirt. Betriebe
AkadBildung	- Universitätsbildung, akad. Bildung
AllgBildung	- Allgemeinbildung
Alte	- Alte, alte Bevölkerung
Angestellte	
Anstellung	
Arbeiter	
Arbeitskraefte	
ArbIntensitaet	- Arbeitsintensität
ArbPlatz	- Arbeitsplatz
Ausgaben	
BerufsBildung	- Berufsbildung
Betroffen...	- betroffen (ein Orientor) auf Ebene ...
Bevoelkerung	
Bildung	
BildungNiv	- Bildungsniveau, Bildungsstand
BruttoSozProd	- Bruttosozialprodukt
BvoelkSchulalter	- Bevölkerung im Schulalter
Effizienz	
EinkGleichheit	- Einkommensgleichheit
Einkommen	- Einkommen (einer Bevölkerungsgruppe)
Erwartung	
Expansion	
FerneZukunft	
Fertilitaet	- Fertilität, Fruchtbarkeit
FinanzProbleme	- finanzielle Probleme
Flexibilitaet	
Formbar	- formbar
Fortsetzung	
Freiheit	
Geburt	
GeburtenKontr	- Geburtenkontrolle
Gesundheit	
Groesser	
Gross	
Grundgueter	
GrundschulBildg	- Grund(schul)bildung
Heute	- heute, Gegenwart
HoherAnteil	
Import	
IndustSektor	- industrieller Sektor
Infrastruktur	
InnereFreiheit	- innere Freiheit der (mex.) Gesellschaft
InnereSicherheit	
InnereSicherh2	- innere Sicherheit, Dummy-Orientor/Ebene 2
InnovatFaehigk	- Innovationsfähigkeit
Intellekt	- intellektuell, Intellekt
Investitionen	
Jung	- Junge, junge Bevölkerung
KapitalGueter	

KapitalIntensit	- Kapitalintensität
Klasse	- soziale Klasse, soziale Schicht
KleinFamilie	
KleinUnternehmer	
Kompatibilitaet	- Kompatibilität, Vereinbarkeit
Kontrolle	
KontrollEffiz	- Kontrolleffizienz, Effiz. der Kontrolle
Koordination	
LaendlRegion	- ländliche Region
Landwirtsch	- Landwirtschaft
Langsam	
Leben	
LeichtVg	- leichte Vergrößerung
Lernfaehigkeit	
LohnArbeit	
Mehr	
Mexiko	
Migration	
MittlereZukunft	
ModernerSektor	- moderner Sektor der Wirtschaft
Nachfrage	- Nachfrage (nach einem Gut)
NaheZukunft	
ObKlasse	- Oberklasse, Oberschicht
OeffentlHaushalt	- öffentliche Haushalte
OeffentlHaush2	- öffentliche Haushalte, Dummy Orientor/Ebene 2
OeffentlSektor	- öffentlicher Sektor der Wirtschaft
PersoenlFreiheit	- persönliche Freiheit
PhysBeduerfn	- physische Bedürfnisse
Planzeit	- Planzeit (Gegenwart und nahe Zukunft)
Politik	
Politisch	
Produktion	
Professionelle	- professionell Tätige
PsychBeduerfn	- psychische Bedürfnisse
QlArbeiter	- qualifizierte Arbeiter
Qualifikation	
Regierung	
Region	- Region eines Landes
Schnell	
Sektor	- Sektor der Wirtschaft
SekundarBildg	- Sekundarbildung, Sekundarbildungswesen
Selbstaendige	
Sicherheit	
StarkeVg	- starke Vergrößerung
Stimulation	
Stress	
SubsistenzArbter	- Subsistenzarbeiter
SubsistSektor	- Subsistenzsektor
TechnEffiz	- technische Effizienz
Technol	- Technologie
UnabhGesellsch	- Unabhängigkeit der Gesellschaft
Unbeschaeftigte	- Unbeschäftigte, nicht arbeitende Personen
Ungleichheit	
Unruhe	
UntKlasse	- Unterklasse, soziale Unterschicht
UqArbeiter	- unqualifizierte Arbeiter
UrbaneRegion	- urbane Region, städtisches Gebiet

UrbaneRegion1 - urbane Region 1
VAR01Gesundh - Variable 1 Gesundheit
VAR02BevWachst - Variable 2 Bevölkerungswachstum
VAR03BevZahl - Variable 3 Bevölkerungszahl
VAR04AltersStrk - Variable 4 Altersstruktur
VAR05Arbkraefte - Variable 5 Arbeitskräfte
VAR06ExistJobs - Variable 6 Existierende Jobs (Arbeitsplätze)
VAR07Beschaeftig - Variable 7 Beschäftigungssituation (Beschäftigte)
VAR08MatSituat - Variable 8 Materialle Situation (der Bevölkerung)
VAR09EinkUngl - Variable 9 Einkommensungleichheit
VAR10Migration - Variable 10 Migration
VAR11Bildung - Variable 11 Bildung
VAR12WirtProd - Variable 12 Wirtschaftliche Produktion/BSP
VAR13WirtStruk - Variable 13 Wirtschaftsstruktur
VAR14KultMuster - Variable 14 Kulturelle (Verhaltens-)Muster
VAR15OeffHaush - Variable 15 öffentliche Haushalte
VAR16Invest - Variable 16 Investitionen
VAR17Infrast - Variable 17 Infrastruktur
VAR18RegPolitik - Variable 18 Regierungspolitik
VAR19PolUnruhe - Variable 19 Politische Unruhe
VAR20ExogVar - Variable 20 Exogene Variablen
Vbess - Verbesserung
VbessMatSituat - Verbesserung der materiellen Situation
VersorgSich - Versorgungssicherheit
Vg - Vergrößerung
Vr - Verringerung
Vschlech - Verschlechterung
Vschlimm - Verschlimmerung
VschlimmMatSit - Verschlimmerung der materiellen Situation
Wachstum
Wandel
WirtAktiveBvoel - wirtschaftlich aktive Bevölkerung
WirtProduktion - wirtschaftliche Produktion
Wirtschaft - Wirtschaft
WirtschEffiz - wirtschaftliche Effizienz
WirtschElite - wirtschaftliche Elite
Wohlergehen
Wunsch
Zahl - Zahl, Anzahl
Zeit - Zeit, Zeitraum
Zufriedenheit - Zufriedenheit (von Bevölkerungsgruppen)
Zukunft
Zunahme

6.7.4 Dokumentieren von DEDUC-Modellen

Dokumentation von Sachmodul und Orientormodul

Die Dokumentation unterscheidet sich geringfügig, je nachdem mit welchem Modellkonstruktionsverfahren gearbeitet wurde. Im Falle von graphischem Design oder Top-down Verfahren sind die beiden Module eines kompletten DEDUC-Modells vollständig dokumentiert, wenn folgende Unterlagen vorliegen:

- Liste der Informationsquellen
- Liste der Variablen
- Liste der Relationen
- Wirkungsdiagramm des Sachmoduls
- Wörterbuch der verwendeten Abkürzungen
- graphische Darstellung der Objektstrukturen
- Diagramm der Orientorenhierarchie
- Liste der verwendeten Wertgewichte
- Liste der Implikationen und Objektstrukturen
- ggf. Listen der Gewißheits-, Lade- und Schnittfaktoren

Dokumentation von Modell-Experimenten

Ausgangspunkt für Modelläufe sind die Wissensbasen, wie sie in den Editor-Dateien gespeichert sind. Aus diesen werden zunächst 'Standard-Module' aufgebaut. Diese können für das aktuelle Experiment auch in ihrer Struktur, z.B. durch Löschen von Implikationen, modifiziert werden. Derartige Änderungen, die nicht die dokumentierte Standardversion der Wissensbasis betreffen, müssen im Rahmen der Experimente dokumentiert werden. Änderungen der Standardversion hingegen sind im Rahmen der Pflege und Weiterentwicklung der Wissensbasis zu dokumentieren.

Insgesamt ist bei Modelläufen folgendes zu dokumentieren:

- Liste der Prämissen
- Änderungen im Standardmodul für den Simulationslauf
- Bedingungen beim Konklusionsbefehl (Cutoff etc.)
- generierte Konklusionen
- Ergebnisse sonstiger Arbeiten (**how**, **coc**, mehrstufiger Konklusionsprozeß, usw.)
- Eval-Diagramme: mindestens **eval e** auf der obersten und der untersten Ebene der Orientorenhierarchie (beim Mexiko-Modell also auf den Ebenen 1 und 3).

6.7.5 Anmerkungen

1 Die Darstellungen beruhen weitgehend auf folgenden Forschungsberichten und Veröffentlichungen:

BOSSEL, Hartmut; HORNUNG, Bernd R.; MÜLLER-REISSMANN, K.F.: Kognitive Systemanalyse, 4 Bde., Institut für angewandte Systemforschung und Prognose (ISP), Hannover 1982; darin insbesondere:

Teil 1, Kap. 1, HORNUNG, Bernd R.: Zur Sozialwissenschaftlichen Relevanz der Simulation kognitiv-normativer Prozesse bei Entscheidungen, Anwendungsmöglichkeiten und Grenzen des Programmsystems DEDUC;

Teil 1, Kap. 3, HORNUNG, Bernd R.; MÜLLER-REISSMANN, K.F.: Die Erstellung eines DEDUC-Modells, Verfahrensweisen und methodische Probleme;

Teil 1, Kap. 4, HORNUNG, Bernd R.: Leitfaden zur Konstruktion eines DEDUC-Modells; sowie:

HORNUNG, Bernd R.: Qualitative Systems Analysis as a Tool for Development Studies, With Case Studies about Peru and Mexico, in: GEYER, R.F.; VAN DER ZOUWEN, J. (eds.): Dependance and Inequality, pp. 187-219, Pergamon Press, Oxford, New York 1982;

HORNUNG, Bernd R.; OPITZ, Egbert: Computer Assisted Construction of Conceptual Frameworks for Health Systems Research, The Merging of Expert Systems and Simulation, in: RIENHOFF, Otto; PICCOLO, Ursula; SCHNEIDER, Berthold (eds.): Expert Systems and Decision Support in Medicine, 33rd Annual Meeting of the GMDS, EFMI Special Topic Meeting, Peter L. Reichertz Memorial Conference, Hannover, September 1988, Proceedings, Lecture Notes in Medical Informatics, vol. 36, Springer Verlag, Berlin, New York 1988, pp. 146-151;

MÜLLER-REISSMANN, K.F.; BOSSEL, Hartmut: Zur Simulation kognitiver Prozesse bei Entscheidungen, in: KLAGES, Helmut; KMIECIAK, Peter (Hrsg.): Wertwandel und gesellschaftlicher Wandel, Campus Verlag, Frankfurt 1979, S. 539-555;

weiterhin basiert die Darstellung der Modellkonstruktion auf Erfahrungen mit der am Institut für Med. Informatik, Philipps-Universität Marburg durchgeführten internationalen GMDS-Sommerkurse 'Qualitative Simulation for Health Systems Research'.

2 vgl. KUHN, Thomas S.: Die Struktur wissenschaftlicher Revolutionen, Suhrkamp, Frankfurt 1973

3 siehe hierzu SIEBEL, Wiegand: Einführung in die systematische Soziologie, C.H. Beck, München 1984, S. 185ff; ETZIONI, Amitai: The Active Society, Collier Macmillan, New York 1968, S. 102ff; KUHN, Alfred: The Logic of Social Systems, Jossey-Bass, San Francisco 1974, S. 288ff, 368ff; INBAR, Michael: Routine Decision-making, The Future of Bureaucracy, Sage Publications, Beverly Hills 1979, S. 69ff; SHULL, Fremont; DELBEQ, Andre L.; CUMMINGS, L. L.: Organizational Decision-Making, McGraw Hill, New York 1970

4 HORNUNG, Bernd R.: Grundlagen einer problemfunktionalistischen Systemtheorie gesellschaftlicher Entwicklung, Sozialwissenschaftliche Theoriekonstruktion mit qualitativen, computergestützten Verfahren, Verlag Peter Lang, Frankfurt, Bern, New York, Paris 1988, Kap. XII - XVII;
HORNUNG, Bernd R.; OPITZ, Egbert: op. cit.

5 HORNUNG, Bernd R.: Qualitative Systems Analysis ..., op. cit.

6 HORNUNG, Bernd R.: Grundlagen einer problemfunktionalistischen Systemtheorie gesellschaftlicher Entwicklung, op. cit. Kap. XVI, XVII sowie Anhang II, III und V

7 vgl. KÖNIG, René (Hrsg.): Handbuch der empirischen Sozialforschung, DTV/Ferdinand Enke Verlag, Stuttgart 1973

8 The UNITED MEXICAN STATES: The Global Development Plan 1980-1982, Synopsis, The Federal Executive Branch, The Ministry of Programming and Budget, Mexico D.F. 1980;
ESTADOS UNIDOS MEXICANOS: Plan Nacional de Desarrollo 1983-1988, Poder Ejecutivo Federal, Secretaria de Programacion y Presupuesto, Mexico D.F. 1983

9 ESTADOS UNIDOS MEXICANOS: op. cit. S. 83

10 BOSSEL, Hartmut; HORNUNG, Bernd R.; MÜLLER-REISSMANN, K.F.: Kognitive Systemanalyse, op. cit., Teil I Kap. 3, Teil II, Kap. 1, Teil III, Kap. 1

11 ESTADOS UNIDOS MEXICANOS: op. cit. S. 88

12 ESTADOS UNIDOS MEXICANOS: op. cit. S. 86

13 Eine solche Befragung wurde z.B. für eine Studie zur Energie- und Umweltpolitik in der Bundesrepublik eingesetzt: BOSSEL, Hartmut; HORNUNG, Bernd R.; MÜLLER-REISSMANN, K.F.: Kognitive Systemanalyse, op. cit. Teil II

14 HORNUNG, Bernd R.: Grundlagen einer problemfunktionalistischen Systemtheorie gesellschaftlicher Entwicklung, op. cit. Kap. XVI, XVII sowie Anhang II, III und V

7. Bibliographie zur DEDUC-Wissensverarbeitung und zum Orientorenansatz

G. Altner, D. von Ehrenstein, H. Bossel: "Bewertung der Energiepfade und energiepolitische Handlungsempfehlungen". **Öko-Mitteilungen,** Nr. 10, Sept. 1980, S. 4-11.

R. Axelrod (ed.): **Structures of Decision, The Cognitive Maps of Political Elites,** Princeton University Press, Princeton 1976

H. Bossel, B. Hughes: "Simulation of Value-Controlled Decision-Making: Approach and Prototype". In: M. Mesarovic, E. Pestel (eds.): **Multilevel Computer Model of the World Development System.** Vol. VI, SP-74-6, International Institute of Applied Systems Analysis (IIASA), Wien 1974, S. C1-C116.

H. Bossel: "Energy Supply System: Simulation Model, Results, and Evaluation". Bericht, Institut für Systemtechnik und Innovationsforschung (ISI), Karlsruhe, März 1974. In: M. Mesarovic, E. Pestel (eds.): **Multilevel Computer Model of World Development System,** Vol. IV, SP-74-4, International Institute of Applied Systems Analysis (IIASA), Wien.

H. Bossel: "Betrachtungen zum westeuropäischen Energieengpaß". In: H. Krupp (Hg.): **Systemtechnik und Innovationsforschung.** Pullach 1974, S. 15-75.

H. Bossel, R.V. Denton, R.v.d. Hijden, W. Hudetz, J. Klabbers: "Energy Policy Assessment Using an Interactive Model Package". In: A. Straszak, J.W. Owsinski (eds.): **New Trends in Mathematical Modelling.** Ossolineum, Wroclaw 1978, p. 203-231. (Proceedings of the UNESCO International Seminar on Trends in Mathematical Modelling, Dec. 1974, Warszaw).

H. Bossel, R.V. Denton, P.v.d. Hijden, W. Hudetz, J. Klabbers: "Energy Policy Assessment Through Use of an Interactive Approach". **Proceedings of the Institute of Fuel and the Operational Research Society.** London, April 1975.

H. Bossel, S. Klaczko, N. Müller (Hg.): **Systems Theory in the Social Sciences.** Birkhäuser Verlag, Basel 1976, 569 S.

H. Bossel: "Modelling of Behavior and Normative Change". Institut für Systemtechnik und Innovationsforschung (ISI), Karlsruhe, November 1975. In: R. Trappl (Hg.): **Progress in Cybernetics and Systems Research,** Hemisphere Publishing Co., Washington, D.C. 1976/1978.

H. Bossel: "Information Processing, Cognitive Dissonance, and Basic Needs: The Modelling of Behavior". In: H. Bossel, S. Klaczko, N. Müller (Hg.): **Systems Theory in the Social Sciences.** Birkhäuser Verlag, Basel 1976, p. 423-472.

H. Bossel: "Notes on Basic Needs, Priorities and Normative Change". In: P. Bisogno, A. Forti: **Research and Human Needs.** UNESCO/CNR, Roma 1976, p. 141-181.

H. Bossel, K.F. Müller-Reißmann, F. Rechenmann: "Simulation of Cognitive Processes in Social Systems Using an Interactive Program for Deduction". In: E. Billeter, M. Cuenod, S. Klaczko (Hg.): **Overlapping Tendencies in Operations Research, Systems Theory and Cybernetics.** Birkhäuser Verlag, Basel 1976, p. A1-A17.

H. Bossel: "Modelling of Behavior and Normative Change". In: R. Ziegler (Hg.): **Anwendung von Simulationsverfahren in den Sozial- und Wirtschaftswissenschaften.** Werner Reimers Stiftung, Bad Homburg 1976, S. 303-319.

H. Bossel: "Information Processing, Cognitive Dissonance, and Basic Needs: The Modelling of Behavior". In: H. Bossel, S. Klaczko, N. Müller (Hg.): **Systems Theory in the Social Sciences,** Birkhäuser Verlag, Basel 1976, S. 423-472. In: R. Ziegler (Hg.): **Anwendung von Simulationsverfahren in den Sozial- und Wirtschaftswissenschaften.** Werner Reimers Stiftung, Bad Homburg 1976, S. 253-302.

H. Bossel (ed.): **Concepts and Tools of Computer-Assisted Policy Analysis.** Birkhäuser Verlag, Basel 1977. 3 Bände, 630 + XIV S.

H. Bossel, E. Gruber: "Systems Science and Social Science Foundations of Computer-Assisted Policy Analysis". In: H. Bossel (ed.): **Concepts and Tools of Computer-Assisted Policy Analysis.** Birkhäuser Verlag, Basel 1977, p. 20-78.

H. Bossel: "Computer Models for Policy Analysis: Hierarchy, Goal Orientation, Scenarios". In: H. Bossel (ed.): **Concepts and Tools of Computer-Assisted Policy Analysis.** Birkhäuser Verlag, Basel 1977, p. 139-161.

H. Bossel: "A Modelling Framework for Societal Systems". In: H. Bossel (ed.): **Concepts and Tools of Computer-Assisted Policy Analysis.** Birkhäuser Verlag, Basel 1977, p. 162-179.

H. Bossel: "Orientors of Nonroutine Behavior". In: H. Bossel (ed.): **Concepts and Tools of Computer-Assisted Policy Analysis.** Birkhäuser Verlag, Basel 1977, p. 227-265.

H. Bossel, P.v.d. Hijden, W. Hudetz: "An Interactive Program for Energy Policy Assessment". In: H. Bossel (ed.): **Concepts and Tools of Computer-Assisted Policy Analysis.** Birkhäuser Verlag, Basel 1977, p. 355-391.

H. Bossel: "Modelling of the Cognitive Processes Determining Nonroutine Behavior". In: H. Bossel (ed.): **Concepts and Tools of Computer-Assisted Policy Analysis.** Birkhäuser Verlag, Basel 1977, p. 457-481.

H. Bossel, K.-H. Simon: "An Interactive Program for Orientor Satisfaction Assessment". In: H. Bossel (ed.): **Concepts and Tools of Computer-Assisted Policy Analysis.** Birkhäuser Verlag, Basel 1977, p. 538-553.

H. Bossel, E. Gruber, K.F. Müller-Reißmann: "The Simulation of Social Actors: Information Processing, Orientation, Deduction Processes, and Goal Change". **Proceedings of the 5th Global Modelling Conference,** International Institute of Applied Systems Analysis, Laxenburg/Wien, Sept. 1977.

H. Bossel: "Formalisierung des Planungsvorgangs". **Analysen und Prognosen,** Mai 1978, S. 22-25.

H. Bossel, M. Strobel: "Anwendung des Orientierungsansatzes bei Systemsimulation und formalisierter Planung". In: J. Baetge, N. Brachthäuser, R. Hömberg, J. Jirasek (Hg.): **Systemtheorie in Wirtschaft und Verwaltung - Ansätze und Anwendungen.** Duncker und Humblot, Berlin 1978, S. 79-99.

H. Bossel, K.F. Müller-Reißmann: "Nonnumerical Simulation of Cognitive Processes of Human Behavior". **Proceedings of the 6th Global Modelling Conference,** International Institute for Applied Systems Analysis (IIASA), Wien 1978.

H. Bossel: "Computermodelle für die Plananalyse: Hierarchie, Zielorientierung, Szenarien". In: H. Lenk, G. Ropohl: **Systemtheorie als Wissenschaftsprogramm.** Athenaeum Verlag, Kronberg 1978, S. 127-150.

H. Bossel, M. Strobel: "Experiments With An 'Intelligent' World Model". **Futures,** vol. 10, no. 3, June 1978, p. 191-212.

H. Bossel: "Modelling of Behavior and Normative Change". **Progress in Cybernetics and Systems Research,** Vol. 4, 1978.

H. Bossel: "Grundwerte und Orientierung - Die Meuterei der Lemminge: Umorientierung vor dem Abgrund?". In: G. Altner u.a.: Alternativen: **Anders denken, anders handeln - Zum Selbstverständnis der Bürgerinitiativbewegung.** ÖKO 1, Texte des Instituts für Angewandte Ökologie (Öko-Institut), Dreisam Verlag, Freiburg/Br. 1978, S. 9-30.

H. Bossel: "Die vergessenen Werte". In: R. Brun (Hg.): **Der grüne Protest - Herausforderung durch die Umweltparteien.** Fischer Verlag, Frankfurt/M 1978, S. 7-17.

H. Bossel: **Bürgerinitiativen entwerfen die Zukunft - Neue Leitbilder, neue Werte, 30 Szenarien.** Fischer Verlag, Frankfurt/M 1978, 187 S. (1. Aufl. Juni 1978, 2. Aufl. Nov. 1978, 3. Aufl. Jan. 1981).

H. Bossel, K.F. Müller-Reißmann: "Simulation of the Cognitive Processes of Policy Analysis". **Policy Analysis and Information Systems,** Vol. 3, No. 1, June 15, 1979, S. 1-25.

H. Bossel: "Weltmodelle". In: G. Michelsen, F. Kalberlah, Öko-Institut (Hg.): **Der Fischer Öko-Almanach - Daten, Fakten, Trends der Umweltdiskussion.** Fischer Verlag, Frankfurt/M 1980, S. 16-22.

H. Bossel: "Systematisierter Vergleich der vier Energiepfade". Ohne Autorenangabe als Teil der gemeinsamen Stellungnahme von G. Altner und D. von Ehrenstein in **Zukünftige Kernenergiepolitik - Kriterien, Möglichkeiten, Empfehlungen.** Bericht der Enquete-Kommission des Deutschen Bundestags, Teil I, S. 134-144. Zur Sache 1/80 - Themen parlamentarischer Beratung, Deutscher Bundestag 1980.

H. Bossel: "Für eine ökologische Wissenschaft und Technik". In: M. Grupp (Hg.): **Wissenschaft auf Abwegen - Die Zukunft der wissenschaftlichen Vernunft.** Bonz Verlag, Fellbach 1980, S. 168-192.

H. Bossel: "Modelling Policy Consequences and Evaluation Processes Using the DEDUC Nonnumerical Program System". In: S. Krcevinac (ed.): **Global Modelling.** Springer Verlag, Lecture Notes in Control and Information Sciences, Berlin/Heidelberg/New York 1981. pp. 101-118.

H. Bossel, B. Hornung, K.F. Müller-Reißmann: "A Basic Needs Approach to Impact Analysis and Evaluation for Long-Term Policy Making - Nonnumerical Modelling with the Interactive Program DEDUC". In: A. Forti (Hg.): **Scientific Forecasting and Human Needs - Trends, Methods and Message,** Proceedings of the UNESCO-Symposium, Tbilisi, USSR, Dec. 1981. UNESCO, Paris, and Pergamon Press, Oxford/New York 1984, pp. 3-15. (Institut für Angewandte Systemforschung und Prognose, Hannover 1981).

H. Bossel, B. Hornung, K.F. Müller-Reißmann: **Kognitive Systemanalyse,** 4 vols., Institut für angewandte Systemforschung und Prognose (ISP), Hannover 1982

H. Bossel: "Die ökologische Bewegung unter dem Blickwinkel der Orientierungstheorie". In: Chr. Hubig (Hg.): **Ethik institutionellen Handelns.** Berlin 1982 (Juli 1979).

H. Bossel: "Ökologisch orientierte Forschung - Ein Ausweg aus der Krise der Wissenschaft". In: Arbeitsgruppe Angepaßte Technologie (AGAT) (Hg.): **Technik für Menschen.** Fischer Verlag, Frankfurt/M 1982, S. 18-26.

H. Bossel, B. Hornung, K.F. Müller-Reißmann: "Die Abhängigkeit ökologischer Positionen von subjektiv wahrgenommenen sozialen Bedürfnissen". In: F. Friedrich, P. Winter (Hg.): **21. Deutscher Soziologentag 1982,** Beiträge der Sections- und ad-hoc-Gruppen. Westdeutscher Verlag, Opladen 1983, S. 906-910. (Institut für Systemforschung und Prognose, Hannover 1982).

H. Bossel: "Die harten Fakten sprechen für den sanften Weg - Notwendigkeit und Möglichkeiten einer ökologischen Energiewirtschaft". In: Saarmesse (Hg.): **Energie und Umwelt - Dokumentation der VDI-Fachtagung des 2. Saarbrücker Energieforums.** Saarmesse, Saarbrücken 1983, S. 183-189.

H. Bossel: "Notwendigkeit einer ökologischen Energiewirtschaft". In G. Michelsen/Öko-Institut (Hg.): **Öko-Politik, aber wie? Ergänzungsband zum Fischer Öko-Almanach 1982/83.** Fischer, Frankfurt/M 1983, S. 54-62.

H. Bossel: "Der Ingenieur zwischen Technik und Gesellschaft - Die Rolle des Ingenieurs in der Technikdiskussion". In: G. Biedenkopf (Hg.): **Technik und Ingenieure in der Öffentlichkeit,** VDI-Verlag, Düsseldorf 1983, S. 55-71.

H. Bossel: **Umweltkunde.** FG Umweltsystemanalyse/Gesamthochschulbibliothek Kassel 1985, 2. Aufl. 1987, 140 S. (ISBN 3-88122-293-6). (bes. S. 128-136).

H. Bossel, K.-H. Simon (Hg.): **Ökologie und Computer - Eine problematische Beziehung.** C.F. Müller, Karlsruhe 1986, 256 S.

H. Bossel: "Ökologie und Computer - Informationsverarbeitung für einen besseren Umgang mit Umwelt und Resourcen". In: H. Bossel, K.-H. Simon: **Ökologie und Computer.** C.F. Müller, Karlsruhe 1986.

H. Bossel: **"Entfaltungsfähigkeit und Nachhaltigkeit: Die Anpassung von Entwicklungszielen an Ressourcenzwänge".** Anstöße 33.Jg. No.4, 1986, S.148-160.

H. Bossel: **"Viability and Sustainability: Matching development goals to resource constraints."** Futures, vol. 19, no. 2, April 1987, 114-128.

H. Bossel, P. Kramer, J. Schaffner, H. Weismantel, U. Zerger: **Technikfolgenabschätzung der landwirtschaftlichen Produktion.** Untersuchung für den Deutschen Bundestag, Institut für Angewandte Systemforschung und Prognose (ISP), Hannover 1986, 320 S. Auch: Alternativen landwirtschaftlicher Produktionsweisen, Materialien zur Drucksache 10/6801, Band V, Enquete-Kommission 'Technikfolgenabschätzung', Deutscher Bundestag, Bonn März 1987, 427 S.

H. Bossel: Path Studies of the Development of Agricultural Production in the Federal Republic of Germany: Systems analysis, scenarios, and comprehensive impact assessment. In V. Iakimets et al. (eds.): **Strategies and Tactics for Agriculture Reconstruction and Transformation,** Proceedings of the IIASA Conference in Vilnius, USSR, June 1987, 11 p., to appear.

A. J. Herbst, B. Hornung: "A Methodology for Qualitative Health System Simulation, Modelling the Problem of Child Mortality in Africa", in: G. DURU; R. Engelbrecht, Ch. D. Flagle; W. van Eimeren (eds.): **La science des systèmes dans le domaine de la santé - Systems Science in Health Care,** 4e Conférence Internationale de l'IHSSHC - International Society for System Science in Health Care, Lyon, 4-8 juillet 1988, vol. 1, L'information dans les systèmes de santé - Information in Health Care Systems, Masson, Paris 1988, pp. 233-236

B. Hornung, E. Opitz: "Computer-Assisted Construction of Conceptual Frameworks for Health Systems Research, The Merging of Expert Systems and Simulation", in: O. Rienhoff; B. Schneider (eds.): **Expert Systems and Decision Support in Medicine,** 33rd Annual Meeting of the GMDS, EFMI Special Topic Meeting, Peter L. Reichertz Memorial Conference, Hannover, September 1988, Proceedings, Lecture

Notes in Medical Informatics, vol. 36, Springer Verlag, Berlin, New York 1988, pp. 146-151

B. Hornung: "Aporte del Análisis de Sistemas Cognoscitivos a la Investigación y Planificación del Desarrollo Local y Regional" in: **Revista Interamericana de Planificación**, vol. XX, no. 79, Sept. 1986, pp. 104-122, Mexico D.F., Mexico

B. Hornung: "La commercialisation des produits de la peche dans la CEAO, construction d'un outil d'analyse à partir d'un modèle générale de l'économie et de la société", URFOP, Dakar 1984

B. Hornung: "The Construction of Expert Systems for the Analysis of Development Problems in Health Care Systems", in: J. Rose (ed.): **Cybernetics and Systems: Present and Future**, Proceedings of the Seventh International Congress of Cybernetics and Systems, London 1987, Thales Publications, Lytham St. Annes, GB, 1987, pp. 992-998

B. Hornung: "Culture and Information Technologies, the Cognitive Steering and Control Mechanisms in Social Systems", in: **Proceedings of the International Symposium on 'Self-Steering and Cognition in Complex Systems'**, Brussels, May 23, 1987

B. Hornung: "Expert Knowledge Based Simulation for Health Planning in the Third World", in: A. Serio; R. O'Moore; A. Tardini; F. Roger (eds.): **Medical Informatics Europe '87**, Proceedings of the Seventh International Congress, Rome 1987, European Federation for Medical Informatics, Rome 1987, pp. 1349-1354

B. Hornung: "Die Orientorentheorie als Grundlage zur Bewertung Energie- und umweltpolitischer Maßnahmen", in: W. Schulte (Hrsg.): **Soziologie in der Gesellschaft,** Referate aus den Veranstaltungen beim 20. Deutschen Soziologentag, Tagungsberichte Nr. 3, Universität Bremen, Bremen 1981, S. 943-945

B. Hornung: "The Development of Nations as a Goal-oriented Process of Self-Organization", paper presented at the INRIC-Balaton Conference, Czopak, Hungary, 1985

B. Hornung: **Grundlagen einer problemfunktionalistischen Systemtheorie gesellschaftlicher Entwicklung, Sozialwissenschaftliche Theoriekonstruktion mit qualitativen, computergestützten Verfahren,** Verlag Peter Lang, Frankfurt, Bern, New York, 1988

B. Hornung: "Problem-solving Behavior in the Dynamics of Social Development", **Proceedings of the 11th International Congress on Cybernetics,** Namur 1986

B. Hornung: "Qualitative Systems Analysis as a Tool for Development Studies, With Case Studies about Peru and Mexico", in: R.F. Geyer; J.v.d. Zouwen (eds.): **Dependance and Inequality,** pp. 187-219, Pergamon Press, Oxford, New York 1982

B. Hornung, K.F. Müller-Reißmann: "Die Abhängigkeit ökologischer Positionen von subjektiv wahrgenommenen sozialen Bedürfnissen", in: F. Heckmann; P. Winter

(Hrsg.): **21. Deutscher Soziologentag 1982**, Beiträge der Sektions- und Ad-hoc-Gruppen, Westdeutscher Verlag, Opladen 1983, S. 906-910

A.H. Hossenmamode, B. Hornung: "L'utilisation des modes de simulation á l'ordinateur comme technique pédagogique", Série de documents de base, Notes pédagogiques, Unité Sous-regionale de Formation en Promotion Commerciale (URFOP) - CEAO, Dakar 1985

W. Kirsch: **Einführung in die Theorie der Entscheidungsprozesse**, Betriebswirtschaftlicher Verlag Zh. Gabler, Wiesbaden 1977.

F. Krause, H. Bossel, K.F. Müller-Reißmann: Energiewende - **Wachstum und Wohlstand ohne Erdöl und Uran.** S. Fischer, Frankfurt/M 1980, 234 S.

K.F. Müller-Reißmann: "Die schwindende Wandlungsfähigkeit der Industriegesellschaft". **Frankfurter Hefte 5**, 1979, S. 13-26

K.F. Müller-Reißmann: "Kriterien zur gesellschaftlichen Bewertung der Computertechnik". In: H. Bossel, K.-H. Simon (Hg.): **Computer und Ökologie**, C.F. Müller, Karlsruhe 1986, S. 95-128

K.F. Müller-Reißmann: "DEDUC-User Manual" Translation by A.J. Herbst, English version, Institute of Medical Informatics, Marburg 1988

K.F. Müller-Reißmann: **Wissensverarbeitung mit DEDUC - Handbuch für den Benutzer**. Vieweg Verlag, Braunschweig/Wiesbaden 1989.

K.F. Müller-Reißmann, K. Bohmann, J. Schaffner: "Kriterien der Sozialverträglichkeit" (Studie im Auftrag des Ministers für Arbeit, Gesundheit und Soziales des Landes Nordrhein-Westfalen), 5 Bde, ISP, Hannover 1988.

K.F. Müller-Reißmann, H. Bossel: "Kriterien für Energieversorgungssysteme", ISP Hannover 1979.

K.F. Müller-Reißmann, H. Bossel: "Zur Simulation kognitiver Prozesse bei Entscheidungen: Auf dem Wege zu einer Synthese von Wertforschung und Systemanalyse", in: H. Klages; P. Kmieciak (eds.): **Wertwandel und gesellschaftlicher Wandel**, Campus Verlag, Frankfurt 1979, S. 539-555

K.F. Müller-Reißmann, H. Bossel: "Wie werten, wie entscheiden ?", in: F. Krause, H. Bossel, K.-F. Müller-Reißmann: **Energiewende - Wachstum und Wohlstand ohne Erdöl und Uran**, Fischer Verlag, Kap. 7, Frankfurt 1980

K.F. Müller-Reißmann, B. Hornung: "Nonnumerical Simulation of Decision-making Processes with the Interactive Program DEDUC", in: Universität Bielefeld, SP Mathematisierung (Hrsg.): **Simulation of Large Systems**, Materialien XXX, 1980

K.F. Müller-Reißmann, F. Rechenmann: "Cognitive Systems Analysis: An Interactive Program for the Modelling of Deduction". In: H. Bossel (ed.): **Concepts and Tools of Computer-Assisted Policy Analysis**. Birkhäuser Verlag, Basel 1977, p. 139-161.

K.F. Müller-Reißmann, J. Schaffner: **Kriteriensystem für die Landwirtschaft**. ISP - Institut für Systemforschung und Prognose, Hannover 1985.

K. Müller-Silva: **Werte in der Problemformulierung - Möglichkeiten der Einbeziehung subjektiver Wertungen in die Strukturmodellierung**. Verlag M. Wehle, Witterschlick/Bonn 1988.

8. Sachverzeichnis